Ana Cantarero

Alexa entre las olas

Phoebe

Primera edición: junio de 2018

C/ Mesena,18
28033 Madrid
phoebe@phoebe.es

ISBN: 978-84-16970-81-0
BIC: FRD

Diseño e ilustración de cubierta: Calderón Studio
Maquetación de cubierta: Javier Perea Unceta

Depósito legal: M-12410-2018

Impreso por TECNOLOGÍA GRÁFICA, S.L.

Impreso en España

«El amor es querer ser amado.
El amor es pedir ser amado.
El amor es necesitar ser amado».
John Lennon (1940-1980).

Prólogo

Lorena Sanz:
Buenos días, Alexa.
¿Qué tal estás?
Perdona que contacte contigo a través de Facebook, pero no dispongo de tu teléfono. Soy periodista, y una gran amiga de Izan. Es de suma importancia que nos conozcamos cuanto antes. Si estás libre, te espero el viernes a las 21:00 h en el restaurante La Musa, en el barrio de La Latina. Adjunto la geolocalización del local. Espero verte.
Un abrazo.
L. S.

Fijé la vista en el avatar de Marilyn Monroe con nariz de payaso; releí su nombre varias veces; hice una lista mental de todas las personas que había conocido el verano pasado; repasé, una y otra vez, conversaciones con Izan; y, después de mucho meditar…, me dije que no, que jamás había oído hablar de Lorena Sanz. Si ellos eran amigos, estaba cien por cien segura de que él nunca la mencionó en mi presencia.

Alexa Vera:
Hola, Lorena.
Encantada de saludarte.
¿Me podrías explicar por qué necesitas verme? ¿Izan se encuentra bien? ¿Le ha sucedido algo a Evil?

Tras enviar mi respuesta, me senté en el sofá con el portátil sobre mis rodillas a la espera. Pasaron segundos, minutos, media hora… y la misteriosa desconocida no parecía dignarse a contestar. Así que llegué a mi propia conclusión: que mis miedos y obsesiones de los últimos meses se habían hecho realidad.

Sin más dilación, cliqué sobre el nombre de la desconocida para curiosear en su Facebook. Necesitaba una prueba de que yo estaba equivocada. Una foto de Izan sonriendo a la cámara con el mar de fondo, por ejemplo; o rodeado de sus alumnos en la playa celebrando el final de la temporada. Algo. Moría de necesidad por encontrar cualquier mínima pista que me liberara de los grilletes que arrastraba desde que me marché de Karra.

Tampoco tuve suerte. La extraña había cerrado su muro de Facebook a cal y canto. Decidí, entonces, enviarle una solicitud de amistad y así, mientras esperaba a que me aceptara, podía seguir rastreando.

«Lorena Sanz, periodista, Madrid»; tecleé los escasos datos que disponía de ella en la barra del todopoderoso Google.

Polvo y paja. Eso fue lo único que encontré en la red: cientos de *links* de diferentes Lorenas Sanzs de diversas partes del mundo y con profesiones que poco tenían que ver con el periodismo. Supongo que a un tipo listo como *Mr. Robot* le hubiera resultado pan comido localizar a mi objetivo, pero ni yo era una *hacker* ni mis conocimientos en programación iban más allá de leer la revista *TP*. ¿Mi única opción? Persistir en mi búsqueda.

Mientras saltaba de *link* en *link* y fisgaba en las historias bastante aburridas de las Lorenas Sanzs del planeta, mis miedos y paranoias se fueron materializando en escenas mentales catastróficas que yo había bloqueado mucho tiempo atrás. Y como una cobarde que prefiere justificar su falta de valor en lugar de enfrentarse al miedo, me abracé al peor de los salvavidas…

El odio.

Maldije la hora en que Izan Oliveira se cruzó en mi camino. Me maldije a mí por preocuparme por él cuando no se lo merecía. Pero, sobre todo, maldije a Rebeca porque fue ella la responsable de que abandonase mi vida cómoda en Madrid para, cinco meses después, dejarme tirada.

Abandonada y olvidada. Dos palabras que resumían mi vida.

Y, por fin, sonó mi móvil…

No reconocí el número en la pantalla, así que di por hecho que me llamaba Lorena Sanz, la causante de mis nuevas paranoias y una incipiente migraña. Me masajeé la frente, respiré hondo y descolgué:

—Sí, dígame.

Para mi sorpresa, escuché un carraspeo sin duda masculino al otro lado de la línea:

—¿Alexandra Vera?

—Sí, ¿quién eres?

—Soy el doctor Garcimartín. Perdona si te molesto, pero ayer no acudiste a por los resultados de tus analíticas y he considerado necesario ponerme en contacto contigo.

Mi corazón se aceleró.

—Oh, siento haberle dado plantón, pero estos dos últimos días no me encuentro muy bien —me justifiqué—. Pero, dígame, ¿ha detectado algo raro en mis análisis?

—No, tranquila. Tan solo he visto que los depósitos de hierro están al límite y la glucosa un poco baja, pero lo esperado, dado tu estado.

«¿Qué estado? ¿De ansiedad? ¿Crítico? ¿Terminal? ¡Oh, dios mío…!». Me eché a temblar.

—¿Y cuál es mi estado, doctor? — pregunté temerosa.

—Estado de gestación, Alexandra. Enhorabuena —contestó mi médico en su tono monocorde habitual—. Por eso te he llamado, tenemos que cambiar tu tratamiento contra la ansiedad y derivarte a ginecología. Por cierto, ¿cuándo tuviste tu último periodo?

—El… el… — Tragué saliva. Mi cerebro se había cortocircuitado.

¿Yo, embarazada? ¡¡YO!! Aquello era inviable. Inaudito. Un milagro de la naturaleza.

O, más bien, una señora jugarreta.

—¿Estás ahí, Alexandra?

—Perdón, doctor. — Hice memoria y…, ¡chast!, recuperé el riego sanguíneo en la cabeza—. El 27 de septiembre —respondí precipitadamente—, y recuerdo también que el periodo se me adelantó y que solo me duró un día. Y poco flujo…

«Como el que ahora sufro en mi azotea».

—Bien… —Suspiró, reflexivo. Luego, añadió—: Podría ser un manchado en la implantación. De todos modos, ¿recuerdas la fecha de tu anterior periodo?

—A ver…, déjeme pensar… Creo que la primera semana de ese mismo mes, sobre los días 6 u 8, pero no estoy segura.

Me quedé callada mientras le escuchaba teclear y venga a teclear en el ordenador.

—Eso te pone en diez semanas de gestación aproximadamente —dijo, al fin—. Por lo tanto, es prioritario que te pases por mi consulta para que pueda recetarte un complejo vitamínico y, hasta que te hagamos las pruebas de toxoplasmosis, recuerda que debes evitar los embutidos no cocidos y las carnes poco hechas o crudas.

—La toxo… ¿qué?

Mi doctor se echó a reír. La primera vez en diez años que le oía reír.

—Toxoplasmosis, pero no te agobies. Cuando nos veamos hablaremos de cómo debes cuidarte a partir de ahora. ¿Qué tal te viene pasarte por mi consulta mañana sobre las diez?

¿Que cómo me viene? Tan jodidamente de culo como estar preñada… Eso, dando por hecho que yo pudiera estar embarazada, porque, hasta donde yo sabía, para colgar un cuadro, además de un agujero, se necesitaba una alcayata.

—Tengo una duda, doctor —admití en un tono de fingida serenidad—. Y, por favor, no se ofenda con mi pregunta, pero ¿es posible que en el laboratorio hayan confundido mis análisis con los de otra paciente?

El doctor Garcimartín titubeó un poco antes de responder:

—Bueno…, sí…, siempre cabe esa posibilidad, pero sucede con poca frecuencia. Tú sabes perfectamente cómo funciona el protocolo.

—Ya, pero aquí el cuadro se cae al suelo por su propio peso.

—Disculpa, no te he entendido muy bien.

—Me refiero a que para gestar se necesita la participación de dos y aquí falta… un compañero de juegos, ¿comprende?

—Comprendo. —Volvió a teclear algo en su ordenador y, después, añadió—: Para resolver tus dudas, trae mañana una nueva muestra de orina y repetiremos las pruebas. ¿Te parece?

—Supongo que sí… —acepté poco convencida.

—Entonces, ¿nos vemos mañana, Alexandra?

—Sí, claro. Allí estaré; y muchas gracias por tomarse la molestia de llamarme, doctor.

—No hay de qué, y cuídate.

La línea hizo clic y yo hice plof. Lancé el móvil contra el escritorio, busqué mi monedero en el bolso y salí de mi casa como alma que lleva al diablo en busca de una farmacia.

No compré uno ni dos ni tres, sino cinco tests de embarazo. Cinco tests que no tardaron ni un minuto en reafirmar el diagnóstico de mi doctor.

Grité horrorizada frente al espejo. Parpadeé ante mi reflejo y rompí a reír como la psicótica que puedo llegar a ser. Tras la risa, llegaron los gimoteos. Y de los gimoteos, por fin, me refugié en el puro llanto.

Juro que lloré como hacía semanas que no lloraba. Mi situación era incomprensible. Un milagro bíblico, diría yo. Un hecho natural materialmente imposible. Y digo «materialmente» porque faltaba materia prima de base. Salvo que sufriera un embarazo psicológico, claro estaba. Y dado mi historial clínico, cabía esa posibilidad. Además, lo creas o no, yo siempre había actuado de manera responsable en mis relaciones sexuales; tanto era así que Rebeca solía mofarse de mí. «Un día de estos te veo llamando a un albañil para que te alicate el cuello del útero». Y, estúpida de mí, yo me desternillaba de risa.

Poca broma, amiga mía…

Con los ojos de sapo y una jaqueca de nivel extremo, salí del cuarto de baño en dirección al salón. A cada paso, las paredes de mi casa daban vueltas a mi alrededor. Palpé el sofá y —una vez segura de que se encontraba a dos palmos de mi culo— me derrumbé sobre él. Recordé entonces un dicho que mi madre solía mencionar cuando se cruzaba por la calle con una embarazada: «Siempre que un bebé viene de camino es para echar a alguien fuera de este mundo». Una manera muy sutil de explicarme por qué mi abuela había fallecido tres días después de que ella le anunciase que estaba embarazada de mí. Pero así era mi madre, macabra y deprimente.

Durante las cuarenta y ocho horas posteriores a la llamada de mi médico, estuve muy cerca de perder la poca cordura que me quedaba. Primero visité a mi vecina del tercero, una viuda de ochenta años.

—¿No tendrá un poquito de sal que prestarme? —le pregunté.

—Por supuesto, pasa y te llevas lo que queda del paquete —me ofreció ella muy amablemente.

—Y otra cosa quería preguntarle…

—Dime, bonica.

—El aparato de oxígeno portátil le funciona correctamente, ¿verdad?

—Claro, mujer. Si estuviese roto no tendríamos esta conversación ahora mismo. —Se echó a reír.

—¿Y el pulsador de emergencias? ¿Funciona?

La anciana miró dubitativa el dispositivo que colgaba de su cuello.

—Compruébelo, por favor —le sugerí avergonzada, y salí corriendo escaleras abajo, olvidándome por completo de la sal.

Tampoco recuerdo las veces que telefoneé a mi padre para comprobar que ese dolorcillo que sintió en el pecho hacía ya dos años no se había vuelto a repetir. A continuación, desbloqueé a mi amiga Rebeca en Facebook para asegurarme de que era tremendamente feliz con su nueva vida.

Y también —gracias a mi macabra madre y sus malos presagios— un viernes lluvioso y frío, abandoné la tranquilidad de mi hogar para sentarme a la mesa de un restaurante, a la espera de encontrarme con una desconocida que se había puesto en contacto conmigo a través de un misterioso mensaje.

1

MUSA

MADRID, 18 DE NOVIEMBRE

PRESENTE

Levanto la vista de mi móvil y observo a la mujer que entra por la puerta. Lo primero que capta mi atención es su larga melena plateada y ese mechón entre azul y morado que cae sobre su cara. Ella echa un rápido vistazo a las mesas del restaurante y, en cuanto se topa con mi mirada, me gesticula un hola exageradamente coqueto.

Le devuelvo el saludo algo incómoda y continúo con mi escaneo. Jamás pensé que la supuesta amiga de Izan rondara los sesenta años. Y muy bien llevados, para ser honesta. Es guapa, delgada y luce muy moderna. Si mi amiga Rebeca estuviera sentada a mi lado, diría que Lorena Sanz es el prototipo de una auténtica «estiloca» (dícese de aquella persona que se pone todas los estampados y estilos de moda a la vez, uno encima del otro); y yo me echaría a reír, porque efectivamente el *look* de esta mujer es… casi doloroso.

Me fijo en que su abrigo tres cuartos atigrado va dejando un reguero de pelos flotando en el aire tras su paso. Debajo del «peluche» asoman un vestido largo floreado y unas botas acharoladas fucsia. El maquillaje en su rostro (rosa, malva y melocotón) también resulta excesivo, posiblemente debido al empeño absurdo de combinarlo con el estampado de su vestido. Y por esas (también) absurdas razones siento que Lorena Sanz me gusta… Por ser una «estiloca», por salirse de lo normal y, sobre todo, por caminar con una seguridad aplastante bajo la mirada crítica de todo el restaurante.

Cuando detecto que no le quedan ni tres pasos para alcanzar mi mesa, doy un trago largo a mi Coca-Cola en un intento tardío de disimular mi escrutinio descarado.

—Alexa, cuánto me alegro de verte —me saluda, sin un ápice de duda de que yo soy su cita.

—Tú debes de ser Lorena. —Me pongo en pie y, antes de que pueda decidirme si ofrecerle la mano o besarla, me encuentro rodeada por sus brazos.

Me tenso.

—¡Ay, bonita! Eres tal y como me imaginaba, una auténtica monada —dice sorprendida, y da un paso hacia atrás para contemplarme más detenidamente—. ¿Nadie te ha dicho que tu aura es azul?

La miro desconcertada.

—Mmm…, creo que no.

—Pues lo es. —A continuación, levanta la mano para captar la atención de un camarero, se despoja de su abrigo y el bolso y se sienta enfrente de mí—. Y, dime, ¿qué tal te van las cosas desde que regresaste a Madrid?

Abro la boca para responder que mal, que ha sido infinitamente más difícil de lo que yo pensaba, pero rápidamente caigo en la cuenta de que esta mujer y yo no nos conocemos de nada. No tengo intención de relatar mi vida a una extraña, por muy amiga que sea de Izan. Así que decido dejarme de cháchara y pasar al asunto que me preocupa.

—Desde que recibí su mensaje, estoy preocupada por si… a su amigo Izan le ha pasado algo —confieso con voz queda.

Por una milésima de segundo, detecto que su sonrisa se tuerce en una mueca extraña. La corrige, se aparta el mechón malva de la cara y vuelve a sonreír.

—No, claro que no. Izan está bien. ¿Y tú? ¿Qué tal te encuentras?

—Yo, muy bien, gracias —respondo aliviada, aunque ahora nuestra cita me resulte todavía más extraña—. No se ofenda, pero…, entonces, ¿por qué razón me ha citado aquí? Usted dijo que era urgente que nos conociéramos.

—Dije «sumamente importante», no que fuera urgente. Izan me ha hablado muchísimo de ti, y me moría de curiosidad por conocerte. Ni más ni menos. Y, por favor, tutéame. Los formalismos no van nada conmigo.

—Pero él nunca me habló de usted… de ti —rectifico.

—Normal; Izan y yo nos conocimos semanas después de tu marcha.

Abochornada, desvío la mirada hacia la puerta de salida. En ese momento, uno de los camareros se acerca a nuestra mesa. Escucho que Lorena le saluda con familiaridad y después le pide una copa de vino más un par de cartas. Me revuelvo en mi silla incómoda. Ya no tiene ningún sentido que cene con esta extraña y mucho menos ahora que he obtenido lo que buscaba. Claro, que… solo tengo que explicárselo de la manera más educada posible para que no se enfade y poder marcharme cuanto antes a casa.

—Me jubilé hace dos meses y pensé en alquilarme una casa en el Algarve por un año —comenta de repente, respondiendo a una pregunta que, por otra parte, yo no he formulado.

«"Estiloca" y como una cabra», me informo a mí misma mentalmente.

Fuerzo una sonrisa y asiento alucinada.

—No sé qué opinarás de Portugal, pero yo llevo enamorada de ese país desde que conocí a mi marido —añade con un parpadeo de ojos exagerado—. Él nació en Lisboa y muy joven emigró a España. Siempre que podíamos, veraneábamos en la Costa Vicentina. De ahí que su deseo fuera pasar los últimos años de nuestra vida allí. Por desgracia, esa misma vida no guardaba los mismos planes para nosotros. Él falleció hace cinco años y, bueno, una vez jubilada, he decidido cumplir nuestro sueño. Aunque tengo intención de seguir viajando. Me apetece descubrir otras culturas, conocer a gente diferente y escribir en un blog sus historias, mis experiencias e impresiones. Ya sabes, algo parecido a compartir un diario de viaje. Sé que puede sonar pretencioso, pero creo que puedo aportar emoción a esas personas de mi edad que viven encerradas en sus hogares a la espera de su muerte. La jubilación despierta muchos sentimientos contradictorios, Alexa. Pasas media vida soñando con ella, pero cuando llega el momento te sientes un poco abandonado por la sociedad. Tengo amigos que lo viven como el principio del fin en lugar de tomárselo como un segundo comienzo, como la oportunidad perfecta para llevar a cabo esos planes que han ido posponiendo año tras año desde la juventud.

La escucho hablar atentamente y, a pesar de que sonríe y que sus motivaciones son muy esperanzadoras y positivas, me invade un horrible sentimiento de pena. Pena por mi padre, al que tengo olvidado. Pena por ella, por Lorena, que debe de estar muy sola para citar a una desconocida en un restaurante y contarle su vida y obra. Y pena por mí, porque posiblemente dentro de treinta años me diferenciaré muy poco de esta mujer. Si es que no me muero antes.

—Disculpa, pero ¿por qué me cuentas todo esto? —la interrumpo, antes de que siga parloteando sin parar.

—Perdona si me he enrollado un poco. Solo quiero que entiendas cómo conocí a Izan y por qué tengo curiosidad por descubrir a la chica de las olas.

«Chica de las olas». Al escuchar cómo se ha referido a mí, me enderezo en la silla.

—Como te decía —Lorena continúa con su historia—, he alquilado una casita allí por un año. Una tarde, mientras charlaba con los lugareños en el centro de jubilados, Izan apareció por la puerta para resolver unos asuntos con el encargado del bar. ¿Tú llegaste a conocer a João?

—Por supuesto que sí —afirmo, rotunda.

—Un señor muy simpático —apunta ella; y yo me limito a asentir. Lo cierto es que nunca me paré a hablar con él—. Fue João quien me presentó a Izan. Me dijo que era un joven muy amable y que me ayudaría a conocer a fondo el pueblo y sus alrededores a cambio de unos cuantos euros. Llegué a un acuerdo económico con nuestro amigo y, tres tardes a la semana, se convirtió en mi guía turístico. Y la verdad es que contratar sus servicios ha sido de las mejores cosas que he hecho. Ese chico es fascinante, ¿no crees?

—Fascinante… —susurro pesarosa. Me pregunto cómo demonios se lo ha montado Izan para fascinar a una señora que puede ser su abuela. Y tal cual me formulo la pregunta, mi cerebro traidor me responde con una lista «porno-menorizada» de todas las cosas fascinantes que ha podido hacer Izan por esta mujer.

Siento las náuseas ascender por mi garganta. «No…, ahora no», ordeno a mi estómago, y me apresuro a dar un trago a mi Coca-Cola.

—Como ya imaginas —comenta Lorena, recobrando el tono serio de su conversación—, poco a poco fuimos ganando confianza el uno con el otro. Fue así como he sabido de ti. No recuerdo de qué estábamos hablando; pero una noche mientras cenábamos, te mencionó de pasada. Al día siguiente volvió a nombrarte otro par de veces; y con el tiempo fui descubriendo que en cada conversación aparecía siempre tu nombre. No me cupo duda alguna de que habías calado hondo en él, así que le tiré de la lengua y acabó contándome vuestra historia.

Me guiña un ojo, divertida, y espera mi reacción.

—Entonces, ¿por qué quieres conocerme? Se supone que lo sabes todo de nosotros, ¿no? —pronuncio con altivez.

—Excepto tu versión.

—¿Mi versión? No comprendo por qué te importa tanto lo que yo pueda contarte.

—Porque sería muy poco ético por mi parte compartir vuestra historia con mis lectores del blog y no contar con tu punto de vista y aprobación.

—Esto debe de ser una broma. —Me echo a reír. ¿Quiere airear mis trapos sucios por internet como si yo fuese una celebridad? ¿De dónde se ha escapado esta mujer? ¿De los laboratorios de Hawkins?

—Me alegro de que te divierta, pero hablo completamente en serio —responde Lorena, risueña.

—¿Y él está de acuerdo con tu plan de chismorrear sobre su intimidad? Porque eso no encaja mucho con Izan.

—Ajá... Cuando se lo planteé, me aseguró que no le importaba, aunque, si te soy sincera, creo que no tiene mucha idea de qué es un blog —apunta con una risilla de suficiencia.

—Posiblemente él no lo sepa —contesto en tono cortante—, pero yo sí sé qué es un blog y no tengo intención alguna de relatar mi vida ni a ti ni a un puñado de ancianos deprimidos. Además, no te ofendas, pero todo esto me suena a tomadura de pelo. La gente normal no va contactando con desconocidos para citarse en restaurantes, curiosear sobre sus batallitas y airearlas en internet.

—Alexa, entiendo que todo esto te parezca algo raro, pero estoy siendo completamente honesta contigo —dice ofendida—. He venido a Madrid para arreglar el papeleo de la venta de mi casa y empaquetar mis cosas para la mudanza, y regresaré a Karra en quince días. Pensé que podía aprovechar para conocerte. Al principio no creí que sería tan fácil localizarte, pero, chica, desde que apareció internet en este mundo, nadie es invisible, salvo unos cuantos como

Izan. —Y a la muy chocha se le vuelve a escapar otra asquerosa risilla.

Me quedo observándola en silencio. En cuestión de minutos, Lorena Sanz ha dejado de gustarme por completo. No sé cuál es su juego, si es el señuelo de un programa de cámara oculta o simplemente está más zumbada que yo, pero acaba de agotar mi paciencia.

«Se acabó el *show,* abuela».

—Lo siento, tengo que marcharme —sentencio, y arrastro bruscamente la silla dispuesta a salir pitando de allí.

—Espera un momento, querida. — La vieja chiflada me retiene por la muñeca—. Soy consciente de que mi comportamiento puede asustarte y que no sueno muy convincente, pero en el fondo hago esto por Izan. Le tengo mucho aprecio. Mira, te daré algo… No debería hacerlo, pero creo que… —Deja la oración sin terminar, abre su bolso a toda prisa y deposita un objeto en nuestra mesa.

Cuando bajo la vista, me quedo paralizada. Es Lucy. Mi querida vieja Lucy.

—Esta monada es un *pendrive* —me explica—, y puede que te venga bien echar un vistazo a su contenido.

Estudio por segunda vez a Lorena, angustiada.

—¿Él te ha pedido que me lo entregues?

—No; a decir verdad, Izan no sabe que he contactado contigo. Como ya te he dicho, fue una decisión mía de última hora. —Recoge a Lucy de la mesa y la deposita en mi mano.

—Entonces ¿por qué me das esto? ¿Y qué contiene? Y… y… ¿por qué te has puesto en contacto conmigo? Dime la verdad, por favor.

—Porque él te importa.

—Estás muy, pero que muy equivocada.

—No lo creo. Pregúntate por qué estás aquí, Alexa. Tú misma lo has dicho: no es muy sensato que una desconocida contacte contigo y te cite en un restaurante. Pero en los tiempos que corren yo tampoco esperaba que te presentaras, sobre todo sin saber el motivo ni haber respondido a tu mensaje en el Messenger. ¿No crees que eso significa algo?

Niego con la cabeza avergonzada y miro el reloj fingiendo prisa.

—Debo marcharme. Me están esperando en casa.

Me pongo en pie y recojo mis cosas de la silla. Justo cuando saco el monedero para pagar mi bebida, noto su mano en mi bolso.

—¡¿Qué estás haciendo?! —exclamo asustada.

—Te olvidas de tu *pendrive*.

—No me olvido, es que no lo quiero.

—Alexa, hazme caso. Te hará mucho bien descubrir su contenido, te lo aseguro.

—¿Y tú cómo puedes saberlo?

—Porque el marco que rodea tu preciosa aura azul es negro y siniestro. Estás sufriendo, cielo. Puedo verlo.

—Y yo también puedo ver el tuyo. ¿Y sabes qué me dice? Que estás como una cabra. —Cierro la cremallera de mi bolso, me pongo mi abrigo sobre los hombros y, sin mirar atrás, abandono el restaurante.

Durante todo el viaje de regreso a casa, mi corazón no ha parado de latir a toda velocidad. Estoy agotada, pero eso no es ninguna novedad. Llevo semanas con la sensación de que me acuesto cansada, y me levanto más agotada aún. Los días se me hacen eternos, salvo aquellos que me paso dormitando en el sofá.

Camino a mi habitación, enciendo la luz de la mesilla y, sin quitarme el abrigo, me dejo caer rendida en la cama. Cada día que pasa, la vida se me complica un poco más. A veces pienso que nací con una soga invisible en el cuello y que, segundo a segundo, se ciñe a él un poco más. Y lo peor de todo es que soy consciente de que este pensamiento es negativo e irracional; y que debería registrarlo en mi libreta, junto a una descripción exhaustiva de mis emociones, mis percepciones propioceptivas, el factor que ha causado dicho razonamiento y toda la mierda que se me pasa por la cabeza. Y después de que me duela la mano de escribir, tengo que convertirme en «Mrs. Wonderful» y tratar de sustituir ese pensamiento negativo por otro positivo. Si lo llego a saber, me apunto a un grupo de autoayuda en lugar de acudir a la consulta de un loquero disfrazado de entrenador emocional. Al menos, me digo, en las terapias grupales no te mandan deberes y siempre sales de la reunión con la sensación de que hay alguien más jodido que tú. En fin…, demasiado tarde para dar marcha atrás.

Cuando busco en mi bolso mi diario psicológico, inevitablemente mis ojos reparan en el *pendrive*. Lo extraigo del fondo y lo observo embelesada. La verdad es que es una réplica casi exacta de Lucy: la chapa Volkswagen, las cortinas psicodélicas y las dos olas dibujadas sobre sus puertas. No debería ni siquiera planteármelo por un segundo, pero confieso que me muero de ganas por averiguar qué contiene. Recuerdo que, tiempo atrás, también ansiaba conducirla con todas mis fuerzas, por aquellas carreteras de mala muerte.

Y ahora que lo pienso…

«Quizá es una señal del destino que Mini Lucy haya recorrido mil kilómetros para acabar entre mis manos».

Me echo a reír amargamente. ¡¿De dónde ha salido ese pensamiento?! Es obvio que soy una clara víctima de mi madre. O de Izan. Según la teoría de este, los sucesos que acontecen en la vida de una persona guardan un equilibrio natural. Estoy segura de que si estuviera ahora mismo en mi pellejo, pensaría que existe una correlación entre mi «lío embarazoso» y el hecho de que Lorena se haya puesto en contacto conmigo. Azar o fuerza sobrenatural, el único impulso que me mueve en este instante es meramente frívolo. Pura y dura curiosidad.

Camino hacia el escritorio, enciendo mi portátil y, cuando la pantalla se desbloquea, pincho el *pendrive*. Un segundo después se despliega ante mis ojos una lista de archivos de audio.

1. Hello I love you.mp3
2. You make me real.mp3
3. Woman is a…

«¡¿Qué mierda es esta?!». Cierro los ojos e inspiro hondo. «¿Tanto misterio para entregarme ¡ESTO!? ¿Una simple *playlist*?». Canciones que, por otra parte, he escuchado cientos de miles de veces. Masajeo mi frente. «Relax, Alexa, relax… ¡JA! A mí no me relaja ni una sobredosis de Lorazepam».

Llámame pragmática (y acertarás), pero, cuando Lorena me entregó el dichoso *pen,* pensé que guardaba algo más especial, más íntimo: recuerdos, fotos nuestras, un videorresumen del verano o tal vez un diario escrito por él. Izan es el tipo de hombre al que le pega mucho escribir diarios, uno tras otro. No se acercaría nunca a un ordenador, eso sí; pero relataría sus memorias en diarios encuadernados en piel de vaca sin tratar y que se cierran con un cordón de cuero. Ahora sí que me siento completamente estúpida. Mucho más que en el restaurante. No cabe duda de que la chiflada aquella me ha tomado por gilipollas.

Decepcionada, me recuesto en la silla, selecciono la primera canción con desgana y pulso el *play*.

«Álex y yo nos conocimos en primavera. Si no me falla la memoria...».

Detengo la grabación.

—¡OH-DIOS-MÍO-OH-DIOS-MÍO-OH-DIOS-MÍOOOOOOOOOO!

Fenezco ahora mismo.

—¡ES ÉL! ¡ES ÉL! —exclamo con júbilo.

«ÉL-ÉL-ÉL...»

Es su voz. Y suena tan sexi y real que casi puedo verlo charlando a mi lado en la playa, con su cabello dorado revuelto por la brisa y sus dedos entrelazados a los míos. Se me constriñen el corazón y...

Algo más.

Pero no, no ¡Y NO! No puedo hacerlo. Una parte de mí me dice que, si continúo con esto, estaré cometiendo un suicidio emocional; la otra, la amargada, me recuerda que más jodida de lo que estoy no voy a estar. Pero ¿qué mujer en mi lugar podría resistirse a la tentación? ¿Santa Teresa de Jesús?

Sin detenerme mucho más en ello, me acomodo en la silla y hago doble clic en la primera grabación.

«Álex y yo nos conocimos en primavera. Si no me falla la memoria, era el primer día de mayo. Yo conducía mi Volkswagen de vuelta al campamento con la idea de darme una buena ducha, picar algo y meterme en la cama hasta la mañana siguiente. También recuerdo que sonaba en la radio Hello, I love you, *de los Doors, y que subí tanto el volumen que casi reviento los altavoces. Pero era eso o quedarme dormido al volante...».*

2

Perdidas y perdedoras

Karra (Portugal), 1 de mayo

Siete meses antes

Con sudor, lágrimas y unas cuñas de tacón imposible, conseguí escalar un pedrusco de dos metros de alto. Me erguí en su cúspide y, sin perder el equilibrio, empuñé mi móvil hacia un cielo quemado por los últimos rayos del sol. Allí subida, rodeada de sembrados y montañas, cualquier mujer podría sentirse la mismísima Escarlata O'Hara. Cualquier mujer…, excepto yo.

Inconscientemente, mis ojos buscaron a Rebeca. Mi mejor amiga y compañera de piso apilaba nuestras maletas una encima de otra en medio del sendero. Cada bulto pesaba el doble que ella, pero con la mala leche que gastaba esa tarde, la hormiga atómica las alzaba y recolocaba como si fueran de papel pluma. Obstinada, astuta y con un par de ovarios del tamaño de dos sandías americanas, mi querida Bec cumplía todos los requisitos para ser una heroína de nuestro siglo.

—¡Me cago en el muerto que llevas aquí dentro! —Lanzó por los aires mi adorada Louis Vuitton, un chollazo que compré en Wallapop.

—¡Ey! ¡Trátala bien! Te recuerdo que en esa maleta van mis planchas para el pelo y mi portátil.

Bec no se disculpó. Alzó la pierna a riesgo de estallar los pitillos ultraestrechos, afianzó la suela desgastada de su Dr. Martens sobre mi Vuitton y de un salto logró encaramarse en la cima de la montaña de maletas.

—¡¿No me has oído?! ¡Que ahí dentro guardo mis planchas y mi portátil, IDIOTA! —le grité de nuevo.

—¡Te he oído a la primera, así que deja de chillar! —Con gesto altivo, Bec extrajo su móvil del bolsillo trasero y, al igual que yo, lo enfocó hacia el cielo.

Cerré los ojos y conté mentalmente hasta diez. No quería discutir con ella, pero estaba hasta el flequillo de tantos desaires y negatividad. Cierto era que nos encontrábamos en una situación algo preocupante. Llevábamos más de veinte minutos perdidas en a saber qué punto de la campiña portuguesa. Mi coche yacía en el fango y no disponíamos de cobertura para llamar por teléfono o consultar nuestra geolocalización. Y todo esto nos había sucedido cuando, supuestamente, estábamos a punto de llegar a nuestro destino. ¿La culpable de aquella desgracia? Siri. La muy tozuda se había emperrado en que tomásemos la primera salida a la izquierda, sin importarle un comino si nos empujaba de cabeza por un camino de cabras. Bec y yo dudábamos si hacerle caso o pasar de ella, pero parecía un puto disco rayado. Para colmo de nuestros males, un ejército de avispas se coló por la ventanilla de mi acompañante. Nos asustamos, salimos zumbando del coche y este decidió lanzarse de morros al río. Tal cual. *Splash*. Chapuzón.

Me quedé petrificada cuando vi cómo mi precioso Mini Cooper color plátano se ahogaba a cámara lenta en el barro. Fue casi tan traumático como la mañana que saqué a nuestro canario a la terraza, no aseguré bien la jaula a la pared, sopló una ráfaga de viento y el pobre mío cayó al vacío ante mis propios ojos. Me pasé una semana sin poder conciliar el sueño. Cada vez que cerraba los párpados veía al animalito aletear con todas sus fuerzas contra los barrotes dorados. Rebeca también lo pasó muy mal: no encontraba manera alguna de consolarme. «Al menos ha muerto en su casa y no en la fría sala de una clínica veterinaria», me repetía sin cesar con unas ligeras palmaditas en la espalda. Agradecía enormemente su apoyo, pero sus palabras me hacían sentir más miserable. Yo rescaté a ese pajarillo meses antes de debajo de la rueda de un coche. Curé su ala a pesar de que no dejaba de picotearme las manos. Le di un hogar donde tuvo que lidiar, día tras día, con el gato de la vecina, que se colaba cada dos por tres en nuestra terraza; y, reveses de la vida, la misma persona que lo había salvado y cuidado también lo había lanzado al abismo con jaula incluida. Y todavía peor… El pobre pajarillo no pudo utilizar el don que la madre natura le había concedido: volar. Debería estar prohibido enjaular a los pájaros. O deberían enjaularme a mí…

Por suerte, en esta ocasión Bec y yo reaccionamos a tiempo y pudimos rescatar no mi coche, pero sí nuestro equipaje. Mientras el morro del Mini se hundía lentamente, yo pude sacar las maletas del maletero y mi amiga, subida en el techo y con medio cuerpo colado por la ventanilla, también logró pescar nuestros bolsos de mano y respectivos teléfonos. ¿Y para qué? Para nada. En pleno siglo XXI, en la era de las comunicaciones, nos habíamos perdido en el único lugar del planeta sin cobertura. Lo sé, lo sé, yo también pensaba que no existían zonas geográficas dejadas de la mano de dios y las empresas de telefonía móvil, pero qué equivocada estaba.

—¡ALEXA! ¡¿ME OYES, ALELADA?!

Los gritos malhumorados de Rebeca lograron sacarme de mi cabeza.

—¿Ya has encontrado cobertura? —pregunté esperanzada.

—¡No! ¿Y tú?

Tragué saliva y eché un vistazo a la pantalla.

Ni rastro de 3G ni una notificación de Adam Levine respondiendo a mi último mensaje de Twitter. (De verdad, las *celebrities* de hoy en día no tienen corazón).

—Lo siento, Bec —gimoteé.

—¡Maldito 3G! —gritó esta, furiosa, al cielo un segundo antes de liarse a patadas con la pila de maletas.

—¡Detente, por favor!

—¡No me da la gana! ¡Estoy asqueada! ¿No te das cuenta? ¡Nada nos sale bien en esta roñosa vida, Alexa! ¡Y tú… tú… lo pones más difícil todavía!

—¿Perdona? —repliqué ofendidísima al tiempo que me deslizaba por la roca, con la exfoliación de piernas consecuente. Pero ni el dolor iba a detener mi cabreo. Entre cardos y maleza, caminé a toda velocidad y me planté delante de mi amiga—. A mí no me culpes de que nos hayamos quedado tiradas ni pagues tu mala leche conmigo. Estás siendo muy injusta, Rebeca.

—¿Estás segura de tu inocencia, Melman?

—Sí. Y no me llames como esa estúpida jirafa.

(En qué hora la invité al cine a ver *Madagascar* hace más de diez años…).

—Pues no hagas estupideces.

—¡Venga ya, Bec! Te recuerdo que yo no he sido la que ha abierto la ventanilla del coche para que entraran todas las avispas autoestopistas de este terruño de mala muerte.

—Ni yo la que ha salido disparada del coche sin tirar antes del freno de mano. ¿Acaso no te enseñaron nada en la autoescuela, bonita?

—A ver si te enteras de una vez, listilla: ¡que no lo he hecho adrede! Estaba tan asustada que se me olvidó ese pequeño detalle. Pero en absoluto he querido hundirte este viaje. De hecho, el que se ha hundido en el barro es mi Mini. ¡La que debería estar furiosa soy yo! ¡Y la que debería estar tranquilizándome eres tú! —Respiré hondo y me limpié el sudor de la frente. O me estaba subiendo la fiebre del sofocón o en aquel patatar hacía un calor de mil demonios.

Esta vez, Bec no me replicó. Tan solo se quedó allí plantada unos segundos mientras me contemplaba con fingida lástima.

—No me mires con cara de pena —le reproché, molesta.

—Tranquila, la pena que siento no es por ti, es por mí… Nunca debí hacer este viaje con una cabeza hueca como tú. —Suspiró resignada y se concentró en sacudirse el polvo de sus pantalones.

Estuve a punto de darle una colleja. Mi cabeza no era la única a la que le sobraba espacio para amueblar, pero preferí guardarme ese dato para mí. No estaba dispuesta a desperdiciar mis energías en discutir con ella ni a convertirme en su saco de boxeo. Recogí mis maletas del suelo y, con la intención de no dirigirle la palabra nunca más, reinicié la marcha por el sendero.

—¿Dónde vas? —la escuché refunfuñar a mi espalda.

No contesté.

—Alexa, por ahí no está la carretera que va al pueblo, terminarás perdiéndote.

La volví a ignorar.

—¡Mierda, Alexa! ¡Espérame!

Y tampoco la esperé… Tan solo ralenticé el paso.

Rebeca y yo éramos amigas desde hacía quince años, y casi todo ese tiempo, casi, habíamos compartido el mismo techo. Nos conocimos en la universidad de Salamanca y, desde el primer instante en que una compañera de clase nos presentó, fuimos inseparables. A pesar de ser polos opuestos —ella, bajita, flaca, vestida siempre de negro, en sintonía con su cabello; y yo, alta, curvilínea y adicta a la moda *vintage* de segunda mano—, nunca me he sentido más afín a otra persona. Ambas nos alojábamos en el mismo colegio mayor. Ambas procedíamos de Madrid. Ambas elegimos una universidad fuera de nuestra ciudad para perder de vista a nuestros padres. Ambas estudiábamos Derecho y ambas compartíamos la misma vocación por la abogacía que por la física nuclear, es decir: ninguna.

Por lo general, nos comprendíamos bastante bien, aunque nuestras discusiones a veces eran… un pelín sonadas. Eso sí, por mucho que nos chillásemos, al día siguiente volvíamos a ser las amigas de siempre y sin necesidad de remover la basura o intercambiar más palabras que un «lo siento».

Cuando finalizamos la carrera, que se alargó un poco más de lo que teníamos planeado, no nos quedó más remedio que regresar a nuestros respectivos hogares. Nos bastaron tres días para comprobar que tanto sus padres como el mío —viudo desde hacía más de una década— estaban mucho peor que hacía siete años, cuando abandonamos el nido familiar. Los de Rebeca seguían empeñados en matarse el uno al otro sin intención alguna de divorciarse y mi pobre padre… Ay, mi pobre padre. Este seguía vagando como un alma en pena por su piso de sesenta metros cuadrados de Leganés. Conclusión: necesitábamos un trabajo urgentemente para escapar del manicomio domiciliario. Nadie lo creería, pero te aseguro que la locura también se contagia.

Esas Navidades la vida nos trajo el mejor regalo que podríamos esperar de ella: dos trabajos de mierda. Una conocida de la madre de Bec logró enchufar a mi amiga como dependienta en el departamento de señoras de unos grandes almacenes y a mí me contrataron como camarera y relaciones públicas en un bar de copas muy de moda entre futbolistas, modelos y concursantes de *realities shows*. Ganaba una miseria, pero, gracias a las propinas y chivatazos a los *paparazzi*, mi sueldo alcanzaba la categoría de semidecente. Unimos ahorros y nóminas, alquilamos un apartamento en el barrio con más bares por metro cuadrado de Madrid, redecoramos nuestra vida con la ayuda de un colega que trabajaba en el punto limpio de Leganés y, el mismo día de fin de año, nos mudamos a nuestro nuevo cuchitril de solteritas. Lo bautizamos con el nombre de *Ambiciones.*

Después de tres años de convivencia y peleas infinitas —«Alexandra, deja de escaquearte, que te toca bajar la basura a ti», «¡Maldita sea!, no has repuesto los tampones, Rebeca», «Esas bragas que llevas son mías, culigordo», «Tu alopecia genital ha atascado la bañera, enana», «¡¿Otra de tus fiestas en casa, Alexa?! ¡Que mañana tengo que trabajar, coño ya!»—; como decía, después de tres años de querernos y odiarnos con la misma intensidad, conocí a Carlos: un hombre de los de verdad. Serio, formal, traumatólogo y cinco años mayor que yo. Gracias a él, Rebeca y servidora no acabamos enterradas en una tumba común: yo amarrada a sus pelos y ella clavando sus dedos en mis ojos.

Tras seis meses de relación con Carlos, este me propuso una vida juntos, un proyecto de futuro y esa estabilidad que yo añoraba desde niña. Sin pensarlo dos veces, recogí el petate de nuevo y me mudé a su chalet dúplex en el norte de Madrid, decorado por un interiorista profesional y con un bonito jardín de césped artificial. Un casoplón en toda regla, de esos que necesitas un GPS para encontrar el cuarto de baño cuando te levantas a hacer pis a medianoche. En fin, que los metros cuadrados no dan la felicidad, pero ayudan bastante.

Para mi sorpresa, Rebeca no se tomó nada mal que la dejara tirada con el alquiler de la casa para empezar un nueva vida con mi novio. Probablemente, estaba tan harta como yo de nuestras disputas. Pero tampoco dudó en apostarse cien pavos conmigo a que antes de un año volvería a *Ambiciones* con las orejas gachas y el corazón destrozado. Pues bien: se equivocó. Fueron tres años los que el doctor Sierra, *cum laude* en Medicina Traumatológica, tardó en descubrir que yo era un auténtico fraude. Para ser exacta, me llamó «tóxica». «Eres una persona tóxica, Alexa». Sus palabras me hirieron en lo más profundo de mi ser, pero tuve que reconocerme a mí misma que Carlos no me había dicho nada que yo no supiera con bastante anterioridad.

Ese mismo día cumplí la predicción de Rebeca: con las orejas gachas y el corazón destrozado, regresé a nuestro pisito de solteras. Le ahorré algunos detalles sobre mi separación (esos que una cobarde suele esconder para no asumir su total culpabilidad) y muy por encima le conté que Carlos me había propuesto que fuéramos padres, que yo acepté a pesar de mis reticencias y que, meses después, no me quedó más remedio que confesar la verdad. Hablando en plata: que no tenía ninguna intención de procrear.

Mi amiga demostró ser la hermana que siempre había sido para mí. Me escuchó sin juzgarme y durante dos horas consecutivas se cagó en todos los santos de mi ex. Que él me llamara tóxica le escoció casi más que a mí. Gracias a ella también, pude seguir adelante con mi vida. Me cuidó cuando la angustia y la depresión batallaban por hacerse con el control de mi mente; y lo más importante: retiró el polvo de mis ojos para que viera, de una vez por todas, que mi obsesión por recuperar a mi ex me impedía avanzar.

Poco a poco reconstruí mi dignidad y, con ella, a la Alexa de siempre. O la Alexa que era antes de conocer a Carlos. Hasta que recibí una invitación de boda. En aquel sobre de papel blanco roto con vetas en hilo dorado aparecía el nombre de mi ex enlazado con el de otra mujer, una que yo conocía muy bien porque había cenado cientos de veces en nuestra casa: Bárbara Maldivas, traumatóloga como él, antigua compañera de universidad y mejor amiga. ¿Se podía ser más mezquino e hipócrita? Porque, no lo olvidemos, yo era más tóxica que el ántrax para mi «sensible» ex. Así que la única explicación posible para aquella invitación era su sed de venganza: quería pagarme con el mismo dolor que yo le había causado a él.

Pero, como decía, después de recibir la invitación incendiaria, mi amiga Bec se materializó en mi salón como por arte de magia y me propuso en enloquecedor plan de abandonar mi miserable vida para pasar un verano en el sur de Portugal.

Recuerdo ese día, y posiblemente no lo olvidaré jamás. Estábamos a mediados de abril, y, ahora que caigo, martes y 12 (lo sé, lo sé, por los peletes). Llevaba tres días sin acudir al trabajo a causa de un terrible *shock* griposo. *Shock,* tras recibir una invitación a la boda de mi exnovio Carlos, y griposo, debido a mi tendencia para somatizar el estrés.

En el fondo daba gracias a Sigmund Freud por sufrir una simple gripe. Un año atrás, cuando Carlos me «invitó» a salir de su vida, mi cuerpo estuvo cubierto de ronchas rojas durante ocho semanas.

Pensé que padecía un caso extraño de lepra por amor y que terminaría desmembrándome a lo *Walking Dead.* Afortunadamente, la cosa no era tan grave. Tan solo sufría una enfermedad llamada pitiriasis rosada.

—No se angustie, señorita —me tranquilizó el doctor Garcimartín—. Es una erupción cutánea de carácter benigno. Nada importante. —Y añadió este nuevo diagnóstico al historial clínico de Alexandra Vera, volumen 2.

—¿Y cuál es la causa?

—Este tipo de patologías de la piel no tienen un origen claro, pero lo importante es que desaparecerá tal y como vino.

«¿De origen desconocido? ¡Y un cuerno!», dije para mí. La causa clínica tenía nombre y apellido: Carlos Sierra, mi no tan fabuloso ex.

Pero volvamos a ese martes 12 y a mi gripe. Después de tomarme un cóctel de antihistamínicos y antitérmicos más dos cucharadas de Iniston, caí inconsciente en el sofá. No sé si había pasado una hora o diez cuando la desconsiderada de Rebeca empezó a zarandearme.

—Déjame morir, te lo ruego —supliqué bajo los efectos de una calentura que no había sentido desde que vi la serie *Outlander* del tirón.

Lejos de cumplir mis deseos, Rebeca me sacó de mi nicho de muerte y me obligó a beber otro cóctel: uno a base de bicarbonato, limón y miel.

—¿Cómo te encuentras? —preguntó, mientras yo ingería aquella mezcla repugnante.

—Mucho mejor. Solo tengo treinta y ocho con siete de fiebre.

—Perfecto, porque necesito hablar contigo de un tema importante. —Retiró la taza de mis manos y la dejó en la mesa junto a su bolso—. Pero prométeme que no vas a pronunciar palabra hasta que yo termine de contarte.

Sellé mis labios con un gesto. No hablar y no existir entraban dentro de mis planes.

—Ayer me llamó por teléfono mi tía Marisa —anunció sonriente—. ¿Recuerdas que hace años te hablé de ella?

—Sí, es la *hippy* que tiró por la borda su porvenir para casarse con un paleto portugués de una aldea del Algarve. Tu madre me ha contado esa historia infinitas veces.

—Mi madre es una capulla integral y no deberías escucharla cuando habla. Pero a lo que iba: Marisa me llamó para preguntarme qué tal me iban las cosas y, bueno, una cosa llevó a la otra y…, al final, acabé haciendo terapia con ella.

—¿Qué problemas tienes tú? —pregunté sorprendida. Bec siempre había gozado de un desequilibrio mental equilibrado envidiable.

—No he querido darte la matraca con mis problemas, pero no puedo más, Alexa —resopló abatida—. Estoy harta de ser dependienta, de viajar aplastada en el metro cada mañana, de nuestro puñetero barrio y de cómo rezuma a orín todos los fines de semana; y, sobre todo, odio este piso cochambroso con olor a *curry*.

Cuatro meses atrás una familia hindú había abierto un restaurante justo debajo de nuestro balconcito y, desde entonces, el sofá, las sábanas, nuestra ropa, el pelo, todo *Ambiciones* apestaba a pollo Masala. Ni con ambientadores de enchufe ni fumigando con Lou Lou de Cacharel habíamos conseguido bloquear aquella pestilencia.

—Por favor, al grano —supliqué. Tanta aromaterapia me estaba provocando náuseas.

—Uy, perdona. ¿Pero por dónde iba?… Ah, sí, como te decía, le conté con detalle las penurias que pasamos, lo harta que estoy de mi trabajo y tu tendencia a la hipocondría. Y ¿sabes qué me dijo?

—Que nos abramos una cuenta en Instagram y comamos mucho tofu.

Podía sonar a coña, pero leí en un periódico digital que los *muppies* (jóvenes *yuppies* de este milenio) liberan su estrés gracias a los *likes,* la comida oriental y el Bikram Yoga. Por probar no íbamos a perder nada.

Rebeca me observó con gesto inexpresivo durante unos segundos.

—De verdad, Alexa, odio que sueltes chorradas cuando estamos tratando un tema serio. Yo no bromeo cuando tú te rayas con tus movidas.

Simulé que cerraba mi boca con llave y la lanzaba al fondo del mar. Aunque, si soy sincera, por más que hubiera querido abrirla para decir algo, tampoco habría podido, porque la propuesta que vino después me dejó… Cómo decirlo… ¿Con el culo torcido?

La tía de Rebeca la había convencido para que pasáramos el verano en su pueblo: una aldea llamada Karra, al sur de Portugal. Nos ofrecía dos puestos de trabajo en el campamento de surf de su propiedad. El sueldo no era para tirar cohetes, pero sí bastante digno, dado que nos eximía de pagar el alojamiento y los gastos de luz y agua.

—Bueno, ¿qué opinas? A mí me parece un planazo —afirmó Rebeca convencida.

—Y a mí me parece que has perdido el juicio. —Y dicho esto, me recosté de nuevo en el sofá, lista para seguir dormitando.

—Piénsalo, Alexa. —Me sacudió por los hombros otra vez—. Allí viviremos en plena naturaleza, alejadas del estrés y el ruido de la ciudad. Durante esos meses, podemos reflexionar sobre nuestro futuro: cambiar o no de trabajo, buscar otro piso… No sé, quizá podríamos plantearnos estudiar una segunda carrera. En serio, disfrutemos de un verano diferente, y cuando regresemos estoy segura de que seremos una nueva Alexandra y una nueva Rebeca.

—Que no, amiga, que no cuentes conmigo. —Negué con la cabeza y cerré los ojos.

—Según dice mi tía, es un lugar muy tranquilo con unas playas preciosas.

—Seguro que sí, pero ya sabes que a mí no me gusta el mar.

—Terminarás acostumbrándote. Venga, hazlo por mí, joder. Y por ti. ¿Qué nos retiene aquí en Madrid? ¿Un trabajo en un bufete? ¡No! ¿Un hombre? ¡Tampoco! ¿Tu padre, al que nunca visitas? ¿Los míos, que parecen Willy Fog y Rigodón desde que se han jubilado? ¿O nuestras amigas, con sus guerritas sobre la lactancia materna?

«Visto así, deberíamos lanzarnos a las vías del tren», ironicé para mí.

—Que lo olvides, Bec. Aquí tampoco vivimos tan mal.

—Ah, ¿no? ¿Lo dice una persona con cuarenta de fiebre? ¿Tú? ¿Que no levantas cabeza desde que él te dejó y llevas más pastillas en el fondo del bolso que mi abuela? Por tu madre, abre los ojos, Alexa. Imagínate a ti y a mí disfrutando del sol, la playa, la cocina portuguesa y la vida campestre… Seremos como Paris Hilton y Nicole Richie en *The simple life*.

Me entró la tos. No sabía qué era peor, si parecernos a esas dos petardas o rodearnos de granjeros.

—Escúchame tú a mí, por favor —dije con toda la paciencia del mundo—. El plan de tu tía suena idílico, pero nosotras no nos podemos permitir vagabundear por los pueblos. Somos dos mujeres de treinta y tres años, de clase media-baja, que a estas alturas de la vida no disponemos ni siquiera de un hogar en propiedad. Si perdemos nuestro trabajo, ¿de qué vamos a vivir cuando regresemos de Portugal?

Rebeca me taladró con la mirada.

—No me pongas cara de psicópata y piénsalo con objetividad —insistí—. De verdad, Bec, me estás dejando alucinada. Este tipo de locuras no te pegan nada. A mí sí, pero ¿a ti? ¡¿Qué leches te pasa?!

—Lo sabrías si no estuvieras todo el día mirándote el ombligo, Alexa. Y, ahora que lo preguntas, ¿quieres saber qué me pasa? Que no quiero ser como tú: una cobarde que se pasa la vida lamentándose de todas sus desgracias, pero que no toma medidas para cambiar. No quiero imaginar cuál será tu reacción el día que Carlos suba al altar con otra mujer.

«Ni yo. Como mínimo sufriría el virus del dengue».

—Bec, déjalo, por favor. Bastante jodida estoy ya para que me fustigues con…

—¡Ni por favor ni nada! —espetó furiosa—. Si tú no quieres acompañarme, viajaré sola. Pero recuerda que siempre he estado a tu lado cuando me has necesitado, cuando él te dejó, cuando has estado enferma, y ahora, por una vez desde que nos conocemos, soy yo la que te necesita a ti ¡y mira cómo me respondes!

Se levantó del sillón hecha una furia y caminó directa hacia su habitación. No salió de aquellos cuatro tabiques hasta la mañana siguiente. Cuando entró en la cocina para hacerse el desayuno antes de marcharse a trabajar, le acerqué la cafetera y le dije con voz temblorosa:

—Mañana solicitaré una excedencia por seis meses a mi jefe, y si me la concede, cuenta conmigo para viajar a Portugal.

Pensé que iba a saltar de alegría, pero me encontré con una mirada llena de desconfianza.

—Si lo haces por mí, prefiero que no me acompañes. No quiero que pongas en riesgo tu trabajo por mi culpa —argumentó muy digna.

Suspiré.

—Tranquila, lo hago por mí. Desaparecer de Madrid no me vendrá nada mal.

Y en aquel momento lo creía. Pero sin duda el mayor motivo para mudarme de país era Rebeca. La noche anterior, después de la discusión y mientras luchaba contra los mocos, la tos y la fiebre, recordé lo mucho que había cambiado mi *alter ego* en esos tres años que habíamos vivido separadas. Se mostraba apagada, asocial y apática... Más ermitaña. Nunca quería salir al cine o a tomar algo con los amigos. Ni se apuntaba a mis maratones de series de fin de semana. Eché la culpa a su cibernovio: un tal César, al que conoció en una red social y con el que mantenía un romance por Skype y WhatsApp. Yo no entendía muy bien aquella relación. Vivían en Madrid y preferían el vis a vis sexual a través de una pantalla que el carne con carne. Pero a Bec le resultaba divertido y cómodo poder estar con alguien sin estarlo. Según alegaba, eso la liberaba de responsabilidades, compromisos, cariñitos y regalos románticos. Bec siempre ha sido un poco erizo con el resto de los humanos, la verdad sea dicha.

Sin embargo, tras nuestra discusión sobre emigrar o no emigrar al mundo rural, me dije que el cibernovio no era la causa de su bajo estado de ánimo. Rebeca sufría la misma crisis existencial que yo desde que había roto con Carlos. Debía acompañarla a ese viaje, por fidelidad a ella y... por mi mieditis aguda a la soledad. Si mi mejor amiga emigraba y Carlos se casaba, ¿qué me quedaba en Madrid? Mi trabajo; y eso no era suficiente para mí.

Desde hacía seis años ocupaba el puesto de *Product Manager* en Smith & Son, una empresa dedicada a la fabricación, comercialización y distribución de implantes y prótesis para traumatología. Caí en ese puesto por suerte divina y porque en mi anterior trabajo de camarera conocí al jefe de personal. Después de un par de fines de semana enrollándonos, le confesé lo harta que estaba de trabajar en la noche y David, muy amablemente, se ofreció a echarme una mano para una vacante que había en la empresa donde trabajaba. Engordó mi currículum descaradamente, me ofreció un contrato de seis meses y me costó un infierno en vida romper con él por miedo a que no me renovara más. Pero por aquel entonces mi jefe de departamento había visto un filón en mí: yo era capaz de vender una prótesis de cadera a la mismísima Beyoncé, y eso que las suyas son de puro titanio. Sí. Era buena en mi trabajo. Y aunque las palabras «prótesis» y «ortopedia» tufan a rancio, mi profesión tenía un punto muy *cool*. Estaba en contacto con la *crème de la crème* de la medicina del país, cuyas vidas y amoríos son infinitamente más interesantes que los de los *protas* de Anatomía de Grey.

Entre mis responsabilidades profesionales se encontraba organizar convenciones médicas, reunirme con traumatólogos para ofrecerles los mejores productos y —la parte más apasionante— asistir a las intervenciones quirúrgicas para guiar al cirujano en el procedimiento de colocar nuestras ultramodernas prótesis. Fue en mi primera operación cuando conocí al prestigioso doctor y cirujano Carlos Sierra. Abrí la puerta del quirófano y allí estaba él, todo concentrado, con su uniforme azul, el gorrito de nubes y los dedos hundidos en el antebrazo de un paciente. Fue verle y caer rendida a sus pies…

Sip, me desmayé. Literalmente. Y no por su belleza, que guapo era un rato largo. Sencillamente, se me revolvió el estómago y me bajó la tensión de golpe y porrazo. Porrazo en la cabeza el que me llevé. Qué puedo decir: era mi primer descenso al inframundo de los huesos rotos, las vísceras y la sangre; y por aquel entonces confiaba en que los cirujanos eran tan pulcros y meticulosos como Dexter. Tontina que era una.

Eso sí, suerte la mía que estaba rodeada de traumatólogos. Sin perder el tiempo me llevaron a una sala de observación y me evaluaron durante más de cuatro horas y, ¡ojo al dato!, no me dejaron escapar de allí hasta que el doctor Sierra comprobó mi estado personalmente. Petición expresa del señor cirujano.

—¿Coágulo? —pregunté avergonzada, mientras él evaluaba mi fondo de ojos.

—No, chichón del tamaño de una nuez. —Sonrió tímidamente y se marchó.

Sip. Después de retenerme en una sala rodeada de virus y bacterias durante toda una mañana, cruzó dos palabras conmigo y se largó.

Sin embargo, al día siguiente el amable doctor Sierra se tomó la molestia de llamarme al móvil para comprobar mi evolución.

—¿Dolores de cabeza? ¿Vómitos? ¿Desorientación? —me interrogó, con la misma formalidad del día anterior.

—No. Me encuentro bastante bien, pero, dime, ¿crees que puedo tener algún coágulo y que debería hacerme un escáner?

—No, ya te lo dije, solo fue una pequeña contusión.

—¿Seguro? Perdona que insista, pero normalmente los especialistas no llaman a sus pacientes a menos que hayan detectado un problema… mmm… ma… yor… —Se me trabó la voz.

Le oí carraspear antes de responder:

—Lo siento si te he asustado. Yo no hago estas cosas… Yo…

Me eché a temblar. Su voz vacilante solo podía significar que en su primer diagnóstico se había equivocado.

—Tengo un tumor cerebral —afirmé al borde de las lágrimas.

—¡No, santo dios! Solo quería… —Sopló o cogió aire, no lo sé; lo que sí supe interpretar a la perfección fueron sus palabras de después—. Realmente, te llamo porque me gustaría volverte a ver fuera del… —dudó un segundo y añadió—: fuera del trabajo. Me refiero a que salgamos a cenar o a comer. Lo que prefieras.

Le gusté. Despatarrada en el suelo y con mi chichón del tamaño de una nuez, me ligué al maravilloso cirujano. Acepté su cita y ese sábado quedamos a cenar. Carlos no era un hombre de muchas palabras, pero yo me sentía tan eufórica que hablaba por los dos. Después del restaurante, fuimos a tomar un *gin-tonic* en la terraza de un hotel de Gran Vía y de allí nos marchamos directos a su cama.

A la mañana siguiente, pensé que no me volvería a llamar, pero no podía estar más equivocada. No habían pasado ni tres horas desde que había abandonado su casa cuando me telefoneó para invitarme a comer. Durante esas primeras semanas, Carlos y yo nos veíamos a diario, y si él tenía turno de noche en el hospital, me enviaba por WhatsApp una foto del amanecer para recordarme lo mucho que añoraba no haber despertado abrazado a mí esa mañana. Bonitos recuerdos de un amor que no pudo ser.

Para mudarme a Karra, mentí a mi jefe de departamento sobre el motivo de mi excedencia. Le dije que mi padre sufría una terrible depresión tras la jubilación, acentuada por un duelo que después de más de veinte años no había superado, la muerte de mi madre. No era verdad, pero tampoco una mentira. Él estaba deprimido, siempre lo había estado, pero se había acostumbrado a sobrevivir a su propia melancolía. Por ende, a mi padre le conté otra media verdad: que me había tomado unos meses libres con Rebeca porque estaba sumamente estresada. «Ya sabes…, la puñetera ansiedad, papá». Tal y como esperaba, mi abnegado padre no emitió juicio alguno y me ofreció su apoyo y dinero en el caso de que yo lo necesitara.

Mi jefe tampoco puso impedimento a la hora de aceptar mi solicitud. Smith & Son había sufrido las consecuencias de la crisis mundial, y, debido a los recortes de Sanidad, las ventas de prótesis a hospitales públicos habían descendido. Los comerciales habíamos sido los primeros afectados. Y nuestras comisiones, también. De hecho, bromeábamos en los desayunos con tirar cáscaras de plátano en las salas de espera de los hospitales privados. Si al descenso de ventas le sumábamos mi historial de bajas médicas en el último año, mi excedencia fue un regalo para el director comercial.

En cuanto recibí la notificación de parte de la empresa aceptando mi excedencia, llamé a Rebeca al móvil para darle la buena nueva. Esa misma tarde, cuando terminó su turno, presentó la carta de dimisión a su gerente y, ejem, ejem…, le escupió en los zapatos. Ella siempre tuvo como ídolo a Marilyn Manson (no digo más).

Embriagadas de felicidad como dos presas a las que les abren las puertas de la cárcel, lo celebramos con una botella de champán y un cambio de imagen radical: yo le rapé media melena lateral como ese peinado asimétrico que puso tan de moda Rihanna y, después de cometer semejante crimen, asesiné mis propias facciones con un flequillo recto a lo Betty Page. Vida nueva, *look* nuevo.

Dos semanas después caminábamos enfurruñadas por la campiña portuguesa a pleno sol y cargadas de maletas. Hasta que apareció una furgoneta desvencijada a lo lejos, con dos tablas de surf cargadas en el techo y conducida por un chico con pintas de Tarzán: melena rubia californiana, piel bronceada, ojos azules, cuerpo tonificado y perfectamente adornado por un sencillo bañador bermuda a rayas. Ni camiseta ni chanclas. Un salvaje con aspecto de despistado que resultó ser nuestro salvador…

O mi castigador, depende del color del cristal con que se mire. El mío solía ser muy negro, por cierto.

3

HOLA..., TE QUIERO

IZAN OLIVEIRA

Álex y yo nos conocimos en primavera. Si no me falla la memoria, era el primer día de mayo. Yo conducía mi Volkswagen de vuelta al campamento con la idea de darme una buena ducha, picar algo y meterme en la cama hasta la mañana siguiente. También recuerdo que sonaba en la radio *Hello, I love you,* de los *Doors,* y que subí tanto el volumen que casi reviento los altavoces. Pero era eso o quedarme dormido al volante.

Hacía tiempo que no me sentía tan agotado física y mentalmente. Había pasado todo el día a pleno sol, repitiendo una y otra vez las tres posiciones del *take off* a los alumnos más torpes con los que me había topado en estas playas. Y había fumado también, lo reconozco. Llevaba años sin hacerlo, pero esa tarde, no sé muy bien por qué, echaba de menos la sensación de calma y serenidad que ofrece la buena hierba.

Cuando tomé el desvío en dirección al *surf camp,* vislumbré un vehículo amarillo con el morro hundido en la marisma que bordeaba el sendero. Al pasar cerca de él, aminoré la marcha para ver qué se cocía. No había señales de vida, así que di por hecho que se trataba de un coche robado en España para pasar droga a Portugal y que los ladrones lo habían abandonado en la costa. Todo un clásico en esta zona.

Avancé un par de kilómetros más; y, al rebasar la primera curva del camino, atisbé a lo lejos una mujer morena vestida por completo de negro. Corría en mi dirección mientras agitaba violentamente las manos al aire. Parecía alterada. Muy alterada. Apagué la música, detuve a Lucy y me asomé por la ventanilla.

—*Posso ajudar-te?*

La chica se abanicó la cara con la mano, inspiró hondo y empezó a hablar a toda velocidad.

—*Please, we need your help. My friend and me* estamos *lost. Totallly lost. Our car is broken. Very broken. Dead. Caput. Bye-bye.* — Guardó silencio un par de segundos y luego farfulló en español—: Joder, ¿cómo se dice «hundido en el fango»? Bah, da igual. *It's swimming under the river.* Me refiero al *the car,* al coche. *Do you understand me?*

—No mucho, la verdad. —Apreté los labios para no echarme a reír. Era el peor inglés que había oído en mi vida.

—¡Oh, dios mío! —exclamó repentinamente—. ¡Pero si hablas mi idioma!

A partir de ese momento, no pude intervenir mucho más. Cuando me bajé de la furgoneta, cargó de nuevo esa ametralladora que tenía por boca y empezó a disparar: ¡Bang, bang! «Nueve horas de viaje haciendo una sola parada para comer…». ¡Bang, bang! «… Siri se puso a desvariar: que si gira a la derecha, toma la tercera salida a la izquierda; y, por más que mirábamos, en esa autovía no había rotonda ni ramal…». ¡Boom! «Nos desviamos para tomar un camino de cabras. ¡Qué horror, por cierto! Una capita de alquitrán no le vendría nada mal. En fin, que abrí la ventana, nos invadió una *jauría* de avispas gigantes y…». Bla, bla, bla.

—¿Te puedes creer que mi amiga olvidó tirar del freno de mano? —me preguntó como broche final a su relato.

No, la verdad es que no me creía nada. Aquella historia parecía copiada de un capítulo de *Mr. Bean.* Eso sin mencionar que yo no veía a su supuesta amiga por ninguna parte y aquella española parecía ir hasta arriba de *speed*… ¿Qué podía decir? «¿Dame un poco de lo que has tomado, *louca*?».

Me froté los ojos para despejarme mientras buscaba la manera de salir de aquella situación.

—Si quieres robarme o sacarme la pasta a cambio de algún favor, te advierto de que no llevo encima ni tres euros —dije con sinceridad.

Ella entornó los ojos como una serpiente pitón y siseó:

—¿Qué cojonesss estásss insinuando, imbécil?

—Cheee, relájate, mujer. No busco problemas, pero ponte en mi lugar un segundo. Solo dices cosas raras y hablas de no sé qué amiga; y yo no veo a nadie por aquí además de ti y de mí.

—Ya, porque ella está meando detrás de unos matorrales, capullo —contestó, señalando hacia su espalda.

En un acto reflejo miré por encima de su hombro y… ¡Guau, tío! Ahora el que estaba alucinando era yo. A escasos cien metros, tenía ante mis ojos una modelo *pin-up* de carne y hueso. Piernas largas, caderas gloriosas, cintura estrecha y un par de tetas estratosféricas. Su cabello era de un tono extraño, entre castaño y cobrizo, y lo llevaba recogido en una coleta alta, salvo el flequillo, que caía al borde de sus cejas. A cada paso que daba, las olas de su vestido se elevaban en los extremos, arrastrando la tela entre sus muslos. «¡Yiiiihaaaa!», grité, triunfal, en mi cabeza. O la amiga invisible estaba buenísima o yo sufría los efectos alucinógenos de la mandanga que me había fumado con Rico, que, oye, tú, dos canutos trompeteros bien cargados pueden hacer maravillas con la mente de uno.

—¿Dónde me has dicho que vais? —pregunté a la loca desde mi globo mandanguero.

—A Karra, al campamento de surf de mis tíos. Se llama Paraíso Surf Camp.

¡Boom! El globo me estalló en pleno careto. La había cagado pero bien fuerte. Ni más ni menos había tomado por una puta a la sobrina de mis jefes.

—Ey, perdona por lo que te he dicho antes —me disculpé abochornado—. Yo aprecio muchísimo a tus tíos, son como mi familia.

—¿Y tú quién eres?

—Me llamo Izan Oliveira y trabajo de monitor en la escuela de surf de tus tíos. Precisamente me dirijo al campamento, así que os puedo llevar hasta allí. De hecho, me encantaría hacerlo. Y te pido disculpas de nuevo. Me he comportado como un idiota…, de verdad que lo siento.

—Ok, olvídalo. —Extendió su mano y sonrió—. Yo me llamo Rebeca y la meona es Alexa.

Mis ojos se dirigieron por segunda vez en busca de su amiga. En esta ocasión, me salté su escote y contemplé su rostro. Piel blanca, ojos verdes, labios con forma de corazón…

—*Hello*… —me saludó entonces en un tono entre cantarín y coqueto.

«*I love you*», le contesté en mi mente, y se me escapó la típica risilla ridícula de *fumeta*.

—No te esfuerces, Izan habla español. Además, trabaja para mis tíos y se ha ofrecido a llevarnos hasta allí —no tardó en informarla su amiga.

—¡Dios, qué suerte hemos tenido entonces! —exclamó la diosa, y se abalanzó sobre mí para darme dos rápidos besos en las mejillas—. Me llamo Alexa, mil gracias por salvarnos... Esto...

—Izan... Izan Oliveira.

—Encantada de conocerte, Izan. Si no te importa, ¿puedes esperar dos minutitos para que recojamos nuestro equipaje?

Contemplé atónito los bultos tirados sobre la arena. No sé si debido a la hierba o al sueño que tenía, pero no había reparado en ellos hasta ese preciso instante.

—Tranquila, no tengo prisa —respondí educadamente.

Alexa me sonrió en agradecimiento y se encaminó hacia sus maletas, mientras yo la observaba más colgado que una pata de jamón.

Conducir siempre me había relajado...

Salvo aquella tarde de mayo. La tentación sentada a mi derecha se movía más que una culebra; y digo tentación porque Alexa parecía una réplica de Jane Birkin con extra de curvas. Sin duda era una mujer impresionante ante los ojos de cualquier hombre, aunque yo tratara de convencerme de lo contrario.

Hasta que mi novia Elena se había marchado a Lisboa para estudiar en la universidad, no había pasado más de un mes sin tener sexo. Y nunca por decisión propia. Así que me repetía una y otra vez que esa era la razón por la que mis ojos abandonaban la carretera para relamerse gustosamente en aquella chica. Y para ponérmelo más difícil, mi «copilota» no paraba quieta. Cuando no se frotaba las manos nerviosa, cruzaba y descruzaba las piernas, o se recolocaba la falda tratando de cubrirse los muslos. Con tanto movimiento me estaba poniendo cardiaco... A mí, un tipo sosegado que practica la meditación a diario.

Respiré hondo y encendí mi iPod de nuevo en un intento absurdo de concentrarme en alguna canción.

—¿Te importa si subo la ventanilla? —me preguntó la chica con voz dulzona.

—No, pero hace calor y la furgoneta no dispone de aire acondicionado.

—Bueno, prefiero sudar a que me ataque un insecto —farfulló.

Recordé entonces la aventura con las avispas y no tuve más remedio que hinchar los carrillos para no troncharme de risa.

—Seguro que te lo han dicho miles de veces, pero tu furgoneta se parece un montón a la de Scooby Doo —le escuché decir mientras luchaba con la manivela de la ventanilla.

«¿Miles de veces? Nooo… Me lo han dicho trillones».

Soplé el aire que contenía en mi boca y respondí como el tipo serio y maduro que soy.

—No es la primera vez que me lo dicen, pero entre Lucy y la Máquina del Misterio no hay comparación. La camioneta de Scooby es un Frankenstein entre una Volkswagen, una Citroën del 62 y una Chevrolet. Lucy es una Volkswagen T2 del 79. Una Camper auténtica con motor refrigerado por aire. No te lo creerás, pero en su época fue una revolución.

—No he entendido ni una palabra de lo que has dicho, pero te creo —bromeó—. ¿Y Lucy es el nombre del modelo?

—No, no. El nombre se lo puso mi madre por *Lucy in the sky with diamonds,* la canción de los Beatles.

Echó un vistazo al interior del habitáculo y con notable admiración comentó:

—Pues es realmente alucinante.

—Por eso mi madre eligió ese nombre —dije conteniendo de nuevo la risa—. Según ella, la letra de *Lucy in the sky with diamonds* hablaba de las alucinaciones producidas por LSD, aunque John Lennon siempre lo negó.

De pronto su amiga, sentada en la parte de atrás, asomó la cabeza entre los dos.

—¿Y tú te lo tragas? —me preguntó.

—Yo siempre respeto la palabra de los muertos.

Y ese era el motivo principal por el que conservaba a Lucy. Por respeto. La Volkswagen perteneció a mi padre, y después de que falleciera, la heredó mi madre. Cuando ella murió, dejó constancia de que esperaba que yo conservara la furgoneta en su testamento, un cuadernillo de anotaciones que a veces utilizaba como diario. Para mí no resultaba un problema. Amaba a aquella chatarra. En la vieja Volkswagen, mi familia y yo habíamos compartido momentos buenos y malos; todos ellos imposibles de olvidar. Me prometí a mí mismo que nunca cambiaría ni un solo detalle de Lucy, a excepción del equipo de música, que cascó. También me vi obligado por mi jefe a pintar el logo de la escuela de surf, dos olas con forma de corazón. Al principio no me hizo ni pizca de gracia, pero reconozco que no quedaba mal sobre el fondo naranja de la chapa. El caso es que en mi vieja camioneta —rodeado de las cortinas psicodélicas que cosió mi madre, sus pegatinas de clásicos del rock, los amuletos colgados del espejo retrovisor, la funda de lana de la palanca de cambio— me sentía arropado por la seguridad del pasado. Muchas noches en la playa reclinaba el asiento, cerraba los ojos y podía escuchar a mi madre canturrear a mi lado mientras yo conducía su furgoneta con tan solo doce años. Sí, podría decirse que Lucy también era mi propia alucinación. Un diamante en un cielo negro y opaco.

Una vez que llegamos al *surf camp,* estacioné a un par de metros de la recepción para no taponar la entrada a la oficina. Rebeca salió corriendo como una bala de la furgoneta en busca de sus tíos.

«Increíble», me dije en tono de admiración. A pesar de su pequeña estatura, esa mujer gozaba de un esprint admirable.

Tiago y Marisa debieron de ver a su sobrina a través del ventanal de la oficina, porque en menos de un segundo aparecieron por la puerta de la recepción. Marisa abrazaba a su sobrina con tanta efusividad que me hizo reír. Por el rabillo del ojo observé también a Tiago, y lo que percibí en su gesto me sorprendió mucho más: el hombre duro como una roca, el que nunca mostraba debilidad, contemplaba a las dos mujeres con una expresión tan tierna que tuve que cubrirme la boca para no carcajearme hasta morir.

Caminé hacia el portón trasero, donde me aguardaba Alexa a la espera de su equipaje. En ese momento, me vino a la mente una conversación que mantuve con Tiago cuando me mudé a Karra. Estábamos celebrando la Nochebuena en su casa y me sorprendió bastante la devoción que Marisa profesaba a su marido. Con esto no digo que Tiago fuese un mal tipo, pero sus maneras rudas y autoritarias no encajaban con la personalidad de su esposa: sensible, culta y mucho más feminista que las mujeres de este pueblo. Cuando terminamos el segundo plato, mi jefa fue a la cocina a por el postre. Aproveché que nos quedábamos a solas para preguntar al jefe cómo su esposa podía quererle tanto, si él se pasaba el día refunfuñando. Supongo que hablaba el vino de la cena, y no yo, porque en aquella época jamás me hubiera atrevido a burlarme de Tiago.

—Muchacho, no te pases —me advirtió, mientras daba una calada a su purito sin apartar la vista del televisor. A los pocos minutos, pareció pensárselo mejor y respondió a mi pregunta—: Ella lo dejó todo por mí, así que mi prioridad es y será siempre hacerla feliz. Un trabajo a veces complicado —añadió—. En realidad, las relaciones de pareja son complicadas por sí mismas, y la mía te aseguro que mucho más.

Por el tono de amargura de sus palabras, pensé que se lamentaba de haber contraído matrimonio con una extranjera. Me equivocaba. Aquella mole de cien kilos con pintas de mafioso no se arrepentía de su matrimonio. Sencillamente, se culpabilizaba de que Marisa hubiera abandonado a su familia por estar con él.

Arrastré la última maleta del fondo de la furgoneta y se la entregué a su dueña.

—¿Tienes todo tu equipaje?

Alexa repasó los bultos apilados en el suelo y, después, levantó su rostro sonriente hacia mí.

—Creo que sí. Por cierto, te agradezco que…

Automáticamente dejé de escucharla. Mis ojos habían captado un pequeño detalle que se me había pasado por alto cuando me besó. Su lunar. Un pequeña peca en su barbilla. Una invitación a…

—Ey, ¿me estás escuchando? —Pasó su pequeña mano por delante de mis ojos.

—Oh, perdona. Estaba en otra parte.

—No hace falta que lo jures. Tienes pinta de ser muy despistado. —Sonrió y me entregó una tarjeta de visita como esas que llevan los *yuppies*. Me quedé mirando el trozo de papel desconcertado. Entonces, ella añadió—: Guárdatela por si necesitas cualquier cosa mientras estoy en Karra o si decides viajar algún día a Madrid. Rebeca y yo te debemos un gran favor.

—Gracias, pero no me debes nada —dije sonrojado.

—Bueno, tú, por si acaso, no la pierdas. —Me guiñó un ojo y se dirigió hacia la recepción para reunirse con los tíos de su amiga.

Antes de que pudiera quedarme colgado contemplándola una segunda vez, guardé la tarjeta en el bolsillo lateral de mi bañador y me subí a mi furgoneta de un salto.

Evil inclinó su cabeza hacia un lado y levantó la oreja. Era su manera de animarme a que siguiera contándole mi aventura con las forasteras.

—Deberías haberme visto: yo con un globo que lo flipas mientras conducía, la tía venga a juguetear con su falda para enseñarme las piernas, la sobrina de los jefes sentada detrás observándome en silencio y, para más remate, cada dos por tres se me escapaba la risa tonta. Han debido de pensar que soy un memo, ¿que no?

Mi pequeña pitbull aulló.

—¿Que cómo es ella? Buah, mejor que este solomillo de buey. —Le mostré la pieza de carne antes de lanzarla sobre la sartén. Evil salivó—. Y no te imaginas cómo huele. A mí me sucede como a ti. También detesto los perfumes demasiado exagerados, excesivamente químicos, pero el aroma de esta chica es diferente. Es natural: una mezcla extraña de flores silvestres y mandarina. A lo mejor se fabrica sus colonias y cremas como hacía mi madre.

Di la vuelta al solomillo en la sartén y me acuclillé frente a una Evil intrigadísima.

—Calculo que debe de ser tres o cuatro años mayor que yo —reflexioné, mientras le limpiaba el hocico con una servilleta—. El problema va a ser verla por aquí a diario sin dejar un reguero de babas detrás de ella. Comprendes, ¿verdad? —Mi pequeña me respondió con un lametazo en la nariz—. En fin…, tampoco me hagas mucho caso. Posiblemente estoy exagerando y no es más impresionante que cualquiera de las chicas que pasan por aquí en verano.

Di un par de toques con mi dedo en su nariz y la advertí:

—Y si me ves hablar con ella, te doy permiso para que me claves los colmillos en el trasero.

Por último, besé su cabezota y me puse en pie.

Tal y como había confesado a Evil, no iba a ser fácil evitar a Alexa. Paraíso Surf Camp era demasiado pequeño para no cruzarte doscientas veces con alguien a lo largo de un solo día. Tiago disponía de terreno suficiente para ampliar las instalaciones, pero, según decía, el encanto de su negocio residía en ofrecer a los clientes un ambiente familiar, rodeados de naturaleza, y aprender surf a un precio bastante económico. Gracias al ahorro energético, los jefes podían reducir sus tarifas para competir con las grandes escuelas. Para ello, disponíamos de paneles termosolares, tratamiento de aguas para el riego, piscina ecológica y nuestro propio huerto. Siempre he comulgado con esta forma de vida por completo. Para mí, el respeto por nuestro ecosistema es prioritario. Soy más feliz viviendo en una sencilla cabaña con una cocina-comedor, una habitación y un aseo que en una casa con todo el confort en una gran ciudad.

Ahora sí… Paraíso Surf Camp no era tan paraíso en otros aspectos. Mis jefes, por ejemplo, vivían a una calle de mi bungaló, con la falta de intimidad que eso implicaba.

Y hablando de intimidad… Escuché ruidos en la cabaña más cercana a la mía.

—Evil, ¡corre y asómate! —susurré a mi cachorra, mientras observaba a las españolas colocando en fila sus maletas en el porche, a través de mi ventana.

Todo apuntaba a que «la tentación» y su loca amiga serían mis nuevas vecinas, y eso solo significaba una cosa: que tendría a Tiago y a Marisa rondando mi cabaña a todas horas. «Te has cagado, amigo», me advertí…, excepto que fueran las típicas chicas de ciudad que viajan a Karra atraídas por el surf. En ese caso, a los pocos días todo su entusiasmo se desinflaría y se largarían corriendo a sus vidas sedentarias. Aprender a surfear sin una preparación física resultaba agotador para cualquier novato; sin mencionar el estrés que les genera a algunos vivir en el campo, compartir baño con otros clientes o dormir en tiendas de campaña. Y el pueblo tampoco disponía de centros comerciales ni discotecas de moda para amenizar las tardes y noches; así que cabía la posibilidad de que en cuestión de setenta y dos horas mis nuevas vecinas huyeran del campamento. Claro que antes tendrían que recuperar su coche del fango.

—¡Hosssstias, Evil! —aullé de dolor cuando sentí los caninos de la pequeña demonio en mi muñeca. Saqué la mano de sus fauces y, mientras la sacudía para aliviar el dolor, no me quedó más remedio que reprenderla—: Te he dicho mil veces que, si quieres cenar, ladres como la gente civilizada, pero no me muerdas, tía. Mis manos son mis herramientas de trabajo, ¿me has entendido?

Como respuesta, Evil me empujó con sus patas delanteras en la entrepierna y salió pitando hacia la puerta.

—¿Ahora se te antoja salir? ¿Para qué? —pregunté con desconfianza.

Ladró y rasgó desesperada la madera.

—Ok, pero haz tus necesidades lejos de las cabañas y entiérralas. —Le abrí la puerta y me dirigí de nuevo a la ventana.

Pedazo de cotilla, eso es lo que era. No yo, mi perra. La muy granuja no sufría ninguna urgencia. Solo quería dar la bienvenida a nuestras nuevas vecinas y, de paso, fisgar sus maletas. Después de olisquearlas y dejarse acariciar panza arriba, se arrastró como una oruga sobre la tierra, les mostró su mejor pose surfera y, para terminar el *show*, las dejó alucinadas con un salto al puro estilo *Matrix*. Como era de esperar, Alexa y su amiga la aplaudieron completamente *in love*.

Y como era de esperar también, Evil no tardó ni cinco minutos en regresar a casa. Por mucho que quisiera ganarse la confianza de sus nuevas vecinas, mi perra no perdonaba una buena cena. Cuando la escuché rascar la madera del porche, abrí la puerta con gesto severo y me eché a un lado para evitar ser arrollado por ella.

—Espera, ¿qué llevas en la boca? —La sostuve por el collar antes de que se precipitara sobre su cuenco.

Evil frenó en seco y depositó a mis pies su presa. Recogí el zueco del suelo y lo observé contrariado. Estaba confeccionado en madera y borrego rosa. Sin duda, era el calzado más ridículo que había visto en mi vida.

—¿Se lo has robado a las vecinas? —Evil ladró y dio un salto para quitármelo de las manos. La esquivé a tiempo y lo olisqueé—. No puede gustarte esta cosa, demonio.

Mi cachorra contempló el zueco embelesada y respondió con un gimoteo de pena. Por más que me doliese, debía aceptarlo de una vez por todas: mi pitbull también compartía esa obsesión irracional que sufrís muchas mujeres por la moda.

El día no terminó con el hurto de Evil. ¡Ojalá! Más tarde, justo cuando me empiltraba, Tiago me llamó para que acudiera a su despacho. Desde luego, no eran horas para molestar a un empleado, pero mi jefe solo conocía una ley: el que paga manda. Amén.

—Izan, voy a necesitar que me eches una mano con un asunto —me comunicó en cuanto asomé por la puerta.

—Tú dirás —dije con la misma desgana con la que me senté en la silla frente a su mesa.

—No sé si mi esposa te ha puesto al tanto, pero la amiga de mi sobrina Rebeca trabajará en nuestra escuela a partir del miércoles. He pensado que tú podrías encargarte de su formación.

«Joer, vaya día de mierda…».

—¿Es que no han venido a pasar las vacaciones? —inquirí desconcertado.

—No, van a trabajar para mí hasta que termine la temporada. Mi sobrina se ocupará de la gerencia del campamento y su amiga, como ya te he dicho, de la recepción de la escuela.

—Genial —pronuncié con amargura. Además de dormir a un paso de la tentación, también trabajaría con ella todo un largo verano—. Hay un pequeño problema con eso —le advertí.

—¿Cuál?

—Por si no lo recuerdas, este miércoles libro.

Mi jefe soltó bruscamente el boli en la mesa y se quedó mirándome fijamente.

—¿Por qué tengo que ser yo el que la forme? —me quejé sin achantarme.

—Por dos razones, Izan. Primero: porque te considero mi mano derecha, una especie de hijo, así que no me parece tan disparatado que te pida un favor, ¿no?— Fruncí los labios molesto, pero no me atreví a replicar. Tiago asintió satisfecho y añadió—: Y la segunda razón por la que te encargo este trabajo es más que evidente.

—¿Evidente? ¿Qué es evidente?

Tiago sonrió socarrón y dibujó un par de tetas gigantes en el aire.

—¿Y qué tiene que ver su delantera conmigo? —salté a la defensiva.

—¿Contigo? Nada. Por eso mismo te estoy pidiendo que te encargues de la pechugona en lugar de ofrecérselo a Rico o a Marco.

Bufé. Sabía por dónde iba. Cuando se trataba de tías, Tiago me consideraba un auténtico pringado. Mi jefe no entendía cómo podía tener novia en lugar de tirarme «a todas las turistas que se pasean en tanga por la playa», comentario que terminaba en una fuerte discusión con su esposa.

Yo tampoco lo comprendía..., la verdad.

—¿Y Catrina? Ella es mujer —le recordé.

—¿Estás loco, chaval? Catrina tiene las habilidades sociales de un tiburón. ¡Si me da miedo hasta a mí! —Se carcajeó tan fuerte que varios perdigonazos de saliva chocaron contra mi camiseta.

Mientras retiraba los lapos con un *post-it* sopesé mi situación. Por una parte, no podía contarle a mi jefe que la amiga de su sobrina me ponía tan cachondo que me comportaba como un auténtico imbécil delante de ella. Por otra, tampoco debía rechazar la orden de Tiago y jugarme mi trabajo. Eso solo me dejaba una opción.

—Ok. Yo formo a Alexa, pero a cambio me compensas con dos días libres.

Mi jefe no se lo pensó ni un segundo.

—Me parece un trato justo, muchacho.

Asentí en silencio y me levanté de la silla con la intención de encerrarme en mi cabaña, meterme en la cama y poner fin a aquel nefasto día.

—No tan rápido, Izan. —Me advirtió—. Necesito que me acompañes a resolver otro asunto urgente.

Repito: vaya día de mierda.

Dos horas después, bien pasada la medianoche, mi jefe y yo regresábamos al campamento. En mi caso, cubierto de lodo hasta las orejas, y, en el suyo, con la camisa y el pantalón de lino impolutos. No comprendo cómo pude ser tan inocente. Cuando Tiago me pidió que le ayudara a desenterrar el coche de Alexa (el asunto urgente), lo que quería decir es que yo, su siervo, me encargaría de atarlo con cuerdas al guardabarros del *jeep,* de colocar unos palos de madera en las ruedas para hacer palanca y empujar con todas mis fuerzas, mientras él se limitaba a pisar el acelerador del todoterreno. En resumen: mastiqué barro y hojarasca hasta indigestarme. ¿Y para qué? Para nada. El coche no arrancaba.

—Estoy pensando que es mejor que seas tú el que dé las malas noticias —me propuso el jefe frente a la puerta de mis nuevas vecinas.

—¡Ni lo sueñes!

Tiago arrugó la frente.

—No te ofendas, chaval; pero, últimamente, estás muy quejica. Hazlo por ellas, muchacho. Yo no tengo la sensibilidad y el tacto que tú tienes con las mujeres. Te he visto cómo las tratas. Eres educado y suavecito como la piel de una llama —se burló.

—¿Acaso tú has acariciado a una llama?

—No, pero parecen suaves.

Cerré los ojos y presioné con los dedos el puente de mi nariz, irritado. Mi mantra… Necesitaba repetirme mi mantra o acabaría estrangulándole.

—De acuerdo —acepté con poco ánimo—, pero si me das cuatro días libres.

—¡Y un cuerno! No estoy tan desesperado. —Se encaró hacia la puerta de las chicas y empezó a golpearla a toda prisa. Un par de segundos después, mis vecinas aparecieron en el umbral con cara de asustadas. Tiago les hizo un saludo militar muy ridículo y sonrió—. Señoritas, buenas noches.

—¿Qué tal el coche? —le preguntó Alexa sin andarse por las ramas… y sin dirigirme una sola mirada.

El jefe vaciló unos segundos antes de darles las malas noticias.

—Pues me temo que vuestro coche ha quedado para el desguace, chicas.

Jo.

Der.

Ni el trol del moco tenía tan poco tacto como Tiago.

Alexa puso ojos de espanto y su amiga se llevó las manos a la cabeza.

—Tiago es un exagerado —intervine en un intento de calmarlas—. Lo mejor es que llevéis el coche a algún taller mecánico de Faro para que le echen un vistazo. Es uno de los pueblos más grandes de la zona y no está muy lejos de aquí.

—¡No digas estupideces, Izan! —me reprendió mi jefe alzando la voz—. La única solución para un coche que tiene el motor encharcado y lleno de barro es venderlo por piezas.

Piezas. Esa palabra fue el detonante para que estallara la guerra.

—¡¿PIEZAS?! —chilló Alexa. Después, se dirigió hacia su amiga, gimoteando como un bebé—: ¿Has escuchado, Bec? ¡Piezas! ¡Ay, Bec…! ¡Ay, Bec…! ¡La he hecho buena!

Rebeca miró a su amiga, incrédula.

—Dime que arreglaste los papeles del coche. ¡Dímelo, por favor! —rugió.

—Me temo que no —contestó la primera, acobardada.

—¿Y el seguro?

—Tampoco.

El rostro de Rebeca se encendió de furia.

—¡¿Me estás diciendo que el coche sigue a nombre de Carlos?!

—Me da que sí —asintió Alexa avergonzada—. El estrés del trabajo, las tareas del hogar, he estado muy enferma…, ya sabes, nunca sacaba un hueco para hacer el papeleo.

—¡Oh, claro! La señorita «hoy tengo hora para el láser, mañana sesión de drenaje linfático y pasado voy al masajista» no dispone de tiempo para cambiar la titularidad de un coche que conduce desde hace más de un año. ¡¿Pero cómo tienes tanto morro, Alexa?! ¡Si dispones de más tiempo libre que una Kardashian!

—Tú misma me recomendaste que me mantuviera ocupada cuando saliera del trabajo. Y que me cuidara, sobre todo, que me cuidara.

—Pues nada, chica, solicita hospedaje en la UCI, ahí te van a cuidar como a una reina y te aseguras de que te reanimen cuando yo te mate.

—Rebeca, ¡por favor! Deja de comportarte como si fueras…

—Una bruja —terminé la frase por ella.

—Exacto. Una bruja insensible —repitió Alexa, ahora envalentonada.

De pronto, sentí un codazo en mis costillas y el bigote de Tiago en mi oreja.

—¿Te quieres callar, idiota? —farfulló hacía mí.

—¿¡Tú me llamas bruja!? —bramó entonces Rebeca, captando de nuevo mi atención—. Pues ya verás cuando se entere Carlos. A su lado, yo te voy a parecer un angelito.

—Se lo explicaré, y seguro que lo entenderá. Él siempre ha sido muy razonable.

—JA. JA. JA. No me hagas reír.

—¿Quién es Carlos? —pregunté, al tiempo que me ganaba un segundo codazo de mi jefe. Me volví hacia él alucinado. Él me hizo un gesto con la ceja de: «No vuelvas a preguntar». Yo le respondí con una mirada que decía: «Están un poco desequilibradas, ¿no crees?». Él asintió sutilmente. Y, sin necesidad de más mensajes telepáticos, decidimos dejarlas con sus batallitas y largarnos a dormir.

Dormir... ¡Qué iluso fui! Uno tenía más oportunidades de echar una cabezadita en pleno ataque militar aéreo que a dos metros de mis nuevas vecinas. Incluso mi pequeña pitbull estaba aterrorizada. Temblaba y aullaba casi tan fuerte como la primera vez que la bañé. No me quedó más remedio que hacerle un hueco en mi cama. Encendí mi iPod, busqué en mi lista *Woman is a devil,* de The Doors, y pasé uno de mis auriculares a Evil. Cuando la canción terminó de sonar, mi cachorra estaba durmiendo a lengua suelta. Me pregunté si el dicho «la música calma a las fieras» también funcionaría con aquel par de histéricas.

El resto del fin de semana (¡aleluya!) pasó con normalidad. Alexa y yo nos cruzamos por el campamento en tres ocasiones, pero no pronunciamos nada más que un hola y adiós. El domingo por la noche las oí reír en el porche mientras tomaban unas cervezas, como si entre ellas no hubiera pasado nada. Sabía por Tiago que un mecánico, amigo de él, había echado un vistazo al Mini Cooper y había llegado a la misma conclusión que mi jefe: la pelotilla amarilla había pasado a mejor vida. Ahora sus restos embalsamados en barro descansaban en una de las plazas del parking del campamento.

Llegó el miércoles y con él se esfumó el estado de paz espiritual del que había gozado los últimos días. Tal y como me comprometí con mi jefe, a primera hora de la mañana fui a recoger a Alexa para instruirla como recepcionista de la escuela de surf.

Llamé varias veces a su puerta, pero ni ella ni su amiga respondieron. Volví a golpearla una y otra vez hasta terminar aporreándola con fuerza. A los pocos segundos, escuché unos pasos y el ruido de la manija y me encontré frente a frente con la novia de Chucky. Pijama de cebra, coleta erizada, boca torcida, un ojo cerrado y otro abierto. Espeluznante.

—Buenos… días, Rebeca —saludé sobrecogido por la impresión.

—¿Y a ti qué se te ha perdido?

—Vengo a buscar a Alexa para llevarla al trabajo.

La muñeca diabólica dirigió el ojo abierto hacia la habitación, se apartó a un lado y me hizo un gesto con la mano para que entrase.

—Sírvete tú mismo, yo no tengo cuerpo a estas horas para lidiar con ella. —Se dio media vuelta en dirección a su cama.

Ni cual ficus, me quedé plantado en la entradita; y sin saber muy bien qué hacer o decir. ¿Llamaba a Tiago y le explicaba que su nueva empleada se había dormido el primer día de trabajo? Eso me dejaría por un chivato. ¿Me piraba de allí y disfrutaba de mi día libre? Tampoco era un escaqueado. ¿Me metía en la cama con ella a dormir? No me apetecía que me abofetearan a primera hora.

Resignado, cerré la puerta de la cabaña y me encaminé hacia la habitación del terror.

Cuando entré, lo primero que captó mi atención fue el barrito de un rinoceronte. Me giré hacia la fuente de aquel sonido y me encontré con Chucky, que roncaba plácidamente.

Al otro lado, en la cama situada bajo la ventana, Alexa dormía a pata suelta. Y nunca mejor dicho. Su cuerpo yacía boca abajo, cubierto por el edredón, y una pierna colgaba por un lateral del colchón. Varios mechones de cabello cubrían por completo su cara y el resto de la melena se extendía en una maraña sobre la almohada. Al acercarme advertí que no llevaba pantalón de pijama. Y cuando ascendí la vista hasta el nacimiento de su muslo y me encontré con medio cachete de culo asomando por la sábana, sonreí muy complacido. Alexa era de las mías, de las que no privaban a su cuerpo de experimentar la libertad y el placer sensorial de dormir sin ropa.

Acerqué mi boca a donde supuse que estaba su oreja, la olisqueé un poco y susurré:

—Ey, Alexa, tienes que levantarte. —No se movió ni emitió sonido alguno. Sacudí suavemente su hombro y de nuevo acerqué mis labios a su oído—. Despierta, Alexa. Tenemos que llegar a la escuela antes de las diez y vamos un poco pillados de tiempo.

Nada. Aquella mujer dormía como un ladrillo.

Escuché un gruñido a mi espalda y después unas pisadas decididas.

—Cualquiera diría que está muerta —susurré a su amiga, la recién resucitada.

—Échate a un lado y observa. —Acercó el rostro al de su amiga y empezó a chillar como una condenada—: ¡¡ALEXAAAA! ¡DESPIERTAAAA! ¡REBAAAAAAAAAJAS EN EL PRIMAAAAARK! ¡ZUECOS, SOMBREROS, FULARES, TRES POR UNO EN FALDAS! —Se volvió de repente hacia mí y sonrió malévola—. Le encanta la ropa, pero sobre todo comprar gangas.

La miré estupefacto. ¿En serio que aquella mujer era de verdad? ¿Y sobrina de mi jefa? No era posible que compartiera genes con Marisa. La Marisa que yo conocía era una mujer relajada, dulce y sensata… Nada que ver con su sobrina.

—Borra esa cara de susto y fíjate. —Señaló a Alexa, que ronroneaba como una gata mientras se desperezaba—. ¿Ha funcionado mi alarma o no ha funcionado?

No recuerdo si le contesté. Solo sé que Rebeca regresó a su cama mientras yo no perdía detalle de su amiga. Al incorporarse en el colchón, su cabello, bajo los rayos de sol de la mañana, se iluminó en tonos rojos y naranjas. Estiró los brazos por encima de su cabeza y sus pechos me apuntaron desafiantes bajo su fina camiseta blanca. Agaché la cabeza avergonzado. Aquello fue casi peor, porque en ese momento se puso en pie, su camiseta cayó arrugada sobre sus caderas y descubrí que sí usaba ropa interior… y de alto voltaje: tejido brillante, color rosa pálido y dos lazos anudados a las caderas.

—¡¿Se puede saber qué haces aquí?! —chilló de repente.

—Esstooo… He venido a buscarte… Trabajo. Escuela. ¿Recuerdas? —Balbucí como un imbécil, mientras ella se hacía bicho bola para cubrir sus piernas a la par que su delantera.

—¿Y te importaría esperarme fuera? —replicó molesta.

—Oh, sí, claro. Estaré en… mi furgoneta. — Sonrojado, me di media vuelta y escapé como un ratón asustado de ella.

En cuanto puse un pie fuera de su cabaña, me apresuré a buscar mi teléfono en los bolsillos de la sudadera. Necesitaba hablar con mi novia. Necesitaba escuchar su voz urgentemente.

Pero, sobre todo, necesitaba recordar la maldita contraseña de mi móvil. Con esa ya iban tres veces que la olvidaba aquèl mes.

4

El submarino amarillo

Karra (Portugal), 4 de mayo

—Hola, Carlos. Soy yo, Alexandra. ¿No has visto mis llamadas? Por favor, ponte en contacto conmigo urgentemente. Necesito comentarte algo importante, diría yo que… de vida o muerte. En fin… Eeeh… Un beso… *Ciao.*

«Lerda-lerda-lerda… ¡Más que lerda!», me reproché a mí misma.

Me había pasado días enteros dejando mensajes en su buzón de voz que no se había dignado a contestar; y, estúpida de mí, me despedía con un dulce beso. Siempre había pecado de boba con él, pero esa mañana me merecía una condecoración a la estupidez.

Bloqueé el móvil y eché un último vistazo a mi pobre Mini. Rectifico: su Mini.

Mío, suyo, ¿qué más daba? Carlos me lo cedió cuando nos separamos, aunque siempre me quedará la duda de si le movió un acto de generosidad o quería compensarme por todo el dinero que yo había invertido en su casa mientras convivíamos juntos.

Desde luego, fue un error imperdonable no arreglar la documentación del Mini. ¿Y por qué no lo hice? No por falta de tiempo, como le dije a Rebeca. Bien sabía ella que ese no era el motivo, y menos mal que tuvo la decencia de no escupirme la verdad en la cara la noche que discutimos delante de su tío.

El coche de mi ex era la excusa perfecta para mantener el contacto con él. O al menos lo fue durante los primeros meses después de romper. Conducía por el carril taxi, superaba el límite de velocidad, aparcaba en zonas reservadas y él me llamaba cabreadísimo porque había recibido otra multa. Ahí estaba de nuevo: su número de teléfono en mi pantalla, su voz pronunciando mi nombre, el sonido de su respiración… Yo me hacía la sorprendida, la avergonzada, ponía esa voz melosa que siempre me funcionaba con él, le prometía pagar las infracciones, me justificaba bajo la sombra de una vida que se me estaba haciendo difícil sin su compañía; y mi ex claudicaba: «De verdad, Alexa, no pasa nada», «perdona si he sido demasiado borde», «yo las pago y cuando puedas me ingresas el dinero, sin prisa…».

Carlos siempre se había mostrado bastante comprensivo conmigo… Salvo la noche que rompimos y, meses después, cuando me envió la invitación de boda.

En una de esas llamadas-excusa, le propuse que siguiéramos siendo amigos, que independientemente de nuestra relación nosotros nos comprendíamos muy bien y que yo…, bueno, yo le necesitaba. Él dudó unos segundos, pero al final accedió a tomar un café conmigo en un bar dos calles más arriba del hospital donde trabajaba. Y así fue como seguimos viéndonos una vez al mes: media hora juntos que se convertía en un agujerito donde podía colarse un rayo de luz en el grueso manto de mi desesperación. Hasta que descubrí que sí, que mi ex podía ser capaz de perdonarme y seguir brindándome su amistad, pero que jamás de los jamases me daría una oportunidad para volver a su lado. Yo era tóxica para él, no lo olvidemos.

Me despedí del Mini y me dirigí por el aparcamiento en dirección a la furgoneta de Scooby Doo. El pobre Shaggy se merecía una sincera disculpa por mi parte. No le había dado las gracias por rescatar mi coche la noche del viernes. Para mi bochorno, había presenciado en vivo y en directo la disputa entre mi amiga y yo; y, lejos de limpiar mi imagen, me había quedado dormida el primer día de trabajo y le había gritado por entrar en mi habitación para despertarme.

Abrí la puerta de su vieja Volkswagen y le sonreí con fingida coquetería:

—Buenos días, Iván. Siento mucho haberme dormido. Y siento muchísimo también que tuvieras que presenciar mi discusión con Rebeca la otra noche. Las dos somos un poco vehementes y a veces perdemos los papeles, pero…

—Izan —me interrumpió con tono cortante.

—¿Perdona?

—Que no me llamo Iván, que me llamo Izan.

—Ooh…, perdona, Izan. Todavía estoy un poco dormida. —Y lo estaba.

El chico guardó silencio unos minutos y, luego, suspiró.

—Disculpas aceptadas. Ahora sube, o llegaremos tarde al trabajo.

Cuando salimos del campamento, Izan-Izan-Izan (me aseguré de memorizar su nombre) tomó el mismo camino por el que nos había llevado a Rebeca y a mí el día en que nos socorrió con su furgoneta. Al parecer, aquel sendero era la única vía de acceso a Paraíso Surf Camp desde la carretera comarcal. Ese detalle corroboraba mi teoría de que el negocio de los tíos de Rebeca parecía un fuerte comanche, puesto que se encontraba en el valle entre dos montañas y rodeado de cañaverales, marismas y campos de pastoreo.

Miré de reojo a Izan-Izan-Izan, que conducía muy concentrado para evitar los pedruscos y socavones del sendero. Por la expresión de su cara, yo diría que se sentía incómodo conmigo o que seguía molesto por mi retraso. La verdad es que no se parecía en nada al chico risueño que nos recogió en la furgoneta tres días antes. Le miré. Me miró… y ambos fruncimos el ceño.

—¿Qué te sucede? —Señaló con un dedo hacia mis muslos.

Cuando bajé la vista, descubrí espantada que me estaba arrancando la piel a tiras.

—Mejor pregúntame qué no me sucede. —Sonreí abochornada y abrí el bolso en busca de mi crema—. Sufro de dermatitis atópica y desde que llegué aquí me arde la piel.

—¿Eres alérgica al campo? —me preguntó con un deje guasón que pasé por alto.

—No, pero es cuestión de tiempo que lo sea —murmuré.

—¿Entonces?

—Cuando estoy nerviosa o preocupada los picores empeoran. —Apliqué una buena dosis de crema por mis brazos y piernas y comencé a extenderla enérgicamente.

Izan emitió un ruidito extraño con la boca y volvió a dirigir su atención a la carretera. Minutos después me miró fugazmente y reanudó la conversación:

—Y dime, ¿cómo se ha tomado el dueño lo del submarino amarillo?

—¿Submarino amarillo? No te entiendo —contesté extrañada.

—Me refiero a tu coche... Tu amiga y tú mencionasteis que era de un tal Carlos.

Incómoda, giré mi rostro hacia la ventanilla.

—Todavía no he tenido oportunidad de hablar con él. Pero mal, se lo tomará mal. Por cierto, ¿te importa poner música? —«¿Y dejar de formular más preguntas indiscretas?».

—Por supuesto. —Encendió su viejo iPod y, después de pasar los dedos por la pantalla una y otra vez, dejó el reproductor sobre el salpicadero.

Cuando dirigí mi atención de nuevo hacia Izan, este sonreía para sí bajo toda esa mata de pelo salvaje. Su sonrisa era bonita y... sexi. Caramba, muy pero que muy sexi.

Estaba reflexionando sobre este descubrimiento asombroso cuando el sonido inconfundible de los Beatles resonó a todo volumen en el interior de la furgoneta.

«In the town
where I was born
lived a man
who sailed to sea...».

Abrí la boca sorprendida por su descaro. Después comenté divertida:

—¿*Yellow Submarine,* canalla? Una canción muy apropiada para la ocasión, sí, señor.

—No hay nada mejor que escuchar a los Beatles para empezar el día con buen humor, ¿no te parece? —Se retiró un mechón rubio de la cara y me reencontré de nuevo con su sonrisa, pero en esta ocasión ampliada a mil doscientos píxeles.

—Si tú lo dices... —suspiré; y me concentré en memorizar, además de su nombre, también su rostro angelical.

Izan-Izan-Izan...

Antes de llegar a la escuela, el chico de la sonrisa sexi me propuso desayunar en el centro del pueblo, cosa que le agradecí enormemente. Sin mi doble dosis de café era incapaz de aguantar despierta todo un día.

Mientras paseábamos en busca de una cafetería, Izan me fue contando la vida de aquel pueblo, que básicamente se reducía a seiscientos habitantes que sobrevivían de la pesca, la ganadería y el turismo atraído por el surf. Durante los silencios, detecté esa misma mirada introspectiva con la que me observaba cuando nos recogió a Bec y a mí en su furgoneta. De pronto, me hizo sentir incómoda, como si yo fuera un bicho raro o un ser de otra galaxia. Aparté la mirada de él y metí la cabeza en mi bolso en busca del móvil. Disimularía mi repentino malestar fingiendo interés por hacer algo de turismo rural. Solo había un pequeño problemilla. ¿Qué narices fotografiaba en aquel lugar?

El pueblecito idílico del que hablaba Rebeca y donde iba a pasar cinco meses de mi vida se resumía en un conjunto de casas todas iguales asentadas en la falda de una montaña, calles irregulares mal asfaltadas con caquitas de oveja (trampas mortales para una mujer en zuecos de madera), un par de tiendas de ropa de surf, otra de alquiler de tablas, dos bares, un ultramarinos diminuto y un jardín de infancia. Y YA. No había nada más. Ni estatuas, ni biblioteca, ni pubs ni un cuervo con potencial para convertirse en Ian Somerhalder. Lo único digno de mención era el río de orines que salía de la puerta de unos baños públicos. Abrí el WhatsApp y escribí a Rebeca:

«¿Este es el paraíso de ensueño que nos va a ayudar a olvidar nuestra apestosa vida?».

Enfoqué con la cámara de mi móvil al *banho publico.*

—¿Cómo se dice en portugués «Mea contento, pero mea dentro»? —pregunté a Izan.

El surfista soltó una carcajada.

—*«Mija contente mas mija dentro»*, ¿por qué quieres saberlo?

—Por nada… — Tecleé el mensaje y adjunté una instantánea de la piscina de orines.

Mi móvil sonó al instante y leí la respuesta de Rebeca.

«É melhor uma queca por ano que cem punhetas na casa de banho».

¿Ein? No tenía ni idea de qué podía significar. Hice un copia-pega de su mensaje en el traductor de Google y seguí caminando. Cuando comprobé que la página había cargado, solté una sonora carcajada:

«Mejor un polvo al año que cien pajas en el baño».

Muerta de risa, bloqueé mi móvil y aceleré el paso para alcanzar a Izan. Qué sería de mí sin el sentido del humor de Rebeca… O sin sus berridos a primera hora de la mañana.

El segundo momento surrealista del día lo viví en la cafetería elegida por mi nuevo compañero de trabajo. Olor a pescado, paredes desconchadas, suelos grasientos y una clientela cuya edad media superaba los setenta años. Aparté la vista del frente geriátrico apoyado en la barra, y mis ojos se estamparon contra un póster de una mujer entrada en carnes, vestida con tan solo un tanga y posando a cuatro patas. Un póster *precioso,* sí, señor.

—¿Qué tipo de bar es este? —pregunté a Izan desconcertada.

Contempló el póster a mi derecha y se puso rojo como un tomate.

—Es el centro social para jubilados. No es muy elegante, pero te aseguro que sirven el mejor café del pueblo y se come mejor que en los restaurantes para turistas.

Mira que lo dudaba, pero, como decía mi padre, «donde fueres, haz lo que vieres». Saqué mi móvil del bolso por segunda vez, agité las manos al «frente de juventudes» en la barra y cuando me devolvieron el saludo, les hice una foto con el local de fondo.

«Te presento el local de moda de Karra.
Ambiente selecto. Gogós *gagás a gogó.*
P. D.: Tú y yo tenemos una charla pendiente».

Envié el mensaje a Rebeca y caminé en silencio hacia una mesa pegada a la ventana. La vida en aquel pueblo pintaba ser un auténtico peñazo.

Era increíble cómo un auténtico café portugués te ayudaba a ver la vida con otros ojos. Ya no me parecía tan horrible el bar-asilo y tampoco me importaba que mis zuecos de madera estuvieran adheridos a la grasa del suelo. Izan tenía razón en una cosa: el servicio que ofrecían era fantástico. El café sabía delicioso, el popular pastel de *Belem* estaba para ponerle un piso con piscina y mi compañía resultó ser tremendamente interesante. Sí, me refiero a «Babysurf». Además de atractivo, con su pelo adorable, sus ojos celestes y esa barbita rubia que apenas le cubría la barbilla, el chico era tan diferente de las personas con las que normalmente me relacionaba que había despertado mi curiosidad. Por ejemplo: su tono al hablar, sus movimientos, su mirada reflexiva, cómo tomaba el café a sorbitos... Todo en él resultaba sumamente relajante. El Lexatin en formato hombre. Después el chico me confesaba que amaba el surf porque le gustaba el subidón de adrenalina, que era adicto a los deportes de riesgo, que estuvo a punto de matarse practicando ala delta y, bueno..., yo asentía y sonreía, pero en el fondo no me creía ni una sola palabra. ¿Riesgo? ¿Adrenalina? Por dios, si durante el trayecto en furgoneta me había sentido la protagonista de *Paseando a Miss Daisy*... Fanfarronadas típicas de la juventud, supuse.

Y hablando de la furgoneta, ¿cuántos tipos de su edad conducían orgullosos una Volkswagen octogenaria con cortinas rosas y nombre de mujer? Una se sentaba dentro de aquella chatarra con ruedas y tenía que hacer un gran esfuerzo por no cantar *«Aquaaaaarius»* a pleno pulmón. Me partía de la risa (interiormente); aunque no mentía cuando le dije que me alucinaba su furgoneta. Moría de ganas por conducirla... Y también me moría de ganas por saberlo todo sobre su madre, que debió de ser más *hippy* que Janis Joplin. Además, una de mis pasiones desde siempre era escuchar las historias familiares ajenas; quizá porque yo no viví una infancia normal llena de anécdotas divertidas. Y si recordaba alguna, no tenía cien por cien claro que fuera real o producto de la mente fantasiosa de mi padre, invenciones suyas para hacerme sentir bien. Por lo tanto, evitaba rememorarlas debido a ese regustillo amargo que me dejaban durante días.

En un intento de no parecer una cotilla y por miedo a que él me formulase preguntas sobre mi vida privada, decidí no mencionar a su madre y preguntarle por otro aspecto chocante de su vida.

—¿Cómo es que vives aquí y hablas español sin ningún acento portugués?

Yo esperaba una respuesta escueta, pero qué va. Como si supiera mi ansia por saberlo todo sobre él, durante el trayecto desde el centro de jubilados hasta la escuela de surf, me contó cómo había sido su vida prácticamente desde que nació. No exagero. Su madre era portuguesa, de un pueblecito cercano a Karra. Su padre, español de pura cepa, nació en Santander y practicaba surf como Izan, aunque muy ocasionalmente. Estuvieron viviendo en Portugal, concretamente en Faro, hasta que Izan cumplió cinco años. En esa época, su padre enfermó de cáncer de huesos y se mudaron a la ciudad natal de este para que recibiera los cuidados necesarios. Cuando Izan alcanzó los diez años, el padre murió y su madre decidió buscar un nuevo hogar para empezar desde cero. En esa búsqueda, que duró siete años, recorrieron juntos media España en la misma Volkswagen que esa mañana nos llevaba al trabajo.

Por desgracia, Adelina, así se llamaba su madre, también padeció una grave enfermedad en el hígado. Cuando acudió al médico, fue demasiado tarde, y en menos de tres meses también falleció. Por aquel entonces Izan tenía diecisiete años y sus familiares paternos no quisieron hacerse cargo de él debido a las desavenencias con su madre.

Tiago y Marisa, muy amigos de sus padres, fueron los únicos que mostraron una preocupación sincera por el destino de Izan, y, tras varios meses de papeleos, consiguieron nombrarse tutores legales y traerle a vivir a Karra.

—¿Qué son estas cosas? —Señalé una veintena de collares que colgaban del espejo retrovisor. Necesitaba cambiar el tema de conversación inmediatamente o empezaría a angustiarme.

—Son amuletos —contestó—. Mi madre era muy supersticiosa. Ese que estás tocando es un *Ankh* egipcio, la llave de la vida. Se lo regaló mi padre. Yo llevo puesto desde niño el que ella le regaló. Para ellos simbolizaba su unión, porque no estaban casados, ¿sabes?

—¿Y qué? Casarse es un mero formalismo —dije algo molesta. Desde que había recibido la dichosa invitación de Carlos, hablar de bodas me ponía tan enferma como hablar de muertes y sobre el cáncer.

—Ya, pero en su época les ocasionó más de un problema con la familia de mi padre. Mis abuelos eran muy conservadores.

—¿Y los padres de tu madre? Ups, si no quieres no respondas. Parezco una cotilla —reconocí, mortificada.

—Tranquila, no me importa contarlo. Hace tiempo que no hablo con nadie de mi familia. Mi abuela materna murió cuando mi madre era joven y mi abuelo no puso pega alguna a que no se casaran. Era alemán, más moderno que la gente de por aquí. Él fue de los primeros que surfearon estas playas. Según los ancianos de Karra, creó escuela —afirmó henchido de orgullo.

Y yo también sonreí, porque Izan era un libro abierto. Aquella aldea era un peñazo, pero con él difícilmente me iba a aburrir.

De pronto, Babysurf apartó la vista de la carretera para dirigirla hacia mí.

—Ahora cuéntame algo sobre ti —me alentó, risueño.

—¿Qué quieres saber?

—Principalmente, ¿por qué dos chicas de ciudad deciden venirse a trabajar a un pueblecito de Portugal?

—Porque estamos como chotas. —Solté una carcajada.

—Eso ya lo sospechaba —bromeó.

—No, lo digo en serio. Estamos aquí porque necesitábamos tomarnos un respiro de nuestra vida y del estrés de la ciudad. Pero solo tendrás que aguantarnos unos meses. A finales de septiembre regresaremos a Madrid.

—Eso ya lo sé también, pero suena muy raro. Normalmente las mujeres de tu edad vienen de vacaciones, no a trabajar.

Oh, oh… Las mujeres *de mi edad.*

—¿Me estás llamando vieja? —le reproché con fingida seriedad.

—No, no…, para nada —rectificó con cara de susto.

Me eché a reír de nuevo.

—Tranquilo, el noventa por ciento de lo que digo suele ser coña. Además, comprendo que para un chico *de tu edad* —dije con retintín— yo debo de parecer una anciana *a mi edad.*

Puso los ojos en blanco, pero no se atrevió a abrir la boca.

—Venga, no seas cobarde. Haz la dichosa pregunta, si lo estás deseando —le insistí en tono de guasa.

—Se supone que a las mujeres no os gusta que os pregunten los años que cumplís.

—Eso es una solemne estupidez, Izan —bufé—. A las mujeres no nos avergüenza hacernos mayores, es la sociedad quien se empeña en que nos avergüence envejecer. Puro marketing. Así nos pueden seguir vendiendo cremas, tintes, cirugías, abonos en el gimnasio…

—Wow, me recuerdas a mi madre.

—Te voy a dar un consejo de vida, Izan —dije entre risas, aunque no tan sinceras como las anteriores—. Puedes preguntar la edad a una mujer, pero está prohibido compararla con tu madre.

—Lo tendré en cuenta, gracias. —Se sonrojó.

Durante unos segundos nos quedamos callados.

—¿Y bien? —pronunció rompiendo nuestro breve silencio.

—Y bien ¿qué?

—Apenas me has hablado de ti.

—Porque mi vida no es tan peculiar como la tuya. Tengo treinta y tres años, la mejor edad de una mujer: madura, experimentada, segura de sí misma… O eso dicen las revistas. Soy comercial de una empresa de suministros de prótesis y ortopedia, mi padre fue policía pero ya está jubilado, mi madre murió de una parada cardiaca cuando yo era pequeña, así que está más que superado. Fin.

—Lo siento mucho —dijo apenado—. Por lo sucedido a tu madre.

—Ya, gracias. Pero, dime, ¿y tú cuántos años tienes, pequeñín?

—Veinticuatro, la mejor edad de un hombre: maduro pero no aburrido, experimentado y con ganas de seguir experimentando, seguro de sí mismo… Aunque no tengo ni idea de si esto lo cuentan en las revistas. —Se echó a reír.

—Sí, veinticuatro es una buena edad en un hombre —admití.

Lo que no dije fue que todavía le quedaba un largo camino para convertirse en eso mismo, en un hombre. Miré al surfero por el rabillo del ojo y sonreí para mí.

Izan aparcó en un espacio habilitado para los coches en lo alto de un monte.

—Ya hemos llegado. Ahora bájate de espaldas y no te gires hasta que yo te avise.

Le miré extrañada, pero obedecí sin rechistar. Una vez que puse los pies en tierra, él vino corriendo hacia mí, me cubrió los ojos con sus ásperas manos y me obligó a darme la vuelta.

—A la de tres. Un, dos y… —Retiró sus dedos de mis párpados, me obligó a darme la vuelta y anunció orgulloso—: Te presento la Praia do Amado.

Observé en silencio el paisaje que nos rodeaba. Kilómetros y kilómetros de arena dorada se extendían a los pies de las montañas hasta fundirse con un mar azul y salvaje. Olas majestuosas se sucedían hasta lamer metros y metros de playa. Otras, todavía más violentas y de un color casi añil, rompían contra las rocas oscuras que se apilaban a los pies de elevados acantilados. Y entre ellas, cientos de surfistas se deslizaban sobre sus tablas en una lucha encarnizada por no ser derribados por la furia del mar.

Sin duda alguna, la playa del Amado era un enclave natural idílico… Solo que a mí la cercanía del mar me traía pésimos recuerdos.

—¿Qué te parece? —me susurró mi nuevo amigo al oído.

—Es bonita —contesté con objetividad.

—Bonita no es suficiente —replicó algo molesto—. Mírala bien. Amado es una de las playas más hermosas de Europa.

En lugar de enfocar mi atención al paisaje, dirigí mi mirada hacia él. Izan contemplaba aquella playa con el amor y la admiración de un enamorado. Claro que, en este caso, el chico sentía un flechazo total con el mar.

—¿No llegamos tarde a la escuela? —interrumpí su momento romántico.

—Eeh… sí, perdona.

La escuela Paraíso estaba situada en la parte más alta de la bahía, justo donde comenzaba el camino de madera que llevaba a la playa. Era un cajón gigante de madera con un pequeño mostrador y una trastienda. La rodeaba una terraza de teca con vistas a la playa, decorada con mesas, bancos de pícnic y *pufs* de colores para que los alumnos y profesores descansaran entre clase y clase. A la vuelta de la recepción, se encontraban una ducha al aire libre, varias estanterías para que los alumnos depositaran sus objetos personales y, enfrente de ellas, habían improvisado un tenderete de cuerdas para colgar los neoprenos al sol. Respiré hondo para llenar mis pulmones de brisa marina, pero mi pituitaria se colapsó de una mezcla imposible de aroma a salitre, gofres de caramelo y sopa de pollo de los *foodtracks* que rodeaban la escuela. Después me encaminé hacia el extremo del mirador para contemplar las clases de surf que se impartían en la playa. Me llamó mucho la atención el centenar de alumnos que luchaban con las olas. Los pobres aprendices se adentraban en el mar sobre sus tablas, se elevaban sobre ellas durante un segundos y caían al agua de manera estrepitosa. A continuación, recogían sus tablas, caminaban de nuevo hacia el fondo tirando de ellas y vuelta a empezar. Con solo observarlos, una ya se sentía agotada.

Mientras yo me empapaba del ambiente surfero, Izan localizó al resto de monitores titulares que a partir de ese día se convertirían en mis nuevos compañeros de trabajo: Rico, Marco y Catrina.

Los tres eran portugueses, vivían en el pueblo y, al igual que Tiago o el camarero del centro de jubilados, hablaban bastante bien el castellano. Y cuando les escuché charlar con un grupo de alumnos de diversas nacionalidades, descubrí que su nivel de inglés, alemán y francés era tan bueno como de español.

La primera en presentarse fue Catrina, una mujer de mi estatura y edad, de cabello corto negro, ojos chocolate rasgados y con un cuerpo escultural. «Debe de tener mucho éxito con los hombres», pensé nada más verla…, hasta que la escuché hablar. Su tono de voz sonaba seco y autoritario y su actitud denotaba altivez y desagrado. Y aunque se mostraba colaboradora y me explicaba con educación dónde se encontraban las carpetas con la información de las clases, tarifas y facturas, no fui capaz de relajarme ni un segundo con ella.

Tras conocer a Catrina, Marco se acercó a saludarme: treinta años aproximadamente, mentón y pómulos marcados, cabello negro azabache a juego con sus ojos y unos pectorales que parecían estar a punto de reventar el neopreno.

El surfista me formuló las clásicas preguntas: «¿de dónde eres?», «¿cuánto tiempo estarás por aquí?», «¿has visitado antes Portugal?»; pero, a medida que las iba respondiendo una a una, descubrí que estaba más interesado en mis tetas que en nuestra conversación. Así que me despedí de él amablemente, no sin antes gastarle mi clásica broma de «perdona, colega, pero tienes algo pegado a tu nariz».

Rico fue el último de los monitores que me presentó Izan y el único que no tenía pinta de surfero. Era tan larguirucho y flaco que costaba creer que se sostuviera sobre una tabla de surf sin ser derribado por el viento. Llevaba una ensaimada de rastas sobre la cabeza y una perilla de chivo que le llegaba casi al pecho. Sin ser musculado como Marco o fibroso como Izan, estaba segura de que con su aspecto tan llamativo eclipsaba a sus compañeros. Aunque el rasgo más chocante del faquir surfero era su manera exagerada de gesticular mientras hablaba.

—Y dime, ¿desde cuándo surfeas? —me preguntó en un momento de nuestra conversación, mientras movía sus brazos y mecía su cuerpo como si estuviera siguiendo el ritmo de una música interior.

—No surfeo. Por cierto, te tengo que dejar. Izan me espera en la trastienda.

—¿Que no surfeas? —preguntó con incredulidad—. Chica, estás en el lugar perfecto y con el hombre perfecto para cabalgar la ola. —Y se señaló a sí mismo con los pulgares como si fuera el mismísimo Snoop Dogg.

Me eché a reír. El tipo era tan peculiar como divertido.

—Lo siento, el mar no es mi medio natural y tampoco soy apta para el deporte, así que me conformaré con ver a los demás surfeando, pero te agradezco el ofrecimiento —respondí educadamente.

—Piénsatelo, chica, porque aquí, si no hay surf, no hay diversión —insistió con un balanceo de caderas.

—Pues no me quedará otra que buscarme un *hobby* alternativo.

—Se me ocurren algunas ideas. —Sonrió con picardía y añadió—: Pero tendrás que esperarme, princesa, porque ahora tengo clase—. Recogió su tabla del suelo, me lanzó un beso al aire y se encaminó en dirección a la playa.

Sip. Me lo iba a pasar pipa con Rico.

Después de conocer a mis nuevos compañeros, acompañé a Izan a la trastienda. Allí me mostró todo lo que tenía que saber sobre los tipos de tablas de surf de que disponía la escuela: las *evolution* para novatos, las *fish,* las *tow-in,* las *shortboard,* las *gun*... Fingí ser una alumna avispada y no formulé ninguna pregunta; aunque, ante mis ojos, todas ellas resultaban prácticamente iguales. Ni siquiera la llamada «tabla *gun*» tenía forma de pistola. De pronto, sufrí una sensación de agobio inesperado. Hasta ese momento creía que atender una escuela de surf era pan comido, y, para ser sincera, nunca le había dado demasiada importancia a aquel trabajo. Sin embargo, me asustaba la idea de entregar a un cliente la tabla equivocada y que se ahogara por mi culpa. Otro drama más en mi historial.

Justo al mediodía, cuando Izan terminó de explicarme todas y cada una de mis labores en la escuela (entre ellas, encerar tablas, cosa que no tenía intención de hacer), me dio la gran noticia de que me ocuparía de la recepción durante una hora yo sola, mientras él aprovechaba para hacer surf.

—No te puedes largar y abandonarme aquí. Es mi primer día, Izan, no creo que esté preparada —repliqué con voz temblorosa.

—Lo estás, porque te he explicado todo lo que tienes que saber. Además, no creo que sea más complicado atender una recepción que tu trabajo en esa empresa de huesos falsos. Y si te surge alguna duda, llama a Catrina, que estará comiendo en uno de los chiringuitos de alrededor, ¿de acuerdo? —Me dio unas palmaditas en el hombro y con la tabla bajo el brazo me abandonó a mi suerte.

Traté de tranquilizarme. Me dije que confiara en mi buen instinto comercial y, sobre todo, en el todopoderoso Google. Si un turista me hacía una consulta que no sabía resolver sobre tablas o técnicas de surfeo, siempre podría preguntarle también a la buena de Siri, ¿verdad?

No hizo falta. Llámalo suerte del principiante o que era mediodía y ningún turista tenía intención de saltarse su comida para hacer surf, pero nadie, absolutamente nadie, se acercaba a la recepción para pedir información. Así que, más relajada, saqué unos prismáticos de la balda inferior y eché un vistazo a la playa. No tardé ni tres segundos en localizar a mi mentor entre la treintena de surfistas que entrenaban a esas horas. Imposible no verle. Izan, con todo ese cabello rubio y ese cuerpo magnífico, parecía un dios vikingo cabalgando entre las olas. Hacía girar su tabla con elegancia, saltaba y volvía caer sobre ella; caminaba hacia delante y hacia atrás sin perder el equilibrio, y todo ello mientras se deslizaba a la velocidad de la luz. «Grandioso», pensé. Y, por primera vez, sentí envidia por no poseer ningún talento especial. Pero, sobre todo, por no ser capaz de gozar de nada en la vida con auténtica pasión.

Aparté aquel pensamiento de mi mente, hice una fotografía panorámica de la playa con mi móvil y la subí a mis redes sociales.

#aquísufriendo ;-)

5

Aproximaciones sucesivas

Karra (Portugal), 7 de mayo

«Carlos, te he dejado un millar de mensajes. No te molestaría si no fuera importante, así que... por-favor-por-favor-por-favor, respóndeme».

Releí el mensaje y pulsé la tecla de enviar.

—¿Es que no tienes dignidad, Alexa?

Levanté la vista y me encontré con Rebeca, que me observaba con expresión preocupada desde su cama.

—Pensé que dormías.

—No, solo he cerrado los ojos para relajarme un poco. —Se levantó a trompicones, caminó hacia mí y me arrancó el móvil de las manos—. Te lo suplico, deja de mandarle más mensajes. Si no te responde, que le den viento fresco, a él y a su puto coche. Bastante movidas hemos tenido entre nosotras por culpa del Mini. Yo lo he olvidado, ¿no? Pues olvídalo tú también, ¡coñe!

—No es tan sencillo, Bec.

—Sí lo es. Hemos venido aquí para desconectar de nuestra vida en Madrid, para reiniciarnos, pero me da en la nariz que no tienes ninguna intención de hacerlo.

—Claro que quiero desconectar —repliqué molesta.

—A mí no me engañas, Alexa. Estás jugando a la misma mierda que jugabas cuando rompisteis. Te buscas cualquier excusa para seguir en contacto con él.

—Pues te equivocas, Rebeca. No estoy acosándole. He destrozado su coche, y es prioritario que le informe de ello.

—Vale, perfecto, pero a Carlos parece darle igual, así que DEJA-DE-LLAMARLE —pronunció alto y claro.

Agaché la cabeza avergonzada. Había llegado el momento de confesar.

—No sé si le da igual. —Inspiré hondo armándome de valor—: Realmente no me he atrevido a explicarle el motivo de mi llamada. Solo le he dicho que necesitaba hablar con él urgentemente por un tema delicado.

—¿Y a qué esperas? ¿A que el Mini se le aparezca en sueños como el del medio de los Chichos? Uuuuh, soy el fantasma de tu coche y vengo para decirte que tu ex me asesinó. —La muy guasona puso voz de peli de terror.

—¡Ja, ja, ja! ¡Serás payasa! —Me eché a reír—. Ponte en mi lugar por una vez. Me da vergüenza contarle lo que ha pasado por mensaje. Pensará que soy un desastre, bueno, eso ya lo piensa, pero ahora me odiará para siempre. Es mejor que lo hable con él y trate de suavizar la noticia, ¿no te parece?

Reflexionó unos segundos y dijo:

—Si me das permiso, le escribo diciéndole que he sido yo la culpable. Sabes que no le tengo ningún miedo.

—Yo tampoco, pero que tú asumas la culpa me va a hacer sentir más patética y cobarde, si cabe.

—Ok, pues hazme caso y espera a contárselo cuando regresemos a Madrid. Mientras tanto, deja de rayarte. A mis tíos no les importa que el Mini se quede estacionado en el aparcamiento. Así que te lo ruego por segunda vez: pasa página y date una ducha mientras yo hago la cena, a ver si te relajas un poquito. —Levantó las cejas intermitentemente—. Hoy estoy inspirada, amorcito.

—¿Qué me vas a cocinar, cuchi-cuchi? —pregunté con voz amorosa.

—Unos perritos calientes, ¿lo dudabas?

De nuevo, me robó una carcajada. De la pareja, Rebeca era una experta en cocina rápida y yo una auténtica MasterChef abriendo latas.

Saqué una muda de mi mesilla y, más animada, me encaminé hacia el cuarto de baño. Me recordé entonces que no podía dejar correr el agua mientras me desnudaba. Sería un atentado contra la humanidad desperdiciar una miserable gota, o eso daban a entender los tropecientos carteles que colgaban de cada árbol en el campamento:

«MILES HAN VIVIDO SIN AMOR Y NI UNO SOLO SIN AGUA».

«La Tierra proporciona lo suficiente para satisfacer las necesidades del hombre, pero no la codicia de cada hombre (Gandhi)».

«La Tierra no es del hombre, el hombre es de la Tierra».

Y luego estaba el pesadito del tío de Rebeca, que nos había insistido tanto sobre el consumo de electricidad que me estaba planteando comprarme unas gafas de visión nocturna para ir al baño a medianoche. Para más remate, Tiago también nos había mencionado su reticencia a mantener cualquier tipo de relación con compañeros de trabajo o clientes. No debía preocuparse, porque ni a Bec ni a mí nos emocionaba complicarnos la existencia con amores de verano, pero, pensándolo fríamente, el paraíso que nos había vendido Marisa se acercaba peligrosamente al concepto de comunidad *amish*.

Me metí bajo el ínfimo chorro de agua y lo cerré de nuevo para enjabonarme el cuerpo. En ese momento me dije a mí misma que, efectivamente, una no valoraba lo que tenía hasta que lo perdía; y en esos primeros días en el campamento, yo echaba de menos las comodidades de mi cuchitril en Madrid. Sobre todo, mi cama, un campo de fútbol en comparación con el catre de gomaespuma donde ahora dormía; y mi armario de tres cuerpos, amplio y limpio, nada que ver con el arcón tamaño ataúd de liliputiense donde ahora guardaba mi ropa. Y el cuarto de baño… Ay, señor, cómo odiaba tener que compartirlo con…

—¡Una tarántulaaaaa! ¡Aaaahhhhhh! ¡Socorrooooooo! ¡Rebecaaaaa!

Di un manotazo a la cortina y, horrorizada, observé cómo el bicho peludo caía a la loza a escasos centímetros de mis pies.

—¡Aaaahhhhh! ¡Fuera, bestia! ¡Aléjate! ¡Rebecaaaaaaaaa, por dios, corre!

Bec, con la cara blanca como un fantasma, entró en el baño.

—¿Qué coño te pasa? —Descorrió la cortina de la ducha con tanto ímpetu que la arrancó de cuajo—. Mierda, Tiago se va a cabrear.

—¡Olvídate de la cortina y ataca a esa puta, mátala! —Me apoyé en su hombro y salí de la bañera echando leches.

—¿Qué puta?

—¡La puta araña! —Señalé a la bestia peluda.

—Pero… pero… ¡SI ES UNA TARÁNTULA! ¡AAAAAHHHHHHHH!

—¡Mátala, Rebeca, por dios, acaba con ella!

—¡Mátala tú, que esos bichos saltan!

—¡Es una araña, joder, no un conejo! Bec, por favor, hazlo. Tú eres más valiente que yo —le lloriqueé como un bebé.

«Doña Tecla» comenzó a trepar para escapar de la bañera. Sin perder el tiempo, le quité una chancla a mi amiga y la lancé contra la bestia.

—¡AAAHHHHHHH! —gritamos aterrorizadas. Rebeca tenía razón: los canguros, los conejos y las tarántulas saltan.

—¡Huyamos! —Me envolví en una toalla y, cuando fui a salir del baño, me di de morros contra una pared de ladrillo camuflada bajo una camiseta surfera—. ¡Auch!

—Lo siento —se disculpó Izan—. Os he oído gritar y he pensado que os sucedía algo. Por cierto, ¿qué le pasa? —Hizo un gesto con la cabeza hacia Rebeca, que no paraba de lanzar todo tipo de proyectiles contra la bañera: mi cepillo para el cabello, el bote de laca, una caja de tampones, mi mascarilla…

—¡Para, Rebeca! —Quité a mi amiga de en medio y tiré del brazo de Izan para que procediera—. Hay una tarántula saltadora en la bañera. Por favor, mátala, porque estamos al borde del infarto.

Babysurf no reaccionó. No reaccionó porque el niñito estaba bastante más interesado en el largo de mi toalla que en salvar la vida a dos mujeres infartadas.

—¿Quieres dejar de mirarle las piernas a mi amiga y centrarte en lo importante? —le increpó Rebeca, y, por si no había quedado claro, le empujó contra la bañera.

Izan se agachó y estudió en silencio a su contrincante.

—Es una araña de monte —murmuró—. Una preciosidad, la verdad.

—Pues mátala y luego la disecas —ironizó Rebeca, síntoma inequívoco de que empezaba a perder la paciencia.

Izan se puso en pie y se encaró a nosotras.

—No voy a matarla —dijo muy serio, y se cruzó de brazos—. Sería una maldad por mi parte. Pensad que este es su hogar, el monte, y nosotros hemos invadido su hábitat. Además, no soy un asesino.

—No, por supuesto que no eres un asesino. Eres un cobarde —farfulló mi amiga.

—En serio, chicas, este tipo de araña no es mortalmente venenosa. Además, si no la molestáis, ella tampoco os molestará a vosotras.

—Eso mismo decía yo de mi madre cuando me fui de casa y no se cumplió. —Sí…, Rebeca estaba a punto de estallar.

Izan echó un último vistazo a su gran amor arácnido y negó con la cabeza.

—Lo siento. No puedo hacerlo. Abrid la ventana, apagad la luz del baño y cerrad la puerta. Mañana cuando os despertéis se habrá marchado.

Mi amiga y yo nos miramos sin dar crédito.

—¿Y si nos hacemos pis a medianoche? —repliqué.

—Por favor —bufó—. Un animalito de tres centímetros no os va a atacar.

—Podríamos mosquearla si la pisamos.

Rebeca dio un paso firme hacia Izan y levantó el dedito, amenazante.

—Yo no pienso dormir aquí hasta que tenga la certeza de que esa tarántula ha desaparecido, y eso no sucederá hasta que desinfecte cada miserable junta de madera de esta cabaña. Y da la casualidad de que no me apetece pasarme la noche fregando.

—Pues coged vuestros colchones e instalaos en el suelo de mi cabaña. Es la única ayuda que os puedo ofrecer, porque os repito que no voy a matarla por mucho que insistáis.

—¡Me parece estupendo! ¡Una fiesta de pijamas! —exclamó Rebeca, sarcástica. —Eso sí, te advierto de que ronco mucho, Izan. Especialmente cuando me tocan los cojones horas antes, ¿verdad, Alexa?

Asentí con la cabeza enérgicamente.

Las amenazas de mi amiga no sirvieron de nada. Bajo nuestra mirada de asombro, Izan se encogió de hombros y nos dejó allí plantadas.

Con la araña.

Al final no nos quedó más remedio que dormir en el suelo del bungaló del surfero. O, para ser más exacta, él y solo él durmió. Rebeca se pasó la noche alumbrando cada esquina de la habitación con la linterna de su móvil, por si otro monstruo arácnido nos atacaba; y, mientras tanto, yo me peleaba con una perrita pegajosa que luchaba por meterse en mi cama improvisada.

10 DE MAYO

El zueco chocó contra la madera de la puerta y cayó al suelo. Furiosa, lo recogí, y justo cuando iba a lanzarlo por tercera vez, alguien sujetó mi muñeca desde atrás.

—¿Por qué maltratas mi puerta?

Me volví hacia Izan, sorprendida de verle allí. Pensaba que a esas horas de la noche estaría en casa, pero por su aspecto sospechaba que había salido a hacer deporte: rostro congestionado, cabello empapado, torso sudoroso, músculos en tensión…

—¿Me devuelves mi muñeca, Izan?

Soltó mi mano y me sonrió de medio lado. Yo en respuesta torcí el gesto malhumorada.

—¿Qué te pasa conmigo? —preguntó.

—Contigo nada. ¡Con tu perra! Esa ladrona con la que vives tiene cierta debilidad por mis zuecos, y en cuanto dejo la puerta abierta de la cabaña para que corra algo de brisa, entra como un rayo, me roba uno y sale pitando con él en la boca. Me falta el compañero de este, ¿te suena? —Le mostré el zueco desemparejado. Tacón cubano, pelo azul Klein, monísimo—. Como no aparezca el compañero, vas a tener que desmontar todo el campamento hasta que lo encuentres, porque es el tercer hurto en una semana y…

—Vamos, Álex, no seas tan dura con Evil —me interrumpió—. Si te roba tus zuecos es porque le gustas y necesita olerte. La verdad es que no sé cómo huelen tus pies, pero el resto de tu anatomía huele de fábula. —Acercó su nariz a mi cuello e inhaló profundamente.

—¡Quita, chucho! —Le empujé riendo. Al instante, me recordé que estaba enfadada y fruncí el ceño otra vez—. No te engañes, surfero. Tu perra no me roba por amor. Simplemente quiere limarse los colmillos en la madera. Observa. —Le mostré la suela astillada.

—Pues claro que le gustas. Todas las noches se pasa las horas lloriqueando en la puerta de mi cabaña porque te oye hablar en el porche con Rebeca. Por si te lo preguntas, yo también lloro.

—¿Ah, sí? ¿También te gusto? —Sonreí, engreída.

—No, en realidad lloro porque tu amiga y tú sois dos cotorras y no me dejáis pegar ojo hasta pasada la una de la madrugada. Te recuerdo que me levanto todos los días al amanecer para salir a correr y desde que habéis llegado no alcanzo ni de lejos mi marca.

—Y yo tengo una fila de zuecos desemparejados. Así que podemos llegar a un acuerdo: tú controlas a tu perra y Rebeca y yo controlamos nuestras lenguas.

—Trato hecho. —Me apartó suavemente hacia un lado y abrió la puerta. (Ah, se me olvidaba: en la comunidad *amish* nadie se molestaba en echar la llave a su cabaña, salvo Rebeca y yo; y a pesar de tomar medidas, Evil me robaba. Grrr…).

—Si yo fuera tú, empezaría a buscar mi zueco —le recordé.

—No, señorita. Lo vas a buscar tú, porque yo necesito darme una ducha. Te sugiero que eches un ojo bajo mi cama. Normalmente guarda sus trofeos allí; y no te asustes si encuentras algún pajarillo muerto o un hueso de vaca.

—Puaj, qué asco, Izan.

Me sonrió divertido y se encaminó hacia el baño. Desde aquella esquina en la cocina, pude contemplar cómo se desanudaba el cordón que ajustaba su bañador a las caderas. Pensé que cerraría la puerta, pero no lo hizo; y cuando quise darme cuenta, su bañador caía sobre las rodillas. Si a los pasteles de *Belem* había que ponerles un piso con piscina, el culo del surfero se merecía un chalet de cuatro plantas, con solárium y ascensor acristalado. Me llevé la mano a la boca para contener la risa y salí pitando hacia su habitación.

Izan estaba en lo cierto. Mi zueco descansaba bajo la cama, junto a un fósil de animal no identificable y un sujetador negro, diminuto y con calaveras bordadas.

—Oh, dios, qué desastre —me lamenté al inspeccionar el satén roído. Si Rebeca descubría que su sujetador favorito había sido devorado por Evil, la cortaría en filetes para asarla a la parrilla.

Eché otro vistazo con la esperanza de encontrarme las bragas del conjunto, pero solo descubrí una caja de zapatos y dos tablas de surf de madera fina y afilada. Tiré de una de ellas y me encontré con la cara de Bob Marley sobre el fondo de la bandera jamaicana. Aluciné en colores, porque hasta ese momento no tenía ni idea de que se comercializaran tablas con diseños tan originales. Muerta de curiosidad, tiré de la segunda tabla. Emití un silbido de admiración. Era una auténtica maravilla. El ilustrador había dibujado a una mujer de piel dorada y cabello azabache emergiendo de entre las olas. El juego de luces y sombras estaba tan logrado que la modelo parecía sobresalir en relieve de la tabla. Me pregunté entonces por qué Izan surfeaba habitualmente con una *surfboard* de la escuela en lugar de lucirse sobre uno de aquellos dos modelos tan impresionantes. Quizá tenían un gran valor económico y temía deteriorarlas. O pertenecían a sus padres, como la vieja Lucy.

Me disponía a fisgar dentro de la caja de zapatos cuando escuché sus pasos sobre el suelo de teca. A toda prisa empujé las tablas hacia el fondo, junto con el sujetador de Rebeca, y salí de la habitación con mi par de zuecos en la mano.

Cuando entré en la cocina, Izan inspeccionaba sus armarios como si estuviera buscando algo. Su cabello rubio caía húmedo y completamente liso sobre la espalda desnuda. Inconscientemente, mis ojos descendieron por su torso hasta ese culo tan bien puesto. Culo que en esa ocasión iba cubierto por un pareo a rayas que Izan había anudado a la altura de sus caderas y que caía, ligero, hasta sus tobillos. Una indumentaria algo... femenina para mi gusto, aunque a Izan le sentaba realmente bien. Muy pero que muy bien.

—¿Qué piensas? —El surfero me miraba ahora fijamente. En su mano sostenía un exprimidor del siglo pasado.

—Nada. —Sonreí abochornada—. Que estabas en lo cierto. —Agité los zuecos en señal de victoria—. Evil lo había escondido bajo la cama.

—Lo siento de veras. Hablaré con ella para que deje de robarte, aunque si me permites que te dé un consejo, prescinde de ese tipo de calzado. Además de horrible, no es nada ergonómico, y acabarás sufriendo problemas de espalda.

—Ya lo sé. Debería ir por la vida descalza como tú —le respondí con sarcasmo.

—Lo digo por tu bien. Un día de estos te vas a matar por las calles del pueblo. Por cierto, antes de que llegue la hora de tu muerte ¿quieres tomarte un zumo de naranja? —Me mostró una naranja tamaño balón y su mejor sonrisa: masculina, sexi, con un punto picante y otro dulce. Mmm…

Sacudí la cabeza para despejar mi mente tórrida y miré el reloj. Disponía de media hora de aburrimiento mortal en mi cabaña hasta que Rebeca regresara de trabajar.

—De acuerdo —acepté—, pero déjame que te ayude a serrar las naranjas.

—¡JA, JA, JA! No es necesario. Póngase cómoda, señorita, y contemple mi fuerza sobrehumana.

Me senté en un taburete y apoyé los codos sobre la encimera fingiendo interés. Izan colocó una naranja en la tabla de madera, abrió un cajón y sacó un cuchillo con forma de sable. En lo que tardé en parpadear, propinó un golpe seco sobre la fruta y la partió en dos.

—¡Mierda! —Alejé mis manos de la encimera asustada—. ¿Ese cuchillo es legal?

—Siempre que no te lo lleves de paseo. ¿Quieres probar? —Me acercó la afilada hoja y yo me eché hacia atrás a riesgo de caerme de espaldas.

—No, gracias. Pero, dime, ¿de dónde has sacado ese machete?

—Se llama «Tanto», y es una navaja japonesa. Mi padre se la compró a un turista alemán.

—¿Para qué?

Se encogió de hombros.

—Nunca se lo pregunté, pero me imagino que para defenderse en caso de que alguien intentara robar en casa. No sé si te lo he contado alguna vez, pero Karra no siempre fue una aldea tranquila. En los 80 había mucho tráfico de drogas, ajustes de cuentas, peleas entre familias, robos… La gente en los pueblos se toma la justicia por su mano, ¿sabes? —Colocó otra pieza de fruta sobre la madera y la fulminó de otro machetazo.

—¿Y había sectas o comunidades *amish* por aquí?

—Que yo sepa, no, ¿por qué lo preguntas? —Me lanzó la misma mirada extraña que yo estaba dirigiendo a Tanto, que de nuevo apuntaba hacia mí.

—Por nada —murmuré; e hice un gesto con la mano para que bajara el arma.

Tras decapitar dos naranjas meloneras más, guardó el arma y se dispuso a exprimirlas. Le contemplé ensimismada. Sus movimientos lentos y relajados tenían el mismo efecto balsámico que su tono de voz. Me llamaron la atención sus dedos largos y nervudos. O quizá fue esa manera tan erótica de ceñirlos sobre la redondez de la fruta. O cómo los músculos de sus antebrazos se tensaban y distendían con cada giro de muñeca. O cómo sus pectorales desnudos ascendían y descendían. Y lo bien que sonaba su respiración profunda…

De repente, sentí una gota de sudor descendiendo entre mis domingas.

—Joder… —mascullé avergonzada.

—¿Qué te sucede?

—Tengo un poco de calor.

Izan abrió el ventanal de la cocina. Le di las gracias y me obligué a buscar cualquier cosa interesante a mi alrededor que no hornease a mis hormonas.

Para mi desgracia, no encontré nada jugoso. Ni fotos de sus padres o de Izan de niño. Tampoco unos calzoncillos sucios o una revista guarra asomando por un cajón. Curiosamente, su cabaña estaba asquerosamente ordenada. Yo siempre había vivido en un caos vital y doméstico. Cuando estudiaba en la universidad limpiaba mi cuarto del colegio mayor una vez al mes y solo para recuperar mi ropa sucia de entre la montaña de apuntes, abrigos, libros o cajas de pizza vacías. Con Carlos pude apreciar la satisfacción y calma que te ofrece una casa reluciente y organizada… gracias a su asistenta del hogar, claro estaba. Otro lujo que perdí después de separarnos.

Al igual que no podía competir con Izan en orden y limpieza, tampoco podía hacerlo en cuestiones de estética y decoración. Sus tablas de surf colgaban perfectamente alineadas en la pared de su habitación sobre el cabecero de su cama. En cada esquina de la casa había colocados una planta o un jarrón con juncos lleno de agua y había ubicado velas de diferentes tamaños y colores a cada lado de la puerta y alineadas bajo la ventana.

Hice un barrido visual por toda la estancia y reparé de nuevo en su pareo de rayas colorido, en su estrecha cintura, en su melena rubia… ¿Podría ser que él fuera…? «Nah. Imposible», dije para mí. Más de una vez (y de dos) le había pillado in fraganti con los ojos puestos en mis tetas. Claro, que para no verlas.

—¿Por qué me miras tan intrigada? —me preguntó sonriente.

Aparté la vista de él sonrojada.

—No había conocido a un hombre tan amante del cromatismo, las velas y las… flores —atiné a decir.

—He aprendido algunas cosas del Feng Shui —me aclaró, mientras servía los zumos en dos vasos de té también monísimos—. ¿Sabes de qué va?

—Sí, claro. Es ese estilo zen tan de moda que recomiendan en las revistas de decoración.

—No es una moda, Alexa —contestó algo molesto—. Es una corriente filosófica que nació a partir del taoísmo chino. Si te desarrollas en un ambiente armónico con la distribución adecuada de los cinco elementos: fuego, tierra, metal, agua y madera, atraes la energía positiva y te será más fácil alcanzar la paz y felicidad espirituales.

Aaaah, claro… Por fin entendía por qué Rebeca y yo habíamos estado tan deprimidas el invierno pasado. «En cuanto vuelva a Madrid —me dije—, tiraré a la basura esas cortinas negras horrorosas que compramos en la sección de oportunidades del Ikea. Perdón: al contenedor de reciclaje de ropa».

Izan colocó un vaso enfrente de mí, rodeó la pequeña isleta con el suyo en la mano y se sentó a escasos diez centímetros de mi cuerpo. Me sentía como en un restaurante japonés; ya sabes, un poco apretujada.

—¿Puedo preguntarte algo? —susurró mientras estudiaba mi rostro con curiosidad.

—Por supuesto.

—¿Estás a gusto en Karra y con tu nuevo trabajo?

—Sí… Bueno, quizá no. Un poco… Yo que sé.

—Un poco… —Torció el morro de una manera encantadora.

—A ver, no estoy diciendo que no me guste este lugar, pero ten en cuenta que he pasado toda la vida en una ciudad, y se me hace raro vivir en un campamento. Y el mundo rural jamás me ha atraído. Hay momentos en el trabajo que siento que me asfixio aquí, que no voy a aguantar ni un solo día más, pero luego se me pasa. De todos modos, prometí a Rebeca hacer este viaje, así que... —Puse cara de circunstancia y di un sorbo a mi zumo—. ¡Madre mía, esta naranja sabe de fábula! Sabe a naranja de verdad de la buena.

—¿Y a qué quieres que sepa? —preguntó divertido.

—Tú no lo entiendes, porque no vives en mi barrio de Madrid. La fruta y la verdura que compro saben en un noventa y nueve por ciento a nada. Totalmente insípidas.

—Entonces podemos concluir que hay algo que te gusta de Karra. —Sonrió orgulloso, mientras se llevaba su vaso lentamente a los labios.

—No me malinterpretes. Admiro la belleza de este lugar, y reconozco que vuestra vida es de calidad extra comparada con la mía. En este pueblo nadie parece tener prisa, ni problemas ni estrés. Sois felices con poco, y eso es bueno para el coco.

—¿Y tú qué necesitas para ser feliz?

«A Carlos...».

—No lo sé —contesté—. De hecho, no creo que yo pueda ser feliz al cien por cien.

—Eso no lo puedes saber todavía.

—Pero lo intuyo. Cuando todo me va bien, la vida se encarga de darme un revés, o yo me lo doy a mí misma. El caso es que siempre hay un pero.

—¿Y qué pero tenía tu vida en Madrid?

«Yo... yo soy el pero».

—No quiero aburrirte con una lista de peros interminables. Dejémoslo ahí, y dime: ¿a qué te dedicas cuando llega el invierno? Porque me imagino que no habrá tanto movimiento de surfistas en esta zona como en verano.

—Imparto menos clases, pero siempre tengo algún trabajo extra: ayudo a los granjeros del pueblo o vendo pescado en el puerto. Tiago conoce a mucha gente y me busca curros para que pueda sacarme algún dinerillo extra en la temporada baja de turismo.

—¿Y tú eres realmente feliz viviendo aquí? Sé sincero.

Reflexionó un segundo.

—En general, sí. Pero podría serlo en cualquier lugar que tenga mar y buenas olas.

—Ya, lógico, el surf es tu vida. — Me terminé de un trago el zumo y comprobé de nuevo la hora en mi reloj. Rebeca estaba al caer, y esa noche me tocaba a mí preparar la cena. Me puse en pie—. Tengo que marcharme ya, Izan. Gracias por el zumo y por mi zueco.

—Un segundo, Alexa. —Guardó unas naranjas en una bolsa y me las entregó—. Poco a poco te enamorarás de estas tierras. Karra no solo te ayudará a olvidar, también terminarás reencontrándote. Estar rodeada de naturaleza cura el alma, confía en lo que te digo. Cuando yo llegué aquí, estaba podrido por dentro, muerto sería el estado correcto para definirme en aquella época. Sané. Solo tienes que encontrar tu refugio, sea cual sea: el pico más alto de una montaña, una roca en la playa donde contemplar la puesta de sol, un árbol al que abrazarte cuando te sientas mal…

—¿Quieres que me abrace a un pino? ¡JA, JA, JA! —Cuando le contase esto a Rebeca nos íbamos a tronchar de la risa durante días.

—No te rías. Los árboles nos transmiten su energía vital. Son vida, Álex.

—Ay…, Izan… —exhalé enternecida y con unas ganas locas de volver a carcajearme. Pero no quería ofenderle. Era taaan adorable… , taaan espiritual. Completamente diferente a mí—. No te lo tomes a mal, pero yo no creo en el Feng Shui ni en filosofías orientales.

—No crees porque no te han enseñado a creer. Además, la gente de ciudad sois como topos. Estáis ciegos porque os habéis acostumbrado a vivir rodeados de hormigón. Cambiarás de opinión en cuanto pasen los días y notes la energía que te transmite la naturaleza y una sensación de libertad y paz que no has experimentado desde que eras niña. Recuerda esto que te voy a decir: una mañana te mirarás al espejo y te sentirás distinta, revitalizada. Ya eres diferente de la chica que llegó el primer día. Sonríes de verdad, no te rascas la piel, nerviosa, y tienes color en las mejillas. —Levantó una mano y acarició con suavidad mi pómulo.

En un acto reflejo, di un paso atrás y alejé mi rostro de sus dedos.

—Gracias por el consejo —dije algo incómoda—. Ahora me tengo que ir a casa. Nos vemos mañana en tu furgoneta. —Le di unas palmaditas en el hombro y me marché de su cabaña a paso rápido.

Al día siguiente, cuando salía de mi bungaló para dirigirme al aparcamiento donde Izan siempre me esperaba, tropecé con una bola de tela que yacía en el umbral de la puerta. Reconocí su pareo de rayas, aunque lo había anudado en forma de hatillo. Curiosa, deshice el nudo y, cuando las cuatro puntas de la prenda cayeron al suelo, descubrí tres velas de diferentes colores, un ramillete de flores y los zuecos, que me había dejado olvidados en su cocina.

15 DE MAYO

Izan y yo quedamos después del trabajo para buscar mi «lugar perfecto» en las lindes de Karra. La playa no era una opción, porque me recordaba a la larga jornada de trabajo. El campo infestado de bichos tampoco facilitaba mi relajación. Una cueva en un desfiladero que había servido como antiguo búnker militar me daba demasiado repeluco.

De vuelta al campamento, mientras Izan conducía su furgoneta en silencio, eran palpables su frustración y desánimo.

—¡Ya lo tengo! —grité eufórica—. ¡Lucy!

—¿Qué? —Giró fugazmente el rostro hacia mí.

—Lo que oyes. Ya he decidido cuál será mi santuario. ¡Tu furgoneta! —Golpeé la tapicería—. Asiento cómodo, cortinas coloridas, libre de insectos y de cadáveres de víctimas de guerra. Me trasmite calma, me relaja viajar en ella y hasta el ronroneo de su motor me da sueño. Lucy es mi lugar perfecto. ¿Qué me dices?

Izan rompió a reír.

—Me parece una buena elección —admitió.

—¿Y me dejarás conducirla algún día?

—Ni muerto. Recuerda que mi pequeña Lucy es lugar sagrado para mí también. No quiero que termine en el barro.

—Tenía que intentarlo…

Suspiré resignada y me recosté en mi asiento dispuesta a dar una cabezada.

18 DE MAYO

Contemplé con tristeza mis uñas rosa pálido con topitos azules, ahora descascarilladas. Me había costado un gran esfuerzo y tiempo pegar lunar a lunar sobre ellas para dos horas después destrozarlas. Solo existía una persona en el mundo capaz de convencerme para que plantase mis pies sobre la tierra y arruinar mi perfecta pedicura. El mismo que me había obligado a adoptar una postura corporal humillante: uve invertida, culo en pompa y tetas desparramadas.

Y ese hombre no era otro que Izan.

—Controla la respiración, mete el ombligo hacia dentro y no dobles las rodillas. Inspira… —me ordenó en un suave tono de voz.

—Esto es muy cansado y… asfixiante. —No me atrevía a decírselo, pero me estaba ahogando entre mis propios pechos.

—Ya irás pillando práctica —contestó—. Aunque no te lo parezca, el yoga es el mejor deporte tanto para la mente como para el cuerpo.

—Pero no para la dignidad. —Los músculos de mis brazos se contrajeron de dolor, mis piernas empezaron a temblar por el esfuerzo, toda la sangre se me bajó a la cabeza y caí de boca contra la tierra.

—Ochenta segundos. Felicidades, no está mal para ser una principiante. —Guardó el cronómetro en su bolsillo y se sentó a mi lado en el suelo—. Ahora fíjate en mí. Vamos a probar la postura de la grulla.

Se colocó a cuatro patas y, con una agilidad asombrosa, posó sus rodillas en los antebrazos hasta quedarse suspendido en el aire sobre el único apoyo de las palmas de sus manos.

—Vamos, inténtalo, Álex.

Contemplé una vez más la postura y, sin poder aguantar un segundo más, me revolqué sobre el suelo doblada en carcajadas. Si yo trataba de hacer eso, una de dos: o me rompía un brazo o se me escapaba una flatulencia. Ambas opciones, igual de horribles.

Dos minutos después, allí estaba yo, gimiendo como una grulla vieja, mientras Izan sostenía mis caderas entre sus manos. (Por si te lo preguntas, me aseguré de apretar el ano).

20 DE MAYO

—Ponte recto y mira al frente —le ordené, severa.

—¿Así? —subió un milímetro la cabeza.

Bufé.

—Vamos a ser francos, Izan. ¿Me estás mirando el escote?

—¡Claro que no! —exclamó ofendido.

—Entonces no tienes la cabeza recta. —Rompí a reír y levanté su barbilla a la altura de mi ombligo—. No te muevas y cierra los ojos.

—¿Y ahora por qué tengo que cerrarlos?

—Porque no quiero que me mires las tetas, cochino.

Escuché que soltaba una pedorreta con la boca antes de estallar en carcajadas. Le regañé de nuevo.

—Si no te estás quieto, acabaremos en fin de año.

—Pues no me hagas reír. —Se irguió de nuevo y contuvo la respiración.

—Muy bien, eres un chico muy bueno. —Cepillé su cabello para recogerlo en una coleta alta y enrollé uno de mis coleteros sobre ella. A continuación, extraje las tijeras que guardaba en el bolsillo posterior de mis vaqueros—. Ahora quietecito…, muy quieto. ¿Estás listo para la decapitación?

—Muy graciosa.

Me aseguré una vez más de que la coleta nacía exactamente en su coronilla y la estiré en perpendicular para calcular dónde debía colocar las tijeras.

—Me estoy comiendo tu sobaco, Álex.

Empuñé el matojo de pelo, abrí las tijeras y… En ese preciso instante recordé un dato muy curioso que leí hace años en una revista.

—¿Sabes que la piel de la axila es muy parecida a la que recubre la vulva?

Izan estalló en carcajadas por segunda vez, echó la cabeza hacia atrás y ¡zas!

Acababa de pifiarla.

—¡Uy, Izan! —Me llevé la mano a la boca y contemplé horrorizada la lluvia de pelo que caía al suelo—. ¿Cuántos centímetros dijiste que te cortara?

—¡¿Qué?! —exclamó asustado mientras se palpaba la cabeza—. Te dije que cortaras las puntas. Dos miserables dedos.

—Espera un segundo. —Deshice la coleta, peiné su cabello con los dedos y me acuclillé frente a él para evaluar los daños—. Virgen santa… —murmuré.

—Oh, mierda. —Se levantó de la silla bruscamente y se encaminó hacia el baño para mirarse en el espejo. Esperé estoicamente sus gritos y reproches y que me amenazara con no volver a dirigirme la palabra jamás. Pero no escuché nada. Ni una maldición ni un lamento.

Todavía más preocupada por su silencio, asomé tímidamente la nariz por la puerta de baño. Izan parecía una estatua de piedra frente al espejo.

—¿Estás enfadado?

No respondió.

—Reconozco que me he pasado un pelín con las tijeras, pero créeme que lo necesitabas. Tenías las puntas muy deshidratadas.

—Ya…, pero me dijiste que sabías cortar el pelo —murmuró con semblante serio.

—No tengo un cursillo, pero se me da bastante bien la peluquería. Es algo así como un don de nacimiento, como tú con el surf.

Levantó una ceja incrédulo.

—A ver, Izan. —Carraspeé nerviosa—. Yo no tengo la culpa de que movieras la cabeza justo cuando me disponía a cortar.

Con semblante agrio, levantó un mechón de su melena que le llegaba por los hombros y otro por debajo de la oreja.

—¿Y ahora qué hago con esto? ¡Joder, Álex! —bufó cabreado—. Parezco un espantapájaros.

Di un paso hacia él y extraje de nuevo las tijeras del bolsillo de mi pantalón.

—Aléjalas de mí, loca. —Se apartó asustado.

—Que no cunda el pánico, Babysurf, que solo voy a intentar igualarte el corte.

—Ni lo sueñes. No quiero verte cerca de mi pelo, ¿entendido? Hablo en serio, Alexa. No acerques tus manos a mi cabeza nunca más.

—Pero no puedes ir por la vida hecho un fantoche.

—Prefiero hacer el ridículo a que me cortes una oreja o me dejes una calva.

—Muy bien, ¡allá tú! Pero que conste que puedo arreglarlo. —Enfundé mis tijeras en el bolsillo y, muy digna, me marché de su cabaña con un sonoro portazo.

22 DE MAYO

Izan dormitaba sobre la arena de la playa, mientras yo ~~NO~~ me lo montaba con su maltratado cabello.

6

Reflejo

Madrid, 21 de noviembre

Presente

Los dedos de las manos se me están gangrenando. Tampoco siento los pies. ¿Acaso se ha roto la calefacción? ¿O es un truco terapéutico para hacer hablar a sus pacientes? Y luego está ese espejo antiguo que ocupa la pared de un extremo a otro. Es horrible, con ese marco de bronce descascarillado y las esquinas del cristal rotas. Da escalofríos. Me pregunto si no esconderá detrás una cámara para grabar todo lo que sucede en la sesión. O tal vez ha sido idea de su esposa colocarlo allí para espiar a su marido desde la habitación de al lado.

—¿Estás casado? —pregunto a mi *coach*.

Raúl levanta la vista de sus notas y asiente muy serio. Lo imaginaba. Complexión delgada, barba tupida, ojos inteligentes, cabello rizado, un despacho propio y una lista de espera eterna de pacientes... Los tipos como él no andan desparejados por el mundo, salvo que sufran un caso grave de *Peterpanismo*. Estoy segura de que ha enamorado a más de una cliente y por eso su esposa le espía detrás del espejo. Aunque no debería temer nada, porque el tipo es sumamente correcto en el trato. Igual, igual que Carlos. Humanos deshumanizados, consecuencia lógica de tratar a diario con docenas y docenas de humanos. Joder, qué trabalenguas...

Al menos, yo me entiendo.

Formulo mi segunda pregunta:

—¿Y tienes hijos?

—No, pero ¿por qué te interesa tanto mi vida privada, Alexa?

—Por nada, la verdad. —Acaricio la pana envejecida del sofá mientras él escribe algo en su libreta—. No entiendo por qué registras nuestras sesiones en un cuaderno cuando existen los ordenadores y las grabadoras. Por cierto, ¿cuánto nos queda para terminar la sesión? —Soy consciente de que preguntar la hora es una falta de respeto tremenda, pero me he olvidado el reloj.

Raúl suspira agotado y se masajea el lóbulo de la oreja.

—Quince minutos —contesta muy serio.

—¿Me puedo ir ya?

—Recuerda que nadie te obliga a venir a las sesiones ni a quedarte, Alexa.

—Ya… —Me froto las manos heladas y me recuesto en un almohadón que he colocado intencionadamente en mis riñones. El sofá debe de pertenecer al mismo estercolero donde encontró el espejo. Jesús, qué tío más rácano.

—¿Y bien? —Raúl deja su libreta a un lado de la mesa y coloca los codos sobre esta con la vista clavada en mí.

Guardo silencio.

—¿Vas a contestar a mi pregunta? —insiste.

Hago memoria.

—Perdona, la he olvidado —admito abochornada.

—Normal, la formulé hace treinta minutos, pero estabas muy concentrada en estudiar mi despacho en profundidad. Por cierto, ¿qué te sucede con el espejo? Lo miras con recelo.

—Simplemente no me gusta.

—¿Por qué motivo?

—De niña mis padres tenían uno igual en casa. Lo habían heredado de mi abuela materna después de morir. Mi madre se pasaba las horas mirándose en él y llorando. Supongo que por eso, cuando me encuentro con mi reflejo en este, parece que estoy viendo a mi madre. Y sí, sí —me apresuro a decir—, ya sé que es el producto de un miedo irracional, no una alucinación, pero no es fácil cerrar los ojos a la evidencia.

—Ya te he explicado en anteriores ocasiones que no hay ninguna evidencia, siempre que tú pongas freno a ese tipo de pensamientos. —Da la vuelta a la hoja y subraya algo. Después se dirige de nuevo a mí—. Volvamos al asunto de hoy: ¿has buscado trabajo?

—Mmm… no —respondo con altanería—. Resulta que he sufrido algunos tropiezos esta semana.

—Ponme al día de esos tropiezos.

—El primero es que he conocido a una mujer que es amiga de ese chico de Portugal del que te hablé.

—Izan.

—Sí, ya veo que te acuerdas —mascullo.

—¿Y?

—Nada, he vuelto a recordar y..., bueno, me ha dado un pequeño bajón sin importancia.

—¿Eso es todo?

—Mmm... no. Me ha pasado algo con lo que no contaba.

—¿Lo quieres compartir conmigo?

—La verdad es que no me apetece, pero supongo que para eso estoy aquí. —Respiro hondo y le doy la noticia de la mejor manera que sé—. Estoy... estoy un poco embarazada.

—Un poco... —murmura, y frunce el ceño sin poder esconder su desacuerdo por la expresión que he utilizado.

—Para ser honesta, estoy bastante embarazada... Hasta las cejas, diría yo. Y no tengo ni idea de cómo salir de esta ni qué debo hacer. —Me muerdo el labio inferior, agobiada.

—¿Has pedido consejo a tu médico de cabecera o has acudido a planificación familiar?

—No.

—¿Lo has hablado con Carlos?

—¿Y por qué debería hablarlo con él?

—Se supone que os habéis empezado a ver otra vez. En parte estás aquí por él, según tus palabras.

—Pues la historia ha cambiado —digo tajante—. Ahora acudo a las sesiones por mí, porque quiero sentirme bien conmigo misma y controlar mis obsesiones. Así que prefiero tratar este asunto contigo y que me digas qué decisión debo tomar.

Raúl mira su reloj con gesto apesadumbrado.

—Lo hablaremos en la próxima sesión, se nos ha hecho tarde.

«¿¡Qué?! ¿Me va a dejar con la palabra en la boca? ¡Ahora que le he confesado la situación tan delicada que estoy viviendo!».

—Ah, no, no, Raúl. —Golpeo furiosa el sofá—. No me puedes dejar así. Tenemos que hablarlo ahora.

—Alexandra, debes comprender que...

—Yo lo comprendo todo; excepto que te pida ayuda, porque eres mi entrenador emocional, confesor o lo que cojones seas, y que escurras el bulto. ¿A eso lo llamas tú profesionalidad?

—Alexandra, tranquilízate. Es la hora y tengo otro paciente, pero trataremos este asunto el miércoles que viene. Puedes adelantar la cita, si lo prefieres.

—Pero ¡vamos a ver! —Empotro mi puño por segunda vez en la asquerosa pana—. El otro día me obligaste a hacer el ridículo y fingir que hablaba con mi otro yo, como si esa Alexa versión 2.0 estuviera sentada a mi lado en este apestoso sofá. Y ahora te cuento algo tan serio como un embarazo ¿y lo pospones para otro día? El tiempo corre en mi contra, Raúl. —Señalo con los dos dedos índices a mi barriga.

—Te sugiero que te calmes. Has tenido una hora para plantear este asunto y te has limitado a callar. Ya te lo he comentado en repetidas ocasiones: si evitas y pospones todo aquello que te preocupa, te asusta o te incomoda, no avanzarás. Y eso se puede extrapolar a esta consulta, a tu relación con los hombres, con tu padre y al resto de tu vida. Lo siento, Alexa, ahora me espera otro paciente. No puedo seguir atendiéndote.

Me pongo en pie de un bote y recojo mi abrigo. Estoy asqueada con la vida. ¡Y con los hombres! ¡Y con el duende diabólico que llevo dentro que está jugando a las canicas con mis hormonas! Y... y... ¡odio venir aquí! ¡Odio a Raúl! ¡A Carlos! ¡Y al puto universo!

Indignada, camino hacia la puerta sin poder evitar encontrarme con mi reflejo en el maldito espejo. Me detengo, me vuelvo hacia el cristal y me hago a mí misma un corte de mangas.

Hoy no me aguanto más. Necesito desaparecer de esta mierda de mundo.

7

Olvidada

Karra (Portugal), 1 de Junio

Solo habían pasado cuatro semanas desde que abandoné mi ciudad natal, mi trabajo, a mi padre y a mis amistades; y, en mi fuero interno, aquella vida se sentía tan lejana como irreal. Karra era un agujero espacio-temporal en mitad de la nada. Porque nada sucedía. Allí mis días discurrían con el mismo ritmo monótono y lento de un caracol que se desplaza por el desierto. Los lunes no se diferenciaban de un domingo. Las únicas variables en mi pesada rutina eran los clientes que llegaban en parejas o grupos para, días después, regresar a sus hogares en cualquier punto de Europa: Berlín, París, Marsella, Oslo...

Sin embargo y contra todo pronóstico, poco a poco me iba sintiendo cómoda con aquella rutina mortal. Me aportaba seguridad y calma. Incluso mis obsesiones y mis enfermedades fantasma se habían esfumado con el paso de los días. Tal vez Izan no se equivocaba cuando decía que la naturaleza sanaba nuestra alma.

Yo continuaba burlándome de él cuando me soltaba su rollo taoísta o sus teorías sobre el yin y el yang o sobre la reencarnación, pero reconozco que me encantaba escucharle hablar. Me relajaba. Y admito que su estilo de vida, muy diferente al mío, despertaba mi completa curiosidad (y alguna que otra carcajada también). Por ejemplo, descubrí que no disponía de ordenador y que rara vez usaba su móvil o navegaba por internet. Rico se encargaba de grabarle música en su iPod octogenario; la mayoría, grandes éxitos de grupos míticos del pasado. La música posterior a los 70 no existía para el chico de la sonrisa sexi.

En cajas apiladas en una esquina de su cabaña, Izan almacenaba libros antiguos de filosofía budista, revistas de surf y películas de cine clásico que veía en un reproductor de DVD enchufado a una pequeña televisión de tubo. También había heredado de sus padres un tocadiscos antiguo y una montaña de vinilos. Cuando le expliqué que era un moderno por escuchar discos en lugar de música a la carta del Spotify, me miró como si le hablara en ruso (posiblemente, el único idioma que no controlaba).

Una mañana me desvelé un par de horas antes de que sonara el despertador para ir a trabajar. Serían cerca de las siete, porque los primeros rayos del sol asomaban por las montañas que lindaban con el campamento. Salí de mi cabaña en camiseta y bragas para que me bajara la temperatura corporal y, de esta manera, cuando me metiese en la cama de nuevo, entraría en calor otra vez, mis músculos se relajarían y acabaría cayendo de nuevo en los brazos de Morfeo. Es una técnica para contrarrestar el insomnio que a veces me funciona y otras, por desgracia, no. En pleno proceso de congelación, avisté a Izan sentado estilo buda en la pradera frente a nuestra cabaña. Se encontraba de espaldas a mí, quieto como una estatua, sin camiseta ni chanclas; tan solo vestía un pantalón de entrenamiento largo de algodón gris. A esas horas hacía un frío que pelaba: quince grados o menos. Yo tiritaba mientras le contemplaba, pero él no movía un solo músculo de su cuerpo. Tampoco se percató de mi presencia. Ni de los pajarillos que le rodeaban. Su mente debía de estar a cientos de miles de kilómetros de allí. Envuelto en los primeros rayos del sol y con el cabello dorado flotando cada vez que soplaba la suave brisa del amanecer, me recordó a un hado de los bosques, al mismísimo Legolas…, pero con orejas menos siniestras.

A medida que fuimos confraternizando, también percibí contrapuntos en su personalidad muy desconcertantes. Unos días el surfero sufría brotes de verborrea y otros se mostraba silencioso y taciturno. Cuando me atrevía a preguntarle si se encontraba bien o estaba preocupado por algo, siempre me respondía que le reconfortaba el silencio, especialmente si en ese silencio sentía mi compañía. Su respuesta me dejaba un poco descolocada: no sabía si era una rareza «yoguista» o su manera de decirme que cerrara el pico porque mi conversación le aburría. Lo cierto era que cuanta más gente le rodeaba, Izan se tornaba más silencioso e introvertido. Quizá las multitudes no iban con él. De hecho, no solía quedarse a tomar unas cervezas con sus compañeros de trabajo cuando terminaban las clases. Prefería sentarse solo en la última esquina de la terraza de la escuela para contemplar el mar o las nubes… o sus pies. Se miraba mucho los pies. En fin…, admito que me atraía esa faceta solitaria e independiente. Incluso su estilo de vida *hippiesca* asalvajada. Siempre he envidiado a los que se salen del rebaño; y si me das a elegir entre una oveja blanca y otra negra, no dudes que me quedaré con la verde.

Otro rasgo que se contradecía con su lado algo asocial era la afectividad en el trato con los demás. Izan siempre guardaba un gesto cariñoso hacia sus alumnos cuando alguno de ellos se derrumbaba durante las sesiones de entrenamiento. Conmigo no era diferente. En la última semana se despedía de mí cada tarde en la puerta de mi cabaña con un breve abrazo. La primera vez que me estrechó contra su cuerpo me puse más tiesa que un palo y le empujé ligeramente. Tuve que ser demasiado sutil, porque al día siguiente me volvió a abrazar. Reconozco que me sentí menos incómoda, sobre todo por la naturalidad que él mostraba en tan íntimo acto. La tercera tarde, ya preparada para el contacto, aproveché su afectuosa despedida para olerle con disimulo. Llevaba días preguntándome qué perfume utilizaba un chico tan naturista como él. La respuesta fue: ninguno. El aroma de su piel era una mezcla a jabón, tierra y mar, menta, brisa… Me gustó. Y de los abrazos pasamos al coqueteo: un tira y afloja muy divertido que me llevaba de vuelta a mis divertidos veinte años. A esos tiempos locos de la universidad.

Fui consciente de este flirteo absurdo el inolvidable día del helado de fresa y nata. Habíamos terminado de comer y decidimos tomarnos el postre en un chiringuito de la playa. Para no variar, Izan trataba de convencerme para que me iniciase en el mundo del surf.

—Ya te lo he dicho mil veces, el mar me inspira demasiado respeto. Además, mi piel se irrita con el salitre, así que te suplico que dejes de darme el tostón. —Estaba un poquitín hasta el flequillo de tanta insistencia.

Izan hizo rodar los ojos, dio un lametazo a su helado y… ¡Bling-bling! ¡Lo vi! Engarzado en el primer tercio de su lengua. Acero puro, brillante…, ¡glorioso!

—¡Oh, dios mío! Abre la boca —exclamé asombrada.

—¿Por qué? —preguntó divertido, y dio otro lametazo.

Ahí estaba de nuevo.

—¡Tienes un *piercing* en la lengua! —Aplaudí desternillada de risa y me incorporé de la silla para acercar mi rostro a un palmo del suyo. —Venga, déjame ver la sinhueso, canalla.

—¿Estás segura? Puede que me detengan por escándalo público.

Bufé.

—Ya sabes a qué parte de tu anatomía me refiero. Vamos, abre la boquita, pequeñín.

Izan apretó los labios y negó con la cabeza. Desanimada, me dejé caer de nuevo en mi silla.

—¿Cuándo te lo hiciste?

—Hace muchos años, cuando vivía en Cádiz —contestó con desgana—. Fue una idiotez. Mi madre ya había muerto y yo estaba muy descentrado. Por aquella época salía con mis colegas del centro de menores casi todas las noches. Empalmaba una juerga tras otra. En una de estas escapadas, mi mejor amigo y yo nos emborrachamos hasta perder el conocimiento y cuando me desperté a la mañana siguiente..., *voilà*. Me llevé la sorpresa.

—¿Te dolió mucho?

Se encogió de hombros.

—Si te soy sincero, no tengo consciencia de nada de lo que sucedió aquella noche. Eso sí, al día siguiente pensé que había metido la lengua en aceite hirviendo.

—Iiiiiuuuuh... —Sentí un escalofrío—. ¿Y por qué no te lo quitaste?

—Digamos que con el tiempo descubrí que un *piercing* en la lengua tiene sus ventajas, ya me entiendes. —Me guiñó un ojo y sonrió con picardía.

—Lo siento, pero no te entiendo —confesé.

Izan soltó una risilla desconfiada.

—Sabes perfectamente de lo que estoy hablando, pero te estás haciendo la inocentona.

La verdad era que no tenía ni pajolera idea de qué hablaba Izan, pero le seguí el jueguecito.

—Déjame pensar… Gracias al *piercing,* puedes colgarte del imán de tu nevera. Una manera muy práctica de no olvidarte de ti mismo. —Forcé una sonrisa de oreja a oreja.

—Frío, frío. —Chascó la lengua.

—¿Sientes cosquillitas al enredar los espaguetis en él?

—¡JA, JA, JA! Para ser una mujer de treinta y tres años, tienes un humor muy infantil —se mofó—. Y no, no siento cosquillas. Es mucho más divertido que eso, especialmente para vosotras. ¿Quieres una demostración?

Antes de que pudiera responder, atrapó mi muñeca. Acercó el helado que yo sostenía hasta su boca y deslizó lentamente su lengua por la bola de fresa y nata. Cuando se relamió, sus ojos azules seguían clavados en los míos y yo…, en fin, no era capaz de pestañear. Eso había sido muy, pero que muy erótico. Mmm…

—¿Tienes calor? Porque te cae una gota de sudor entre las cejas —se burló conteniendo la risa.

—Y tú tienes una lengua muy larga. —Di un pequeño tirón para que soltase mi muñeca.

—Y también soy muy generoso con mis parejas. —Se recostó en la silla con gesto orgulloso.

—¡Atención, señoras bañistas! —Simulé que hablaba por un megáfono—. Os presento a Babysurf sin fronteras, una auténtica ONG del placer.

—Baja la voz, descarada —me regañó, y, a continuación, nos echamos a reír los dos.

Cuando dejamos de reír, giré mi helado para seguir devorándolo por el lado que él no había chupado.

—¿Y tú? ¿Te consideras generosa, Alexa? —preguntó malicioso.

Me atraganté.

—¿Ser generosa con qué? —Por muy colegas que fuéramos y por mucha regresión a mi adolescencia, no tenía ninguna intención de compartir detalles de mi vida sexual con él.

—Con tu helado. Quería saber si compartirías lo que te queda conmigo.

Suspiré aliviada y se lo entregué.

—Come cuanto quieras.

—¿Estás segura? Te advierto de que soy muy glotón.

Me ruboricé.

—Tienes una mente perversa, Alexa. —De nuevo me vaciló. Se metió de golpe todo el helado en la boca y lo devoró.

Incluso este gesto tan ordinario me excitó.

Mientras estaba tumbada plácidamente sobre mi toalla en la playa recapacitaba sobre estos flirteos con Izan y mi proceso de adaptación en Karra. Él dormía profundamente la siesta, con su cabeza sobre mi regazo, y yo jugaba con los mechones rubios desigualados de su cabello. Amaba esas horas de descanso en mitad de la jornada laboral. La playa se quedaba casi desierta y ese duermevela con el sonido de fondo de las olas me relajaba tanto o más que doce horas de sueño ininterrumpido.

—No te cortes y ataca la nuca —ronroneó el surfero, a la vez que giraba la cabeza hacia mi pecho para facilitarme el acceso.

—Parecemos monos, Izan. —Alejé su cabeza prudencialmente de mis domingas.

—Los monos follan todo el rato y tú solo te follas a mi pelo —pronunció esta vez contra mi ombligo.

Me eché a reír y, en consecuencia, su cabeza rebotó como un balón sobre mi estómago.

—No hago eso con tu pelo, guarro.

—Lo acosas sexualmente, reconócelo de una vez.

En ese momento un grupo de adolescentes extendieron sus toallas a un par de metros de nosotros. Nos contemplaron unos segundos, se miraron entre ellas y rompieron a reír.

Mi estado de relajación se esfumó por completo para dar paso a un hormigueo nervioso. Apoyé los codos y levanté un poco la cabeza de la toalla para contemplar la escenita desde mi perspectiva. Yo despanzurrada en la toalla, él tumbado boca abajo en perpendicular a mi cuerpo, su cabeza en mi regazo, todo su cabello sobre mi escote y ese brazo musculado rodeándome…

—¿Puedes tumbarte en tu toalla y dejar de aplastarme el estómago? —le sugerí abochornada. Las chicas seguían cuchicheando y con toda probabilidad sobre la diferencia de edad entre Izan y yo, dije para mí. Bufé como una gata mosqueada y sacudí su cabeza—. Izan, muévete.

—Un ratito más, por favor. Me lo debes por ser tu chófer a diario.

Ahí residía el problema: pasábamos demasiado tiempo juntos. Viajaba con él cada día al trabajo y de vuelta al campamento. Desayunábamos y comíamos juntos. Le sugerí repetidas veces que hiciera su vida y que no debía sentirse obligado a comer con «la nueva». Pero él insistía e insistía en que esa era su rutina: terminar las clases de la mañana, comer algo rápido, echarse la siesta y surfear antes de volver al trabajo.

Si sumábamos aquel momento caliente que experimenté cuando exprimía naranjas en su cabaña, el del *piercing* con helado y su comentario sobre follarme a su pelo, tendría que ser tonta de capirote para no darme cuenta de que nuestro flirteo se estaba yendo de madre.

Me senté repentinamente y su cabeza rodó sobre mis muslos. Mi sensación de incomodidad iba en aumento segundo tras segundo. Abrí mi bolso y busqué mi móvil con la esperanza de encontrarme un mensaje, una llamada del exterior, algo que pudiera distraerme de las miradas de las chicas y de la barbita de Izan rozando mis piernas. Encendí el teléfono, marqué la clave y resoplé frustrada. Nada. Todo el mundo se había olvidado ya de mí. Incluido Carlos, que seguía sin responder a mis mensajes, y yo…, bueno, había tirado la toalla.

—Mierda —farfullé malhumorada, y guardé el móvil en mi bolsa de playa.

Izan levantó su rostro hacia mí.

—¿Qué mosca te ha picado ahora?

—Nada, estaba pensando en Carlos.

En lo que tardé en pestañear, la expresión de su rostro, siempre risueña, se tornó molesta.

—¿Por qué me pones esa cara? —le pregunté, ahora desconcertada.

Sin responder, se inclinó sobre mí hasta obligarme a tumbarme de nuevo en la toalla. Me emborraché con su aroma a mar, me electricé al sentir los mechones de su cabello rozando mi frente, los músculos de su torso presionando mis pechos y mi corazón… Mi corazón…

STOP.

¿Qué demonios le pasaba a mi corazón?

—No está bien que te lo montes con mi pelo mientras piensas en otro —me reprendió en un tono divertido, pero sus ojos mostraban clara irritación.

Expulsé el aire de mis pulmones lentamente y empujé sus hombros para que dejara de aplastarme.

—Podrías quitarte de encima de mí, estamos dando el espectáculo.

Izan no se movió.

—Pues pídeme perdón.

—No voy a disculparme por pensar en otros hombres mientras me lo monto con tu pelo —le parafraseé con sorna, para que viera lo ridículo que sonaba eso.

—O sea, que reconoces que te lo montas con mi pelo —dijo con su nariz ahora pegada a mi nariz—. ¿Y yo? ¿Te gusto yo?

Abrí los ojos de par en par. No podía estar hablando en serio. No podía hacerme esto. No podía poner en riesgo nuestra amistad.

—¿Te… te refieres a si me gustas como hombre? —Tanteé el terreno.

—No, me refería a si te gusto como mujer. ¿A qué me voy a referir si no, Álex?

Tragué saliva.

—Aaaah, vale.

—¿Y? —Me miró expectante.

—Uff…

—¿Uff qué?

Cerré los ojos y resoplé agobiada. Al final respondí con sinceridad:

—Eres muy atractivo, pero… solo me gustas como amigo.

Mi rostro echó a arder. Qué manido e infantil había sonado aquello… Y pensar que me había pasado años de adolescencia y juventud utilizando semejante cliché para dar calabazas a los chicos…

Izan se retiró bruscamente de mi cuerpo y se sentó a mi lado. Todavía muy cerca. Demasiado. Pierna con pierna. Nerviosa, empecé a guardar mis cosas en la bolsa de playa: una revista, las cremas protectoras, mi vaso de cartón con los restos de café…

—Este tipo de conversaciones y situaciones no se deben repetir —comenté ofuscada sin mirarle a la cara.

Entonces su cuerpo empezó a temblar a mi lado. Giré el rostro hacia él preocupada; y cuando nuestras miradas se cruzaron, algo que parecía suceder continuamente entre los dos, el muy canalla se carcajeó hasta doblarse en dos.

—No sé de qué te ríes —dije molesta—. Ni a cuento de qué me has tenido que preguntar si me gustas o no.

—Me río porque tenías que haberte visto la cara hace un segundo. Parecías un pimiento rojo del huerto —dijo entre carcajadas—. Y te he preguntado si te gusto porque esta mañana, cuando te has quedado dormida en la furgoneta, pronunciaste mi nombre entre susurros.

—Eso no significa nada —me defendí.

—Depende de lo que soñaras.

—No lo recuerdo.

Me puse en pie y sacudí la arena de mi cuerpo sobre su cabeza intencionadamente. Izan se apartó todavía riendo, pero en el momento en que me agaché a recoger mi toalla, me arreó tal chancletazo en la nalga que vi las estrellas. Cuando me volví hacia él, dispuesta a patearle el trasero, Tarzán de las olas corría a toda velocidad en dirección al agua.

8

Menta poleo

Karra (Portugal), 6 de junio

Asomé la cabeza por la puerta del cuarto del baño y grité a pleno pulmón:

—¡Noooooo! Y te prohíbo que lo vuelvas a repetir.

Rebeca sonrió malévola desde su cama.

—Uy... Uy... Uyyy... —canturreó con recochineo—. Tanta vehemencia solo puede significar una cosa... Que Iiiiiizaaaan te gusta.

—Vete a laaaaaaa mieeerda, Rebeeeeca —le respondí con la misma cantinela.

—Venga, amiga. No te cortes y reconócelo. Os pasáis el día amagándoos. —Levantó los brazos como si estuviera abrazada a un Izan invisible, puso morritos y lanzó besitos al aire.

Furiosa, cerré la puerta del baño de un golpazo.

Últimamente, Izan y Rebeca me saturaban las neuronas. El primero me acosaba para que aprendiera a surfear y mi amiga, para que admitiera que me sentía atraída por él. Y eso que no le había comentado nada del momento erótico-festivo que viví cuando el surfero lamió mi helado o el episodio de la playa que terminó con un vergonzoso «me gustas como amigo». Por dios, si cada vez que rememoraba aquellas escenitas me sentía la mujer más ridícula de la faz de la Tierra. Tan solo me atreví a compartir con Rebeca un aspecto de la personalidad de Izan que me pilló absolutamente por sorpresa. El pequeño Budasurf podía parecer tranquilo y sosegado, pero me había demostrado ser un auténtico inconsciente a la hora de poner en peligro su vida.

Sucedió dos tardes atrás. Izan apareció en el campamento con la ropa hecha jirones, los codos y antebrazos desollados y la pierna izquierda vendada desde la rodilla hasta la mitad de la tibia. Asustada, le pregunté qué le había sucedido y me respondió sonriente que se había quemado con el asfalto haciendo *longboard* por la carretera que cruzaba el monte de Karra.

—Cada uno se baja de la tabla como le da la gana. —Puso la puntilla chistosa, se encerró en su cabaña y no dio señales de vida hasta la mañana siguiente para ir a trabajar juntos.

Ese día en la escuela, mientras organizaba el albarán, escuché a los alumnos hablar de la hazaña de Izan con el *longboard*. No pude contener mis ganas de curiosear y les pedí que me contasen cómo se había caído realmente. No hizo falta que me lo relataran. Directamente me mostraron un vídeo que uno de ellos había grabado para subirlo a Youtube. Lo que vi en aquella pequeña pantalla me puso los pelos de punta. Izan descendía por una carretera llena de curvas a toda velocidad subido en una especie de monopatín gigante. En un momento de la grabación, el cámara —que iba sentado dentro del vehículo que escoltaba a Izan— enfocó el velocímetro para que quedara constancia de que descendían a más de noventa kilómetros por hora. Cuando vi aquello, detuve el vídeo y entregué de vuelta el móvil a su dueño. No tenía estómago ni ganas de ver con mis propios ojos cómo el «sosegado» Izan buscaba su muerte. Lo peor de todo fue que me pasé el resto del día dándole vueltas al asunto. Necesitaba reunirme con él en privado para decirle cuatro cositas de lo que pensaba al respecto de aquella locura. Empezaría por: «Pputo-niñato-chiflado-irresponsable». Pero entonces viví una situación que borró de un plumazo mis ganas de reprenderle.

Cuando Izan regresaba de las clases para buscarme e irnos juntos a comer, un grupo de chicos y chicas de su edad se acercaron a él silbando y aplaudiendo como muestra de admiración por su aventura en *longboard*. De pronto aquella pandilla de descerebrados me hizo sentir muy mayor, una auténtica anciana. Tanto fue así que decidí cerrar mi bocaza. Al fin y al cabo, yo no era la madre de nadie y mucho menos de un puto-niñato-chiflado-irresponsable.

Extendí una capa más de pintalabios rojo sobre mis labios y forcé una sonrisa al espejo para comprobar que el delineado de mi boca era perfecto.

—¡Álex, date prisa! —gritó Rebeca por segunda vez—. ¡Nenuco Abracitos te está esperando en el porche!

Rodé los ojos y abrí la puerta del baño irritada.

—Ha podido escucharte, bocazas —la reprendí en voz baja.

—Bueno, ¿qué? ¿Le digo que pase o no? Yo me marcho a clases de surf, así que tienes toda la tarde para jugar con tu bebé —dijo, mientras fingía acunar un niño entre sus brazos.

—Deja de hacer la gansa y dile que en dos minutos salgo. Y ni se te ocurra burlarte de él en su cara. Si le enfadas, me quedo sin chófer, no lo olvides.

—Oído cocina. —Echó un vistazo a mi *look* y añadió en voz baja—: No te ofendas, pero con esas pintas vas a parecer su institutriz.

Alarmada, me di media vuelta para comprobar de nuevo mi aspecto en el espejo. Yo me veía mona y juvenil: ni muy arreglada ni demasiado informal. Quizá el moño me daba un aspecto más... maduro, pero el vestido me gustaba mucho. Era de corte camisero, con mariposas diminutas sobre fondo negro. Muy naif. Y quedaba muy bien con mis zuecos color *camel*. Por otro lado, tampoco Izan y yo teníamos una cita. Nuestra plan consistía en llevar a Evil al veterinario del pueblo vecino para que le hicieran la revisión de los seis meses. Y había un motivo razonable por el que me ofrecí a acompañarle: aburrimiento mortal. Desde que Rebeca había empezado a tomar clases de surf con Catrina, me pasaba todas las tardes leyendo en mi cabaña.

Me deshice el moño y evalué por segunda vez mi imagen ante el espejo. Abrí los ojos asustada cuando me choqué de frente con mi retaguardia. La tela se plegaba en varias arrugas en la espalda y las costuras laterales daban gritos de dolor. Aquello no podía ser. Por detrás, me podían confundir con un morcón ibérico.

«¡Mierda!». Si ya decía yo que tanto helado y tanta siesta playera no podían traerme nada bueno.

Me desabroché el primer y último botón de la hilera del vestido, con la esperanza de que me quedara algo más holgado. Bien. Problema resuelto...

Salvo que ahora enseñaba demasiada delantera.

Hecha un basilisco, caminé hacia mi habitación en busca de algo cómodo, favorecedor y rápido de poner. Después de sacar prendas y más prendas del armario-ataúd, me decidí por una camiseta de tirantes y una sencilla falda vaquera acampanada. Cuando me miré de nuevo en el espejo casi me echo a llorar. ¿Qué les había pasado a mis domingas? ¿Se habían caído a la marmita la noche anterior? Miré el reloj y me dije que ya era tarde para cambiar por tercera vez de modelito.

Me apliqué un poco de *gloss* en los labios, comprobé que el móvil andaba en algún lugar de mi bolso y salí del bungaló con la clara decisión de que no probaría un helado más durante el resto del verano.

Evil resultó ser el peor paciente con el que me haya cruzado alguna vez en un hospital (y he visto de todo). En cuanto llegamos al umbral de la clínica, se tumbó en el suelo despatarrada, fingiendo que le había dado un soponcio. Por más que Izan tiraba de la correa mientras yo le levantaba el trasero, no conseguimos que moviera una zarpa del suelo. Al final, no le quedó más remedio a su dueño que cargar en brazos veinte kilos de perra musculosa retorciéndose, arañando y gruñendo. Un auténtico infierno.

Pero ahí no terminó todo. Cada vez que el veterinario acercaba la inyección con la vacuna a su lomo, la perra demoniaca daba coces como una potranca. Su dueño y servidora tratamos de inmovilizarla: esta vez yo sujetaba las patas delanteras y él las traseras. Pero la muy salvaje sacudía el cuerpo como si estuviera sufriendo descargas eléctricas y, en uno de sus requiebros, estuve a punto de recibir una sobredosis de antirrábica.

Tras veinte minutos de lucha libre con la perra, el veterinario logró clavarle la banderilla. Evil lloriqueaba tan desconsoladamente que decidí sacarla de la clínica, mientras Izan esperaba a que le preparasen la factura.

Afortunadamente, de vuelta al campamento, la pitbull cayó en coma en el asiento trasero de Lucy. Yo aproveché para retirar el sudor de mi escote y brazos con una toallita húmeda e Izan comenzó a tararear una de esas canciones del año de la polca que tanto le gustaban. Alcancé su iPod y eché un vistazo a la lista de temas: Aretha Franklin, The Supremes, The Beach Boys, Los Coronas, The Beatles, The Doors, Bob Marley and The Wailers…

—Me preocupas, Izan. En gustos musicales hasta mi padre es más moderno que tú —comenté socarrona.

—Me lo dice la anciana que no quiere meterse en el mar por miedo a que se le irrite la piel. Existen neoprenos, Alexa. —Levantó una ceja a la espera de que le devolviera la pelota, pero… se tuvo que conformar con su iPod.

—Toma, me da miedo elegir una de tus canciones, no vaya a ser que me salgan patas de gallo.

—Tampoco te he dado la opción, porque en esta furgoneta el que elige la música soy yo.

—¿Y tus ligues no se lanzan por la ventanilla cuando les pones esta música?

—*Nop,* suelo lanzarlas yo cuando se ponen pesaditas. —Me guiñó un ojo y se echó a reír.

Entonces caí en un detalle que se me había pasado por alto desde que empezamos a confraternizar. ¿Por qué Izan no salía con chicas? Nunca le había visto ligando con alguna alumna o turista. Quizá era muy exigente en sus conquistas, porque estaba segura de que con su físico debía de ligar lo que no estaba escrito. Le eché un segundo vistazo con disimulo. Vestido como un hombre civilizado parecía más mayor. Esa tarde llevaba unas bermudas Cargo a las caderas y un polo blanco que resaltaba mucho más su bronceado. Y luego estaba esa gorrita sobre su media melena rubia y las gafas de espejo, que le daban un toque de protagonista de serie americana. Pero a él no le pegaba nada el personaje niñito surfero de familia adinerada de Beverly Hills. Izan, con su melena desaliñada, esas pulseras de hilo y los colgantes étnicos en su cuello, encajaba perfectamente con el papel de un humilde camarero de una hamburguesería que soñaba con convertirse algún día en una estrella del surf para sacar a su familia de la pobreza.

Joder, qué película me estaba montando.

—¿De qué te ríes? —Dirigió su mirada azul turquesa hacia mí.

—De ti, de que, por mucho polo que lleves, te sale el *«hippismo»* por los poros. —Y a continuación, fingí que fumaba un canuto mientras cantaba *Could you be loved,* de Bob Marley.

—Hostias, Alexa, cantas de culo.

Se apresuró a sacar de nuevo su iPod de la guantera para segundos después cubrir mi voz de becerro por la del auténtico Bob.

—¡¿Sabes qué me apetece?! —Alcé la voz por encima de la música.

—¡¿El qué?!

—¡Fumar hierba! ¡Hace siglos que no la pruebo! —Izan no tardó en bajar el volumen de la música.

—¿Tú has fumado hierba?

—Pues claro, bobo. Aquí donde me ves, yo tuve un pasado.

—¿Y cuánto hace de ese pasado?

—Si mal no recuerdo, la última vez que fumé fue… hace diez años, en un concierto reencuentro de las Spice Girls.

—¿Spice Girls? No me suenan.

Me quedé en silencio mientras restaba y sumaba fechas en mi cabeza.

—¡Oh, qué horror! —Me llevé las manos al rostro muerta de risa—. Cuando surgió el movimiento *girl power,* tú no eras más que una inocente larvita de surfero.

Rodó los ojos antes de decir:

—Muy bien, abuela, rememoremos los viejos tiempos.

De un solo volantazo, giró la furgoneta ciento ochenta grados y pisó a fondo el acelerador.

¡Vaya idea de casquero rebotado la mía al mencionar mi pasado!

Antes de aparcar en un descampado rodeado de montañas para cumplir mis deseos, Izan me llevó a «hacer la compra» a un bar de carretera en las afueras de Karra. El tugurio consistía en la planta baja de una casa de pueblo, con paredes en cal, donde sus dueños habían habilitado una barra en el saloncito, habían colocado cinco mesas camilla y montones de jaulas repletas de jilgueros colgando de una pared. Tan solo había un ave con aspecto de codorniz que volaba a su libre albedrío por el local. Me recordaba a esos cazas de guerra que dibujan círculos en el cielo hasta localizar su objetivo y lanzar el misil. Por suerte para mí, le falló la puntería y su artillería verdusca cayó en la barra, a cinco centímetros de mi codo.

—*O que você vai beber?* —nos preguntó el camarero.

—*Para mim, nada* —contesté con la vista todavía clavada en el misil.

Izan se acercó y con poco disimulo me susurró al oído:

—Álex, tenemos que tomar algo aquí para no ser demasiado evidentes, ¿lo pillas?

Asentí muy seria. Después se dirigió al camarero y pidió dos Coca-Colas y unas olivas. Dio un trago a su bebida y me informó de que iba al baño. Dos segundos después, el camarero desaparecía de la barra y yo me quedaba solita en aquel infame barucho bajo las miradas escrutadoras de una codorniz y una familia que comía un perol gigante de caracoles.

Mientras que esperaba a que Izan hiciera sus necesidades biológicas, casi retomo mi feo vicio de morderme las uñas y, de paso, comerme las primeras falanges. Entre la ansiedad que me producía pensar que la policía nos pillaba in fraganti, el piar nervioso de los pájaros, mi miedo a ser derribada por un misil de codorniz y los ruiditos de la familia al sorber esos bichos repugnantes, mi cabeza amenazaba con estallar en mil pedazos. Gracias a dios que Babysurf no se demoró mucho en sus deposiciones, no más de diez minutos, y en cuanto salió del cuarto de baño, se bebió su refresco de un trago. El mío allí se quedó, intacto. Pagó la cuenta y me hizo un gesto con la cabeza para marcharnos.

—¿Dónde te apetece que nos tomemos el menta poleo? —me preguntó una vez que salimos a la calle.

—Conmigo no cuentes. Me niego a pisar otro antro de mala muerte como este.

Izan estalló en carcajadas y depositó disimuladamente algo en mi mano. Cuando bajé la vista, descubrí una bolsa de hierba en mi completa posesión.

—Me refiero a este menta poleo, abuelita. —Me guiñó un ojo y reinició el paso hacia la furgoneta.

Alarmada, salí zumbando tras él y colé la bolsa de hierba en su bolsillo trasero. «Qué culo más bien puesto, joder».

Y llegó el momento descampado. Es decir, el momento: ¡¡QUE ALGUIEN ME DISPARE CON UNA BLOW DEL 38, POR FAVOR!!

Enrosqué el papel de fumar entre mis dedos, y cuando fui a pasar la lengua para humedecerlo, la boquilla se escapó del canuto para aterrizar en el suelo de la furgoneta. Resoplé agobiada y, en consecuencia, la hierba mezclada en tabaco salió volando por el salpicadero.

—¡Qué desastre soy, por dios! —me quejé.

—Anda, déjame que lo líe yo, mujer-que-tuvo-un-pasado.

—Noooo —lloriqueé—, dame una segunda oportunidad más, por favor.

Izan suspiró exasperado y se acomodó en su asiento fingiendo que dormía.

Después de tres intentos más…

—¡Mierda frita!

Me rendí. Ni canutos ni canelones, dije para mí. El enrosque no era lo mío.

Le pasé el material a Izan y contemplé en silencio la habilidad con la que lo enrollaba: prensó la hierba con los dedos a toda velocidad, colocó la boquilla, enrolló el papel, lametazo y listo. Cigarro perfecto.

—Aquí uno que yo conozco tiene muchos tiros dados…, ¿eeeh, Babysurf? —solté con retintín.

—Todos hemos tenido un pasado, Alexa. —Se encogió de hombros y me entregó el porro junto a un mechero—. Bendícelo tú, chica de ciudad.

Lo sujeté entre los dedos índice y corazón y me quedé observando el petardo. La verdad era que ya no me apetecía tanto fumar. Había leído hacía bien poco que la hierba podía despertar un brote psicótico. Claro que algunos médicos también recetaban marihuana para combatir los dolores crónicos. Mala, realmente mala, no podía ser. ¿O sí?

—Es para fumarlo, no para mirarlo —comentó Izan con sorna.

¡Al carajo! Me lo llevé a los labios, lo encendí con el mechero y aspiré hondo. En cuanto el humo se deslizó por mi garganta, sentí que se me calcinaban las amígdalas, la tráquea y cuarto y mitad del pulmón izquierdo. Tosí hasta morir. Joder, me ahogaba. Y mientras yo más tosía, el imberbe sentado a mi lado más se tronchaba.

—¡Pareces un pequeño dragón! —se burlaba entre carcajadas.

Un pequeño dragón, una olla exprés o un vampiro tras exponerse al sol. Abrí la ventanilla de la furgoneta y saqué la cabeza desesperada por inhalar algo de oxígeno. En aquel momento, temía más por la salud de Izan que por la mía. Si el niñato seguía riéndose de aquella manera, acabaría provocándose una hernia inguinal. Por otra parte, bien merecido se lo tendría.

Minutos después, cuando mi aparato respiratorio se refrigeró, metí la cabeza en el habitáculo y me dejé caer sobre mi asiento.

—¿Mejor, pequeño dragón? —preguntó socarrón.

—No te burles, Izan. Creo que me he achicharrado los bronquios. —Le hice entrega del canuto de pólvora y me abaniqué el rostro con la mano.

Vi por el rabillo del ojo cómo se acomodaba relajado en su asiento, volvía a encender el porro y tras darle un par de caladas cortas me lo pasaba otra vez.

—La granada vuelve a mamá —comentó en tono cantarín.

—Te lo advierto para que no te pille de susto. Si sufro otro ataque de tos, me voy mañana mismo al hospital más cercano para que me hagan una placa de tórax, ¿entendido? —Titubeante, sostuve el porro entre los dedos índice y pulgar y me lo acerqué a la boca.

—Eres un poco hipocondriaca, ¿no?

—No lo sabes tú bien.

—Detente, chica yo-tuve-un-pasado-pero-me-falla-la-memoria. —Me sujetó la muñeca para que no inhalara aún y decidió compartir su sabiduría conmigo—. La clave para no toser es aspirar suavemente. Salvo que tengas hambre y quieras tragártelo entero.

—Muy gracioso, Izan. —Cerré los ojos y di una breve calada. Expulsé el humo lentamente y sonreí—. No he explotado —anuncié orgullosa. Aspiré una segunda vez, ya más segura de mí misma, y volví a exhalar el humo sin problemas.

—Muy bien, chica peligrosa. —Aplaudió—. Ahora pásalo. No es solo tuyo.

Una hora después —o dos…, o tres— danzaba descalza como un espíritu libre en mitad del descampado en plena noche cerrada. Me sentía pletórica, sublime y etérea. La voz de Bob Marley sonaba por los altavoces y los dos haces de luz de los faros de Lucy me iluminaban como si yo fuera una bailarina haciendo una audición en Broadway. Una bailarina con un colocón que no era capaz ni de tenerse en pie… Pero feliz. Y relajada. Muy relajada. Liviana. Me sentía una hojilla caída de un árbol que volaba a la deriva arrastrada por la brisa del campo.

Y no paraba de pensar este tipo de chorradas. Ni de reír. Ni de girar.

—¡JA, JA, JA! Un kilo de Tena Lady para esta señora mayor, por favor… ¡JA, JA, JAAAAA!

Doblada por la mitad de la risa, me giré hacia Izan. Con gesto divertido, me contemplaba apoyado en el frontal de la furgoneta sin decir ni media palabra. Me sorprendía que él no sufriera los efectos de la *maría*. Claro que se había plantado mucho antes que yo con la excusa de que debía conducir.

—¡Jijijijiiiii! Si yo fuera tú, saldría corriendo —le advertí, mientras mis brazos serpenteaban en su dirección imitando a una bailarina de danza del vientre—. Izan…, Izan…, baila con Sherezade.

Negó con la cabeza conteniendo la risa.

—Es mucho más divertido ver el espectáculo.

Puse cara de *femme fatale* (¡puaj!) y caminé hacia él cimbreando las caderas.

Cuando estaba a un metro de Izan, le encontré tan especialmente guapo, tan genuino, tan monín, que ladeé la cabeza de un lado a otro para contemplarle desde distintos ángulos con la esperanza de encontrarle algún fallo. Un grano acneico, un pelillo entre la piel…, algo.

—¿Por qué me miras así, Sherezade?

—Porque no sé si lo sabes, pero eres realmente guapo, Izan. Muy pero que muy guapo. —Tras piropearle, salí corriendo hacia él y me abracé a su cuello.

—Álex, ¿qué estás haciendo? —Esta vez la sonrisa había desaparecido de su rostro.

—Lo que hacemos todas las tardes, abrazarnos.

Apoyó sus manos en mi cintura y me acercó un poco más a él. Mmm… Suspiré cuando sentí sus dedos a través de la licra de mi camiseta. Me gustaban sus manos: masculinas, nervudas y curtidas por el agua y el sol. Y su cabello era tan… tan salvaje. Deslicé mis dedos por sus mechones, desde el interior de su nuca hasta las puntas. Se me quedó enganchada una uña.

—Deberías aplicarte acondicionador, Izan Oliveira. —Sonreí divertida.

Pero Izan tampoco me devolvió la sonrisa. Retiró la mirada de mi rostro y la llevó al cielo cubierto de estrellas.

—¿Qué te pasa? —le pregunté extrañada—. ¿Estás triste?

Inspiró hondo y descendió dubitativo la vista hacia mi rostro.

—No estoy triste. Solo que… —Se calló de repente.

Oh, oh… Me estaba cortando el buen rollo.

—Cuéntamelo, vamos, somos amigos.

—Ya. Amigos… —murmuró, y apoyó su frente sobre la mía—. Estoy hecho un lío contigo.

Y cuando dijo «lío», me imaginé escenas muy liosas. Yo arrastrándome a la parte trasera de la furgoneta y él siguiéndome completamente desnudo. Yo besaba sus abdominales. Él me quitaba bruscamente la ropa. Su lengua con su *piercing,* de repente, lamía mi axila. Sí…, la axila derecha, para ser exacta. Eso es lo que tiene la hierba, que tu mente puede salir por peteneras.

En ese justo instante «axilar», noté un calor explotando entre mis piernas y acerqué mi rostro despacio al suyo, tentándole. Nuestras bocas estaban a pocos milímetros. La punta de su nariz rozó mi pómulo, su escasa barba me hizo cosquillas en la barbilla.

—Álex… —susurró un milímetro más cerca de mi boca.

Cerré los ojos y posé tímidamente mis húmedos labios sobre los suyos. Él no se movió, pero yo no dudé en presionar mi boca contra la suya. Noté su bragueta abultada contra mi bajo vientre, sus dedos en mis hombros y a continuación…

Nada. Un espacio vacío entre mis brazos. Izan había desaparecido. ¡Izan me había hecho una puta cobra!

—Lo siento, Álex, pero así no —se disculpó nervioso.

—¡Oh, dios! Yo sí que lo siento. —Me cubrí la cara con ambas manos, mortificada—. Perdóname, Izan, no sé lo que estaba haciendo.

—Ey, vamos, no te agobies. —Me acarició el brazo, pero percibí que daba otro paso atrás para marcar todavía más la distancia entre nuestros cuerpos.

—Por supuesto que me agobio. Somos amigos, porque para mí eres solo un amigo, y me he comportado como una… como una

¡asaltacunas! No se lo cuentes a nadie, Izan, por favor. Ni siquiera a Rico. Y mucho menos a Rebeca. A Rebeca ¡nunca! ¿De acuerdo?

Metió las manos en los bolsillos y fijó la vista en el suelo.

—Puedes estar tranquila, tendré la boca cerrada.

Nos quedamos en silencio unos minutos. Él pisoteaba una piedra molesto y yo…, bueno, yo me habría dado con ella en la cabeza.

—Perdóname —insistí por enésima vez.

—Deja de pedir perdón —respondió cortante. Se pasó la mano por el cabello y luego clavó sus ojos azul cristalino en los míos—. Escúchame. La culpa de esto la tienen los porros. Olvidémoslo, ¿te parece?

—Pues claro que ha sido la hierba, pero eso no me libera de la humillación que siento ahora mismo. Me quiero morir… —lloriqueé entre dientes.

—Joder, ¡maldita sea! —farfulló en respuesta, y se alejó de mí.

Aquella reacción me puso todavía más en alerta. Izan no maldecía nunca. De hecho, era la primera vez que le veía tan alterado. Y todo por mi idiotez supina. Primero Carlos y ahora Izan. Era una experta en sacar a los hombres de sus casillas.

—Lo mejor será que nos vayamos a casa. Es tarde y no hemos cenado nada —sugirió con los ojos de nuevo clavados en el suelo.

—De… acuerdo —pronuncié con un hilo de voz.

—Bien.

—Sí, bien.

Levantó la mirada y nos quedamos observándonos otra vez en silencio.

—Mierda, Alexa. Métete en la furgoneta. Yo voy a buscar a Evil, que a saber dónde demonios se habrá metido.

De camino a mi puesto de copiloto me dije que estaba jodida, pero que muy jodida de la cabeza. Ni seis días atrás me había molestado que Izan me preguntase si él me gustaba y esa noche me lanzaba a su boca desesperada.

9

Tú me haces real

Izan Oliveira

Cada día que pasaba se me hacía más difícil resistirme a Alexa. Esa mujer me ardía en las venas hasta contaminar mi sistema y emborracharme el cerebro con sus sonrisas y contoneos. A su lado, vivía en una nube de éxtasis y hierba perpetua. Aquella noche, cuando sentí por primera vez sus labios rozando los míos y la aparté, creo que me santifiqué a falta de corona. Fue casi doloroso rechazar su beso, sobre todo cuando mi corazón me gritaba que le hiciera el amor allí mismo, en aquel prado de hierba, bajo la luz de la luna. Una puerta abierta al Edén que yo mismo cerré. Decisión que tomé en el último segundo y por puro instinto. O, más bien, por conocimiento de causa. Yo sabía que, pasado el colocón, mi compañera de aventuras se habría arrepentido. Y, para ser honesto con ella y conmigo, tampoco yo tenía muy claro si merecía la pena traicionar a Elena por un simple revolcón.

A mi novia le debía como mínimo respeto. Fue mi salvavidas y mi ancla cuando me mudé a Karra. Durante muchos años ella y yo solo fuimos amigos, aunque de vez en cuando nos dejábamos llevar por el momento y acabábamos enrollándonos. Lamentablemente, la defraudé cientos de veces. Estúpido de mí, no fui capaz de ver sus verdaderos sentimientos. Aferrado a la idea de que solo compartíamos sexo divertido para contrarrestar las horas de aburrimiento en un diminuto pueblo, seguí acostándome con toda aquella turista que se acercaba a mí para vivir su experiencia surfera de sus sueños. Hasta que llegó el día en que rebasé el vaso.

Después de una semana a tope con una irlandesa a la que impartía clases particulares de surf, la chica se marchó a su país y recurrí a Elena en busca de mi dosis de consuelo. Esta, más cabreada que nunca, me echó de su casa a gritos y empujones. Yo no entendía por qué se enfadaba conmigo, hasta que una de sus amigas me confesó que Elena estaba enamorada de mí desde el primer día que cruzamos las miradas en el bar del pueblo.

«Ni hablar», concluí, tras darle vueltas y vueltas a aquella confesión. No podía perder a la única persona que daba un poco de coherencia a una vida extraña, vacía y desarraigada.

Una tarde que los padres de Elena no estaban en casa, me colé en su habitación y esperé allí hasta que regresara de clase. Cuando me descubrió sentado en su cama y yo me preparé para un bofetón, rompió a llorar. Le pedí millones de disculpas, y en señal de mi arrepentimiento le ofrecí la posibilidad de seguir juntos; pero en esta ocasión como una pareja de verdad. Y aunque no fue fácil cerrar los ojos ante las tentadoras ofertas de todas esas chicas que visitan estas tierras para vivir las vacaciones de sus vidas, he de admitir que mi historia con Elena funcionaba a las mil maravillas. Marisa, que por aquel entonces se había convertido en una especie de madre adoptiva para mí, tenía razón cuando decía que éramos perfectos el uno para el otro. Elena y yo amábamos el surf, nos conocíamos perfectamente y respetábamos el espacio de cada uno. Sí…, aquel verano con Alexa estaba seguro de querer a mi novia con todo mi corazón; el problema era que no bullía por mis venas como lo hacía ella.

Esa fue la razón por la cual aquella noche en el descampado, por más que la deseaba, no estaba dispuesto a correr riesgos por un revolcón. Y aunque jamás había tenido reparos en jugármelo todo por un momento de diversión, con Alexa prefería estudiar la marea antes de lanzarme contra el oleaje.

Después de rechazarla, me costó varios días que se relajara de nuevo conmigo. Durante nuestras conversaciones apenas bromeaba y no paraba de rascarse los brazos, una clara señal de que yo la incomodaba. También eliminó de nuestra rutina las siestas conjuntas en la playa.

La (casi) reconquisté la tarde en que la invité a pasear en bicicleta por el campo. Al principio, no demostró mucha ilusión, pero cuando vio la bicicleta que me había prestado un colega para ella —verde y rosa, con cestillo de mimbre y el sillín de cuero floreado—, le faltó poco para ponerse a saltar de alegría y lanzarse a mis brazos.

—¡Pero qué preciosidad, Izan! —Se subió en la bici y me obligó a hacerle una foto con su móvil para lucirse ante ese centenar de supuestos amigos al otro lado de la pantalla. Amigos que, por otra parte, no se molestaban en llamarla.

Disfruté como un niño observándola pedalear con la lengua fuera. Después, preocupado por su falta de fondo físico, le propuse que paráramos cerca de la granja de un vecino de Karra para que contemplase cómo pastaban las vacas. Saltamos la valla y logré convencerla para que acariciara a un ternero que se acercaba curioso hacia nosotros. Mientras ella pasaba su mano por el lomo del animalito, la madre del pequeño, al igual que yo, puso sus ojos en el precioso culo redondo y respingón de Alexa; solo que la señora vaca le echó más agallas y coló el hocico en sus bragas.

La reacción de Alexa no la olvidaré jamás. Pegó un respingo y se volvió hacia mí asombrada. Menuda sorpresa se llevó cuando se encontró frente a frente con la cara de la vaca. Su expresión se desencajó, gritó aterrorizada y salió corriendo a toda velocidad hacia la valla. Levantó una pierna para saltarla y justo cuando elevaba la otra, el zueco se escurrió de su pie para caer en un charco de barro y heces verdosas.

—Solo a ti se te ocurre ponerte zuecos para pasear por el campo —bromeé, mientras limpiaba su calzado contra la hierba—; y ni más ni menos que de estampado de vaca. Menuda falta de respeto a la señora becerra.

—¡Que se joda, Izan! ¡Me ha metido el hocico hasta la rabadilla! Y por su culpa me he desgarrado el vestido con la cerca. —Se dio la vuelta para mostrarme un agujero del tamaño de un CD y, de paso, medio cachete de su imponente culo.

—La culpa es tuya —dije con tono de guasa—. No deberías llevar un vestido con dibujos de sabrosas piñas y menos delante de una vaca.

—No digas estupideces, las vacas no comen piñas.

—Entonces debe de haber confundido tu culo paliducho con una hermosa coliflor.

Se cubrió con las manos el trasero y rompí a reír. Como ya esperaba, me disparó un cartucho completo de insultos y quejas, pero esquivé cada uno de ellos y seguí carcajeándome sin parar hasta que logré contagiarla de mi risa. Tras las carcajadas comenzamos a charlar sobre el día tan caluroso que habíamos pasado en la playa. Después del clima, hablamos de cine. Me confesó que echaba de menos ver una película en la gran pantalla. De buena gana, me ofrecí a llevarlas, a ella y a su amiga Chucky Girl, al cine de verano del pueblo vecino. Mi vecina y compañera de trabajo sonrió de oreja a oreja y con su tono de voz más dulce me dio las gracias.

Colorín, colorado, Alexa y yo volvíamos a ser tan amigos como siempre. Y, básicamente, ese era nuestro gran problema. Habíamos creado lazos de amistad sincera, pero ese sentimiento no era suficiente para ninguno de los dos. Ahora solo quedaba que ella lo comprendiera con la misma claridad que yo lo sentía bullir por mis venas.

10

Jinetes en la tormenta

Karra (Portugal), 17 de junio

15.00 h

Me limpié el sudor de la frente mientras repasaba la lista de reservas para las clases del día siguiente. Cada día hacía más calor en la playa y, durante el mediodía, cuando los rayos del sol caían perpendiculares sobre el tejado de la escuela, aquel cajón de madera se convertía en una auténtica sauna. Suerte que mi centro de operaciones estaba en la parte más alta de la montaña y, de vez en cuando, soplaba una brisa digna de agradecer. Excepto aquella tarde.

El reloj marcaba las cuatro en punto y el calor resultaba el doble de sofocante. El viento característico de la playa del Amado parecía haberse tomado un descanso. Las olas tampoco se alzaban como gigantes en plena batalla. Parecían exhaustas, cansadas de luchar. Inspiré el aire cálido y ahuequé el escote de mi vestido para refrescarme el canalillo. Estaba asfixiada. Solo me hubiera alegrado el día un ventilador con nebulizadores de agua o Chris Hemsworth surfeando todo divino en tanga.

Me reproché estar fantaseando con maridos de otras y me concentré en mi trabajo: distribuir los alumnos por clase, nivel de surf y monitor. Tarea tediosa y de complicación cero. Ese día echaba de menos las operaciones de huesos, los nervios antes de entrar al quirófano, bromear con el equipo médico y a Carlos. Sobre todo a él. ¿Qué estaría haciendo en ese momento? ¿Eligiendo centros de flores para decorar la iglesia donde se casaría?

Puaj.

Veinte minutos después, me di cuenta de que cuadrar los grupos por niveles y número de alumnos no resultaba tan sencillo como yo pensaba. O mi ineptitud se debía al puñetero calor.

Cuarenta grados podía convertir el cerebro de una en *fondue* de queso.

Me abaniqué con las listas de alumnos y vislumbré a Rebeca y Catrina cargadas con sus tablas de surf por el paseo de madera de la playa. La profesora parecía estar enfadada y mi amiga, terriblemente deprimida. Empapada de pies a cabeza, embutida en el neopreno, con los ojos de «güever» y la boca abierta, mi pobre Bec me recordó a una merluza recién pescada.

Cuando entraron en la escuela, Cat ni se dignó a saludarme. Caminó silenciosa hacia la parte de la trastienda para guardar las tablas, y aproveché que me daba la espalda para sacarle el dedo corazón.

—Toma, tú te mereces todo mi amor. —Ofrecí una botella de agua fría a Rebeca.

—¿Por qué te cae tan mal Cat? Si hasta lo que yo sé, jamás habéis discutido.

—Pregúntaselo a ella. Desde que llegué no me ha dedicado ni una sola palabra amable. Claro que tampoco se molesta en hablarme salvo lo estrictamente necesario. Por cierto, hoy parecías una sirenita subida en tu tabla —decidí cambiar de tema. Catrina solía empeorarme el humor.

—No mientas, Alexa. Hoy parecía un boquerón encima de una tabla. —Mi amiga se bebió la botella de agua de un solo trago y la dejó caer en el mostrador con gesto derrotado.

—Solo te has caído cincuenta veces, eso no es nada. Además no hay buenas olas, se lo he oído comentar a varios surferos. —Le acaricié el hombro para tranquilizarla.

Los ojos de Bec se posaron en el recorrido que hacía mi mano sobre su brazo, y cuando los levantó hacia mi cara, me miró horrorizada.

—Desde que eres tan amiguísima del *hippy* te estás volviendo una sobona, ¿no?

Aparté mi mano de ella y suspiré resignada.

—No sé por qué te aguanto, Bec.

—Porque yo soy la única que te aguanta a ti. Somos un matrimonio de conveniencia, asúmelo ya.

Soltó una carcajada y, tal cual se echó a reír, le cambió la cara. Su risa se disipó, echó un vistazo a nuestro alrededor y bajó la voz.

—Necesito preguntarte una cosa.

—¿Por qué hablas tan bajito? —susurré también. Estábamos solas en la escuela, a excepción de dos australianos que dormían en el suelo sobre unas toallas.

—Lo hago por ti.

—¿Qué pasa conmigo? ¿Me está buscando el FBI?

Comprobó por segunda vez que los australianos seguían en estado de coma y preguntó:

—¿Qué hay entre Izan y tú? Esta vez hablo en serio, Alexa. Te juro que mi intención no es tocarte las narices.

Me quedé congelada (y mira que resultaba complicado con el sol azotándome en la cara).

—Somos buenos amigos. ¿Por qué lo preguntas? —Me peiné el flequillo con los dedos y forcé una sonrisa.

—Catrina me ha comentado que el otro día os vio un poco acaramelados en la playa y se sorprendió, porque ella pensaba que Izan salía con una chica del pueblo.

—Si él tuviera novia yo lo sabría, porque, como te he dicho, tenemos mucha confianza. Como amigos que somos —puntualicé.

—¿Y los sobeteos en la playa?

—No tengo ni idea de qué me hablas —mentí.

Me lanzó una mirada en plan psíquica y me apuntó con su dedo índice antes de exclamar:

—¡Te gusta, Alexa! ¡Lo puedo ver en tu cara! Te juro que lo he pensado en varias ocasiones cuando os he visto abrazados, pero luego me decía: nah, no puede ser, Izan no es el tipo de Alexa. Y mira tú por dónde que estaba absolutamente equivocada. Mis coñitas se han hecho realidad. ¡Te mola ese niñato!

—Chist, no grites —le ordené alarmada—. Flirteamos un poco, sí, pero nada más. Gustarme, lo que se dice gustarme, no me gusta.

—De tu *top* diez de helados, ¿qué sabor es Izan? Recuerda: diez es helado de fabada y uno, el de mantecado con galleta oreo.

Una de las grandes aficiones que compartíamos Rebeca y yo desde tiempos remotos era hacer *rankings* de todo aquello que nos sucedía en nuestra vida: un *top* de tíos buenos que nos habíamos ligado, de traiciones que nos habían hecho compañeros de trabajo, de los peores y mejores jefes que hemos conocido y un especial: «Experiencias sexuales "wow" versus experiencias sexuales "plof"».

Contesté lo primero que se me vino a la cabeza.

—Fresa y nata.

Contó con los dedos varias veces y me miró alarmada.

—Eso es un *top* cuatro, Alexa. Una posición muy destacable.

Resoplé. No me podía creer que recordara mi lista de helados favoritos.

—Un cuatro no llega ni a notable alto. Además, no comprendo a qué viene tanto interés por lo que pueda sentir o no por Izan.

—Interés ninguno, Alexa. De hecho, una canita al aire es muy saludable. Solo me preocupa que tú… —Dejó la frase en suspenso, es decir: mi *top* tres en el *ranking* de «Cosas de la gente que me sacan de quicio».

—Vamos, no te hagas la misteriosa —la azucé.

—Me da miedo que la cagues y sufras una rubeola o un sarampión.

—Tranquila, Bec, la ruptura con Carlos ha reforzado mi sistema inmunológico —ironicé—. Además, probablemente Izan no sea más que un helado de leche merengada.

—Ese es tu *top* dos.

—Meeec… ¡Error! Mi *top* dos es el helado de tarta de queso con frambuesa. La leche merengada ocupa el *top* seis porque me empalaga demasiado.

—Si tú lo dices… —Suspiró y se encogió de hombros—. En fin, te dejo trabajar. Pero reflexiona sobre nuestra conversación. Tanto arrumaco no trae nada bueno.

Dijo la mujer erizo.

Seguí su consejo, y, una vez a solas de nuevo en la recepción de la escuela, repasé nuestra breve charla. Debía cortar los arrumacos con Izan si no quería despertar más chismes entre nuestros compañeros. A fin de cuentas, Karra era una aldeíta, y es *vox populi* que los habitantes de las localidades pequeñas viven para *y* por los cotilleos. Ese fue el motivo por el que no me creí el comentario de Catrina sobre la supuesta novia de Izan. Cuando Carlos y yo rompimos, sus compañeros de hospital propagaron el rumor de que yo le había traicionado con otro médico. Mentira cochina. Si en nuestra historia había un infiel, ese era el respetado cirujano, y, por lo tanto, también había una cornuda, solo que…, ejem, ejem…, no era yo.

Habíamos roto hacía ya seis meses. La herida no había cicatrizado del todo (al menos en mi caso), pero el dolor se podía sobrellevar. Por aquella época quedábamos a tomar un café rápido y ponernos al día de nuestra vida. Eran conversaciones huecas donde ambos nos esforzábamos por parecer naturales y en las que evitábamos sacar temas escabrosos de nuestra relación. A mí me agotaban, y supongo que a él también. ¿Por qué seguíamos viéndonos? En parte por costumbre…, en parte por mi obsesión… Y en gran medida —hablo por mí— debido a mi incapacidad para aceptar nuestra ruptura. Los viejos hábitos adormecen al humano, de tal manera que se nos hace muy difícil adaptarnos a los cambios, y ese, sin duda, era mi problema. Tanto era así que me sentía incapacitada para ir al cine sin Carlos o sentarme en la barra de un bar a tomar un café sola o decidirme entre un vestido de cóctel negro o mis cómodos vaqueros combinados con chaqueta esmoquin para asistir a una convención.

En una de nuestras «citas por costumbre» recibí el primer baño de realidad. Estuvimos charlando sobre nuestros trabajos, cómo había afectado la crisis a los recursos hospitalarios, de mis batallitas con Rebeca; y cuando me tomaba el último trago de mi café (el que mejor sabe), mi ex decidió soltar la bomba.

—Alexa, necesito contarte algo. No sé si es lo correcto o no, pero somos amigos y… prefiero que te enteres por mí antes de que lo descubras por algún compañero de trabajo.

—Tranquilo, ya me he enterado de que la competencia de Smith & Son te ha invitado a una convención en Miami, pedazo de morrudo —bromeé, ingenua de mí.

—Buf, Miami… Solo a ti te puede gustar una ciudad tan hortera. —Se medio rio—. Pero no, no es eso lo que tengo que contarte. —Dio un trago a su taza y, a continuación, lanzó la granada—: Me estoy viendo con alguien.

BOOM. Me quedé en *shock*. No podía ser verdad. No había guardado ni un año de luto por nuestra relación muerta ¡¿y ya me había reemplazado?!

—¿Estás… molesta? —Vaciló ante mi silencio.

Pedí auxilio al señor Orgullo y él, afortunadamente, habló por mí:

—No, por supuesto que no.

Después de negarlo, categórica, me dediqué a soltar una parrafada de frases «guionizadas» para este tipo de situaciones: «Me alegro de que estés rehaciendo tu vida» (mentira); «Seguro que ella es estupenda» (y una zorra); «Yo también he conocido a alguien muy interesante» (se llama Flipper, es rosa, funciona a pilas y cuenta con seis velocidades además de con sistema *bluetooth*)…

Salí airosa de nuestra cita. Después llegué a casa, sentí un dolor horrible en la cabeza, me metí en la cama y me enterré bajo las sábanas hasta sesenta y ocho horas después para acudir al hospital. Estaba convencida de que sufriría un derrame cerebral.

«Tensión emocional», me diagnosticó el médico de urgencias. Me recetó unas pastillas (sí, más pastillas) y ¡lista para sobrevivir a mi soltería!

Pasaron dos meses y Carlos y yo volvimos a quedar. En esta ocasión nos citamos para desayunar en un Starbucks del centro. Un simple café y *muffins*. ¿Tiempo estimado? No más de cuarenta y cinco minutos. Y si la situación entre nosotros se volvía tensa, pensaba despacharle en quince minutos con cualquier excusa. Pero, al igual que en la última cita, nuestra conversación discurrió tranquila y vacía de contenido útil.

Hasta que mi ex decidió amargarme por segunda vez el último sorbo de café.

—Este verano no voy a tener vacaciones —comentó en tono preocupado.

—¿Y eso por qué?

—No te lo vas a creer. —Dio un par de golpecitos con la cuchara en su plato para quitar la nata pegada y, de paso, lanzarme otra granada directa al corazón—. Me caso en septiembre.

El *muffin* se pulverizó entre mis dedos. Y para mi desgracia no disponía de un guion ni «automensajes» motivacionales que me salvaran de la humillación.

—¿Con la chica que conociste hace semanas? —me atreví a preguntar.

—Sí, pero no la conozco desde hace semanas.

—¿Desde cuándo entonces?

—Desde siempre.

Ahí estaba: un lanzallamas directo a mi cara. No hacía falta que Carlos me dijera su nombre para imaginarme quién era la elegida. La misma que le enviaba *e-mails* a diario a modo de consejera sentimental. La doctora Bárbara Maldivas, su compi de la universidad y supuesta mejor amiga. La contenida y servicial de cabello mechado hasta la cintura: Barbie Malibú. Delgada, carita de yo-no-fui, dientes perfectos a base de carillas y más lista que una rata.

Se me revolvió el cuerpo hasta el punto de sufrir una gastroenteritis durante más de diez días. La flora intestinal se me fue a Cuenca y treinta años de vida, por el retrete. Entre visita y visita al señor Roca, conté y conté para no pensar. Conté los botones de toda mi ropa (223). Conté los de la ropa de Rebeca (193 y medio corchete que colgaba partido de su abrigo militar). Conté baldosines de la cocina (440), libros de la estantería (150) y pelotillas en mi pijama de felpa (96). Conté y conté hasta que mi cerebro hizo clic. El señor Orgullo se revolvió en contra de mí y me empujó a cometer uno de los grandes errores de mi vida.

Le llamé con la excusa de consultarle una duda sobre un dolor agudo que sufría mi padre en las muñecas. Todo falso, pero logré que quedásemos a cenar en un restaurante cubano para tratar el tema. Me vestí explosiva, flirteé con él, con el camarero y con la cubertería si se hubiese terciado. Dos horas después estábamos haciéndolo como salvajes en su casa. Esa noche por unas horas me sentí poderosa, casi, casi una *dominatrix*. Delirios de una mente fantasiosa como la mía. Pero no fue más que eso, una alucinación. Un espejismo emocional.

—No sé cómo he podido hacerle esto. Cómo he podido hacérmelo a mí.

Esas fueron las palabras de Carlos nada más quitarse el condón. Las mías se quedaron ahogadas en la humillación. No supe qué responder. Nunca había tenido valor para enfrentarme a él por miedo a perder la calma y asustarle.

—No podemos seguir viéndonos, Alexandra —me anunció a continuación—. Esto que siento por ti es enfermizo. Y lo que ha sucedido esta noche solo empeora las cosas entre nosotros. Y estoy cansado, ¿comprendes? —No respondí—. Me he pasado tres años complaciéndote. He estado volcado en cuerpo y alma en hacerte feliz y no puedo más. Lo nuestro no funciona, y ahora que estoy rehaciendo mi vida… —Resopló angustiado—. Tenemos que mantenernos alejados. No más llamadas ni excusas. No quiero volver a saber nada de ti.

Sin pronunciar palabra recogí mi ropa, me vestí rápidamente y me marché sin más. No me defendí. Tampoco le increpé por su falta de tacto. Sencillamente, no hablé. Se me había dormido la lengua. Literalmente. Llegué a casa y desperté a Rebeca sollozando y sin poder explicarle qué me pasaba. Mi fiel amiga llamó a un taxi y me acompañó al hospital. Me hicieron analíticas y un electro, me tomaron la tensión, comprobaron mi fondo de ojos y el médico de guardia me diagnóstico un ataque de ansiedad. Doble dosis de ansiolíticos, una semana de baja y… ¡lista para sobrevivir a la soltería!

Desde aquel (llamémoslo) «despolvo» con Carlos, ni él ni yo hicimos intento por contactar con el otro. Hasta que recibí la dichosa invitación de boda, algo a lo que no encontraba ningún sentido. Si me odiaba, ¿por qué me invitaba? ¿Para hundirme más en la mierda? Pero, sobre todo, ¿Carlos no temía que me presentase en plena ceremonia y gritara a los cuatro vientos que el perfecto cirujano había puesto los cuernos a su futura esposa?

El recuerdo de aquel pasaje me puso de un humor de perros aquella tarde en la playa. También podía culpabilizar al clima. Después de aguantar el calor sofocante durante toda la jornada laboral en la escuela, había estallado una tormenta de agua y viento por todo el Algarve. No hay nada peor para el estado de ánimo que los iones del ambiente tras horas de intensa lluvia. Daba fe de ello: esa tarde, en pleno monzón portugués, me sentía tan ansiosa como en los viejos tiempos.

Cerré el quiosco de la escuela con llave y, bajo la lluvia, salí corriendo hacia el aparcamiento donde Izan solía esperarme.

—Odio las tormentas de verano. Son ilógicas, molestas y aterradoras —dije nada más entrar en la furgoneta, chorreando de agua. Saqué una toalla de mi capazo de rafia y empecé a secarme el cabello con saña.

—A mí la lluvia me relaja —comentó el surfero, mientras daba marcha atrás para esquivar un coche mal aparcado que taponaba parte de la salida.

—No lo dudaba, a ti te relaja hasta el sonido de una metralleta —farfullé molesta.

Curiosamente, Izan se tomó mi comentario con humor y soltó una risilla. Sin embargo, no se le pasó por alto mi estado de ánimo.

—¿Te ha sucedido algo desagradable con algún cliente? Te he estado observado mientras trabajabas y parecías muy agobiada.

—No, aquí nunca pasa nada. La mayoría del tiempo me encuentro a gusto…, disfruto de la tranquilidad. Pero hay días como hoy que me siento enjaulada.

—Pues estás de suerte. Rico va a hacer una fiesta en su casa y me ha pedido que os avise a Rebeca y a ti de que estáis invitadas.

Eso no sonaba mal. Socializar me vendría bien. Escucharse a uno mismo demasiado tiempo no es bueno, y yo llevaba toda la tarde dándole a la lengua en mi cabeza.

—Vale, se lo diré a Rebeca, pero contad conmigo. Me viene bien romper con la rutina… para variar —suspiré.

—¿Para variar? —preguntó con ironía, y simuló que fumaba un porro de marihuana.

—Ah, no-no-no. Me pasé toda la noche asaltando la nevera y al día siguiente amanecí con dos bolsas de Ikea bajo los ojos. Juro y perjuro que no volveré a probar esa mierda mientras viva.

—También podrías surfear para dar un poco de emoción a tu pesada rutina.

—No empieces otra vez, Izan, por favor —gimoteé derrengada.

—Vale, abuelita. Entonces pondré música para que te animes un poco. —Sacó su iPod de la guantera en busca de la banda sonora a mi apestoso día—. ¿Qué quieres escuchar?

Le miré con gesto de no-me-tomes-el-pelo-colega.

—Lo pillo: hoy no estás de humor para elegir —respondió por mí, y se echó a reír.

«Pero qué cara más dura». Izan jamás me dejaba seleccionar la música que íbamos a oír de camino al trabajo. Ni de vuelta. Nunca.

—Ya tengo el tema apropiado para conducir en un día lluvioso de verano. —Activó el sonido del iPod y lo apoyó en el salpicadero.

En cuanto resonó un trueno por los altavoces de Lucy, reconocí el famoso tema *Riders on the storm,* de The Doors. No era una experta en música de los 70, pero Rebeca, que era una fanática del rock, amaba a Jim Morrison, así que había escuchado más veces su discografía que el agua de la cisterna de mi casa.

De repente, se me encendió la bombilla.

—¿Sabes qué me resultaría muy divertido? —Me giré en mi asiento en dirección a Izan.

—Jugar a la petanca. ¿O es demasiado arriesgado para tu edad?

—Muy gracioso, Babysurf. Pero yo pensaba en algo mucho más ventajoso para ambos.

—Uuuuh. —Silbó—. Eso suena mucho mejor. Venga, dispara.

—Me encantaría que me dejases conducir a Lucy, así podrías dormir a la vuelta del trabajo.

—Lo siento, pero quiero conservar esta preciosidad muchos años más.

—Eso ha sido muy rastrero por tu parte. Venga, por favor... —supliqué—. Llevo semanas sin sentir un volante entre mis manos. Te compensaré con masaje capilar más uno extra de pies.

—Olvídalo, Alexa.

Cambié de táctica.

—Yo pensaba que el lema de los *hippies* era algo así como «todo es de todos» y «compartir es vivir».

—Yo jamás te he dicho que sea *hippy,* y, por si no lo sabes, odio las etiquetas.

—Tranquilo, no te etiquetaré en Facebook. Pero ¿qué me dices de ese rollo que me soltaste de que eres muy generoso con las mujeres y que te has hecho un *piercing* para darles placer infinito? Digo yo, ¿no podrías obviar el *piercing* y darme toneladas de placer prestándome tu furgoneta?

Dio golpecitos con los dedos en el volante, pensativo. «Je, je, je... Te tengo en el frasco, Carrasco».

—Andaaaa, por faaaavor, Izan, hazme feliz en un día gris —insistí una vez más.

Pegó tal frenazo que la furgoneta se quedó clavada en el asfalto.

—De acuerdo, tú ganas. Pero conduces desde aquí. —Golpeó un hueco en el asiento entre sus piernas.

Evalué el minúsculo espacio y lo cerca que me encontraría de su mayúsculo cuerpo.

—Perdona, pero no lo veo —murmuré confusa.

Izan pegó su espalda hacia el respaldo de su asiento y levantó las palmas de las manos.

—Sigo sin verlo —repetí.

—O lo tomas o lo dejas, porque no pienso cederte por completo el control de Lucy.

Grrr…

—De acuerdo. —Me desabroché el cinturón y escalé hasta su asiento. Izan me ayudó a colar las piernas entre su cuerpo y el volante; y, con mucho cuidado para no espachurrar sus gónadas por accidente, posé mi culo en el pequeño espacio de su asiento—. Esto es humillante —mascullé mientras ajustaba los espejos retrovisores—. Seguro que no te has parado a pensarlo, pero cuando tú andabas en tacataca, yo ya tenía el carné de conducir.

—Cierra el pico y arranca.

Estiré la falda de mi vestido y sacudí las manos para calentarlas. La emoción me bullía desde la punta de los dedos hasta la raíz del cabello. Desde que monté por primera vez en Lucy, me moría de ganas por conducirla. Pisé el embrague y, excitadísima, giré la llave del contacto. Tres, dos, uno… Lucy emitió su típico gruñido terrorífico, tembló levemente y metí primera.

Un segundo después, el cascajo de furgoneta se me caló.

—Uuuuh… A alguien se le ha olvidado conduuuciiir —canturreó su dueño.

Giré el rostro hacia él para desintegrarle con la mirada.

—Te recuerdo que tu preciosa Lucy está entre mis manos, así que menos guasa, Babysurf.

De nuevo en punto muerto, giré la llave, embragué y metí la marcha. Antes de que pudiera acelerar, el motor se paró otra vez.

—Pero ¡de qué va este trasto! —Golpeé el volante—. ¡¿Lo tienes trucado para que nadie pueda conducirlo?! ¿Es eso?

Izan hizo una mueca conteniendo la risa. Después, fingió seriedad y colocó sus manos sobre las mías en el volante.

—No te enfades, cariño. Yo la arranco y, cuando acelere, te paso los mandos.

—De acuerdo, pero no me llames «cariño» cuando sé que te estás descojonando de mí.

Izan se inclinó ligeramente hacia delante y apartó mis pies de los pedales con los suyos. El fogonazo de calor que sentí en aquel momento me puso en alerta máxima. De pronto era demasiado consciente de la proximidad de su torso duro contra mi espalda, sus muslos ciñéndose en torno a los míos, sus bíceps y antebrazos rodeándome...

A continuación, escuché el ruido de la llave de contacto y comprobé asombrada que Lucy salía rodando sin mayor complicación.

—¿Estás lista, jinete? —me apremió su dueño—. A la de tres te dejo que conduzcas tú. Una, dos y... ¡tres!

Colé mis pies bajo los suyos y seguí acelerando.

—¡Guau! ¡Mola conducir una furgoneta! —exclamé victoriosa, y cambié de marcha—. Quita los limpiaparabrisas, que ya no llueve.

—Apágalos tú, que eres la conductora.

—No, hazlo tú. —Lucy temblaba un montón, y temía que si soltaba el volante nos saliéramos de la carretera.

De nuevo, percibí su espalda fundida con la mía y su brazo rozando el mío mientras accedía a la pequeña palanca del parabrisas.

—Mmm..., qué bien hueles. —Inspiró hondo y coló su nariz entre mi cabello.

—Izan, no me desconcentres. —Me revolví incómoda en mi asiento.

Seguidamente, sentí sus dedos, que retiraban mi melena para apoyarla en un hombro, y su boca pegada a mi cuello.

—¿Y esto te desconcentra? —susurró.

—Bastante —contesté con voz tensa, y, sin querer, pisé más fuerte el acelerador.

—Ya lo he notado... ¿Y ahora? —Colocó sus manos en torno a mi cintura.

Oh, no...

—Izan, no es momento para abrazos —bromeé, cada vez más nerviosa.

—¿No querías algo divertido?— Y tal cual terminó de formular la pregunta, afianzó sus manos sobre mi cuerpo y me elevó hasta sentarme sobre su regazo.

—¡¿A qué estás jugando?!—exclamé asustada. Para mi espanto, mis pies ya no tocaban los pedales.

—Tú concéntrate solo en no soltar el volante...

Lo siguiente que sucedió fue lo más parecido a descender al infierno para ascender un segundo después al reino celestial y caer en picado contra la realidad. La velocidad aumentó vertiginosamente. Lucy dio un tirón y la flecha del cuentarrevoluciones enloqueció. El motor mugía, sí, mugía como una vaca vieja; y el salpicadero, el volante, el techo, los cristales, las puertas, el planeta Tierra, todo a mi alrededor temblaba como si la furgoneta estuviera a punto de saltar por los aires.

—¡Para, Izan! ¡Para! —le ordené asustada; aunque no sirvió de nada, porque el insensato aquel pisó de nuevo el acelerador.

Percibí que Lucy se sacudía bruscamente y yo respondí con un grito de auténtico pavor. Aquella situación era tan surrealista como terrorífica. Era imposible que el chico zen, siempre relajado y risueño, se hubiera convertido en un puñetero suicida. Salvo que estuviera loco y me lo hubiera ocultado. «Eso es... —dije para mí—, un psicópata de la carretera disfrazado de Budasurf».

—¡IZAAAAAAN! ¡Cuidado con ese socavón! —exclamé con los ojos fijos en un agujero de tierra a escasos cincuenta metros de nosotros.

Fue entonces cuando caí en la cuenta de algo: yo, y solo yo, seguía sujetando el volante. Todavía llevaba el timón, así que...

Sin pararme a pensar en las consecuencias, esquivé el socavón con un fuerte volantazo. Lucy gruñó otra vez y se precipitó hacia el carril contrario contra la cuneta. Entonces fui consciente de mi situación real. Acaba de perder el control de la furgoneta e iba a morir. Con tan solo treinta y tres años había llegado mi tan temido final.

—¡SOCORRROOOO! —grité con todas mis fuerzas, y cerré los ojos para no ver mi propia muerte.

11

Rápido y furioso

Karra (Portugal), 17 de junio

18.30 h

—¡Sooooocorro!

Izan recuperó el volante y se carcajeó sonoramente de mí.

—*Minha mulher,* ¡eres una kamikaze!

Ignoré su comentario y apreté los párpados todavía más fuerte. De repente, sentí un pequeño frenazo y el brazo de Izan bajo mis costillas ajustándome contra su cuerpo. Aquel gesto tan protector no me tranquilizó nada. Sobre todo, porque Lucy continuaba gruñendo como un animal malherido y los neumáticos no paraban de chirriar contra el asfalto. Tras ese primer frenazo, llegó un segundo más brusco. Después otro todavía más intenso; y segundos después, cuando me atreví a abrir los ojos, descubrí que ya no nos bandeábamos por la carretera…, básicamente porque la furgoneta se encontraba perfectamente estacionada en la cuneta.

¿Acababa de sufrir una alucinación? ¿Nunca habíamos estado a punto de estrellarnos? ¿O el fantasma de mi persona se negaba a admitir que había muerto?

—Álex… Álex… ¿Estás bien? —Escuché la voz de Izan a lo lejos.

No contesté. Todo mi cuerpo temblaba de miedo. Mi respiración sonaba entrecortada y ronca; y mi corazón latía desaforado en mi pecho. Me invadía una asquerosa sensación de mareo, me dolía el cuello y se me habían agarrotado los brazos de la tensión. Inspiré hondo y dejé caer la frente contra el volante.

—Ey, Alexa, respóndeme.

—Déjame… —gimoteé—. Creo que estoy a puntito de sufrir un infarto.

Posó sus manos en mi espalda y comenzó a masajearme.

—No seas exagerada, chica. Estás perfectamente, solo relájate y disfruta de la sensación de la adrenalina recorriendo tu cuerpo.

Cerré los ojos y mi foco de atención se dirigió instintivamente a ese par de manos que acariciaban mi piel. Y a pesar de que una parte de mí deseaba arremeter contra Izan y arrancarle todo el pelo de su cabeza, la otra, la borracha de adrenalina, solo deseaba relajarse y dormir durante dos días seguidos. Jamás me había sentido tan cansada como en ese momento. Sin duda, el pánico había logrado drenar todas mis energías y bloquear mi voluntad y sentido común, si es que alguna vez he gozado de sensatez...

Izan ascendió con sus dedos sobre mis omoplatos y retiró los tirantes de mi vestido hacia los lados. Con la presión justa, comenzó a masajearme hasta que pude notar cómo mis músculos se desanudaban de la tensión al mismo tiempo que mi mente se sumergía en un estado profundo de relax.

—Mmm... —suspiré complacida.

—¿Te gusta? —preguntó entonces, con un beso suave en mi nuca.

Al detectar sus labios húmedos sobre mi piel, ese estado de relajación en el que estaba sumida se mezcló con un hormigueo inconfundible entre mis muslos. Repentinamente, me imaginé sus manos y su boca recorriendo cada milímetro de mi cuerpo. Fue una imagen fugaz, pero lo suficientemente potente y nítida para que me excitara mucho más.

Al menos, me controlé y no respondí a su pregunta, pero Izan debió de interpretar mi silencio como un sí, porque avanzó un poco más. Acarició suavemente mis hombros y luego, rozando con la yema de sus dedos mi espalda, los posó en las costillas, justo en el nacimiento de mis pechos. Di un respingo y contuve la respiración... Y sin duda fue lo peor que pude hacer, porque esa misma contención prendió instantáneamente la llama de mi deseo. Deseo que llevaba semanas bloqueando con todo mi esfuerzo.

Impulsada por una necesidad irracional, solté el volante y con movimientos torpes me giré hacia él para montarme sobre su regazo. Cuando le encaré, Izan respiraba agitadamente mientras me observaba con más anhelo del que posiblemente yo sentía por él. Sin embargo, el cosquilleo entre mis muslos se disparó como un cohete al percibir su dura erección contra la tela de mi bikini.

No dije nada. Ni siquiera podía parpadear de lo desconcertante que me resultaba todo aquello. Tan solo ahuequé la falda de mi vestido, que se había enredado en mi cuerpo, y comencé a deslizar mis caderas contra el bulto de su bañador. Hacía meses que no anhelaba a un hombre como en aquel momento.

—Te deseo desde el primer día en que te vi —me susurró con los ojos clavados en los míos; y, a continuación, con más rapidez y habilidad de lo esperado, desabrochó los primeros botones delanteros de mi vestido. Apartó con cuidado los triángulos de mi bikini y pasó sus pulgares sobre mis pezones duros.

Cuando sentí sus manos ásperas acariciando mis pechos, supe que ya no había vuelta atrás para mí, que ya no sería capaz de poner freno a aquel sinsentido. Y así fue: curvé mi espalda y seguí meciéndome más fuerte y rápido sobre él.

—Más —jadeé.

Noté entonces que abandonaba uno de mis pechos y colaba una mano entre mis muslos. Elevé mis caderas e Izan aprovechó para apartar el elástico de mis bragas hacia un lado. De pronto escuché un gemido de súplica que se escapaba de entre mis labios. Las yemas de sus dedos comenzaban a rozar los húmedos y sensibles labios de mi vulva. Quería sentirle dentro… Cuanto antes… Ya.

—Vamos, no pares —rogué contoneándome sobre su mano.

No hizo falta que le alentara mucho más, porque un segundo después me penetraba con tanta intensidad que me derretía en jadeos de placer.

Jadeos que se ahogaron en un sonoro gruñido de ira y frustración.

—¡¿Se puede saber por qué has hecho eso?! —le espeté furiosa. De pronto, sus prometedoras manos habían abandonado mi cuerpo para empujarme contra el suelo.

—Repta como puedas hasta tu asiento —me ordenó tan contrariado como yo.

—¿QUÉ? —Le miré sin dar crédito.

—Joder, haz lo que te pido y arréglate el vestido.

Confundida, trepé hasta mi asiento. ¿Qué narices le pasaba? ¿Disfrutaba vacilando a las mujeres? Me senté como pude y, cuando levanté la vista hacia la carretera, deseé con todas mis fuerzas que un rayo me fulminara inmediatamente.

—¡Oh, qué horror! ¡Mierda! ¡Qué horror!

Un *jeep* igual al de nuestro jefe se acercaba a toda prisa en nuestra dirección.

Me coloqué la parte de arriba del bikini y estiré la tela arrugada de mi vestido.

—Tranquilízate, Alexa, no ha podido vernos —dijo Izan, que limpiaba a toda prisa el vaho delatador de los cristales de Lucy.

—Si él no nos ha visto, cualquiera que haya pasado con su coche sí ha podido hacerlo, Izan. ¡Hasta han podido grabarnos con un móvil! ¡Mierda! ¡Cómo se me ocurre darme el lote con un tío en medio de una carretera! —Todavía más nerviosa, sacudí mi cabello, me repeiné el flequillo y recoloqué mis pechos dentro del vestido.

Al siguiente segundo, volví a retocarme el cabello, me estiré la falda y me abaniqué la cara.

Y al siguiente, comprobé los botones de mi vestido, pasé los dedos por mis mechones y…

—¡Basta, Alexa! —De pronto, Izan sujetaba mis manos por la muñecas. —Deja de moverte y actúa con normalidad. Ya te lo he dicho: no ha podido ver nada.

Bajé la mirada, abochornada, y en qué hora lo hice…

—¡Por dios, Izan, haz algo con eso! —Señalé con los ojos la tienda de campaña que tenía montada bajo el bañador.

—Madre mía… Alexa —bufó exasperado—. Deja de sacarlo todo de quicio y cálmate. Tiago no se va a fijar en mi entrepierna.

—No tientes a la suerte, Izan Oliveira. Recuerda que es nuestro jefe, el tío de Rebeca y que yo soy bastante mayor que tú. ¿Qué crees que puede pensar si te ve empalmado? O mejor dicho: ¿de quién va a pensar peor? ¿De ti o de mí?

Resignado, se incorporó hacia el asiento trasero para recoger su sudadera y colocarla encima de sus piernas.

—¿Ya estás más tranquila?

—Un poco.

Como era de imaginar, Tiago detuvo su *jeep* en paralelo a nuestra furgoneta.

—¿Qué pasa, muchacho? ¿Has tenido alguna avería? —preguntó a Izan a través de la ventanilla.

—Para nada, mi Lucy está en plena forma. Solo quería enseñar a Alexa a conducirla.

Tiago me miró con cara de pánico. Después, fingió un pequeño ataque de tos y le hizo un gesto a su empleado para cuchichearle algo en el oído:

—*Lembra-te do seu carro e de como acabou.*

—¡Te he entendido, Tiago! —salté como el aceite. Estaba hasta las narices de mi fama de mala conductora.

Sin respeto alguno a mi persona, los dos hombres se miraron entre ellos y se echaron a reír. Torcí el morro y les di la espalda fingiendo que miraba a través de mi ventana.

Gracias al cosmos, Tiago tenía prisa esa tarde y, después de dar un par de órdenes a Izan sobre unas tablas que debía revisar, prosiguió su camino. Cuando me aseguré de que el *jeep* desaparecía de mi campo de visión, inspiré hondo y escondí mi cara entre las manos.

—¿Puedes arrancar la furgoneta y llevarnos al campamento cuanto antes, por favor? —sugerí a Izan en voz baja.

—Deberíamos hablar antes sobre lo que ha pasado, ¿no crees?

—Prefiero dejarlo para otro día.

—Pero yo necesito saber qué significa esto para ti, qué sucede entre nosotros…

Resoplé irritada.

—¿De verdad quieres saber qué opino de esto, Izan?

—Sí.

Retiré las manos de mi cara y le enfrenté.

—Pues opino que esto que ha sucedido es una auténtica chaladura por parte de los dos. Primero, casi nos matas por la carretera, y después, casi nos lo montamos a plena luz del día. ¿A ti te parece normal? Porque a mí no.

—Tan normal como que llevamos deseándolo semanas. No te mientas más, Álex. Te pasas el día coqueteando conmigo. ¿Qué esperas? Me controlé la noche que fumamos hierba, pero no soy de piedra.

—Ya me he dado cuenta de que no lo eres, así que déjalo estar y vámonos. —Tiré del cinturón de seguridad con tanto ímpetu que casi lo arranqué de cuajo. Luego, recapacité en cierto comentario que me había dirigido y, con el dedo en alto, le advertí—: Y entérate de algo: yo no soy la única en esta furgoneta que coquetea.

—Por supuesto que no. Soy perfectamente consciente de lo que hago, pero quiero saber hasta qué punto eres consciente de lo que haces tú, porque a veces tengo la sensación de que juegas conmigo.

«Qué ironía», dije para mí. Él mismo, que había jugado con mi vida hacía dos minutos pisando el acelerador de aquella chatarra, me estaba recriminando lo mismo a mí.

—Muy bien. Yo flirteo. Lo admito. ¿Y tú a qué juegas conmigo? La noche de los canutos me apartaste cuando te besé.

—¿Qué querías que hiciera? Ibas colocada y no quería que nuestra primera vez fuera…

—Ya, ya… No querías aprovecharte de mí —terminé la frase por él.

—En parte por ese motivo y en parte por otro muy distinto.

(He aquí, lectora, un ejemplo de cómo algunos hombres son tan tontos que pueden ganarse la absolución pero prefieren cubrirse de mierda).

—Explícate, Izan —le ordené cada vez más furiosa.

—Mira, Alexa…, yo… No estoy siendo completamente sincero contigo —admitió avergonzado—. Esa noche te habría hecho el amor en medio del campo. Estabas preciosa bailando descalza y riéndote sin parar…

—Al grano, por favor.

Se frotó los párpados con los dedos, y, cuando dijo lo que dijo, me alegré de no estar desayunando con él en ese momento, porque estaba segura de que me habría agriado el café.

—Tengo novia y… desde hace tiempo.

Ahí estaba. El otro motivo por el que me había rechazado la noche de los malditos canutos. Lo que se suponía que era un chisme de Catrina resultaba ser completamente cierto.

—¿Y dónde la escondes? ¿En el cajón de los calzoncillos? —pregunté con ironía.

—No la escondo. Ella estudia en Lisboa, pero ha terminado los exámenes y va a volver entre hoy y mañana. Y, por favor, Alexa, no hagas eso conmigo.

—¿Y qué se supone que estoy haciendo? —repliqué con tono serio.

—Fingir que te hace gracia todo esto, que no te importa nada. Frivolizar con lo nuestro.

Yo frivolizaba… Eso sí tenía gracia.

Respiré hondo para no perder la calma. No merecía la pena discutir con él. Además yo era la culpable de verme envuelta en aquella situación… por idiota, por no darme cuenta antes de que un niñato me había tomado el pelo desde el día que puse el pie en Karra.

—¿Sabes algo, Izan? Tienes razón —asumí con una calma poco habitual en mí—. Los dos hemos jugado con el otro. Eso sí, te doy mi sincera enhorabuena, porque es evidente que tú has sido el vencedor. Me hiciste creer que éramos amigos, que eras un tipo honesto y, después, me has demostrado que todo era una mentira. Recuérdame que dé las gracias a Tiago por haberme salvado de cometer la mayor cagada de mi vida.

—Álex…

—¡NO, IZAN! Se acabó la partida. Ahora llévame a casa, por favor. —Me enderecé en el asiento y clavé la vista al frente durante el resto del viaje.

Ni Izan ni yo hicimos un amago de hablar durante el trayecto al campamento.

Cuando el puñetero surfero apagó el motor en el aparcamiento de Paraíso Surf Camp, abrí la puerta de la furgoneta y salí corriendo hacia mi cabaña. Rebeca seguía trabajando en la recepción, cosa que agradecí, porque necesitaba un rato a solas conmigo misma para recomponerme del *shock*.

Nada más abrir la puerta de mi bungaló, me dirigí al baño. Me quité la ropa a toda prisa y, sin esperar a que saliera el agua caliente, me metí bajo el chorro helado. Mientras tiritaba de frío, no podía dejar de reprocharme lo tonta que había sido por caer en la trampa de un chico de veinticuatro años. Me había hecho creer que éramos amigos, había coqueteado conmigo bajo un halo de inocencia y, de pronto…, ¿hoooolaaaa?, se enrollaba conmigo para confesarme un minuto después que tenía novia.

Claro, que ya me valía a mí también... Izan me había puesto en peligro mientras conducía; y yo, en lugar de montarle el pollo de su vida, le había animado para que siguiera con sus tocamientos. «La adrenalina», dije para mí. Mi excitación sexual había sido provocada en gran medida por el miedo a sufrir un accidente y el chute de serotonina, al descubrir que me había salvado de la muerte. En fin, el chico había jugado sus cartas muy bien conmigo. Eso debía admitírselo. Y una servidora, casi diez años mayor que él, le había demostrado ser más ingenua que una adolescente. Tres años viviendo una relación estable, cuatro fuera del mercado y mi instinto con los hombres se me había oxidado.

Me eché a reír a carcajadas de mi propio chiste. Sin embargo, ni la risa ni la ducha lograron aplacar mi desasosiego. Lamentablemente, mi disfraz de payaso no siempre funcionaba.

Veinte minutos después, salía del baño envuelta en una toalla y moviendo la lengua de un lado a otro. La ansiedad estaba controlada. En ese momento, Rebeca descansaba en la cama mientras contemplaba la pantalla de su móvil.

—No estarás mensajeándote con tu cibernovio, ¿verdad?

—Prefiero amputarme los dedos. Además, le bloqueé dos días antes de venir aquí. —Apagó su teléfono y estudió mi rostro—. Y tú qué mala cara tienes, ¿no?

—Los iones del ambiente —comenté, sin mayor explicación. Rebeca estaba al tanto de cómo me afectaban emocionalmente los cambios climáticos.

Levanté la almohada y saqué mi camiseta para dormir.

—¿Te apetece que vayamos a la fiesta de Rico? Me ha escrito para invitarnos —me informó Rebeca.

«¿Y ver el careto a Izan? Ni muerta...».

—Mejor podríamos salir a cenar al pueblo, si le pides a tu tío el *jeep* —sugerí.

Rebeca volvió a observarme detenidamente.

—¡Uy, uy, uy, uy! Que tú no quieras salir de fiesta es preocupante.

—Estoy cansada, solo es eso.

—Pues a mí me apetece una buena juerga, Alexa. No quería decírtelo, porque el viaje ha sido cosa mía, pero estoy hasta el centollo de este coñazo de pueblo.

Otra nueva sorpresa. La que ideó este *Come, reza, ama* de chichinabo se estaba arrepintiendo.

—¿Y por qué no me lo has comentado hasta ahora? Podríamos haber organizado alguna escapadita para hacer turismo alguna tarde o volvernos a Madrid, que es donde deberíamos estar.

—Pues no te lo he contado porque siempre estás pegada como una lapa a tu Nenuco Abracitos. Y tampoco estoy diciendo que desee regresar a la ciudad o que vaya a dejar plantados a mis tíos con el trabajo en plena temporada.

Caminé hacia su cama y me dejé caer medio muerta a su lado.

—¿Qué sucede? ¿No te sientes realizada como recepcionista? —dije con un deje de burla.

—La verdad es que no. Pero esto es temporal. El problema real es que pensé que dejando mi puesto de dependienta y viniendo aquí aclararía mis ideas. Estaba convencida de que alejada de Madrid terminaría descubriendo qué quiero hacer con mi vida profesional, pero sigo igual de perdida que hace meses. Y tengo treinta y tres años, Alexa. No puedo perder el tiempo mucho más.

—No te metas presión, seguro que se te ocurre algo antes de que acabe el verano.

—No sé, tía. Sospecho que mi desmotivación ante la vida no tiene que ver con mi futuro laboral. Tiene que ver más conmigo, con mi personalidad. Hay algo en mí que no encaja —negó con la cabeza, reflexiva.

—Te entiendo. Yo siempre me he sentido así —confesé—. Si te parece, abrimos la botella de lejía que guardas bajo el fregadero y nos tomamos unos copazos.

—Joder, tu humor es recalcitrante, Alexa. Si lo sé, me busco una compañera de viaje de catorce años. Seguro que sabe aconsejar mejor que tú.

—Es que no sé qué decirte, Rebeca. Yo estoy tan perdida como tú, aunque hay días que tengo el pálpito de que estamos haciendo lo correcto al abandonar nuestra vida e instalarnos en el inframundo rupestre, pararnos a reflexionar, trabajar sin matarnos, irnos a una fiesta surfera… En fin, deberíamos aprovechar nuestra libertad condicional.

—Espera, espera, ¿al final quieres que vayamos a la fiesta de Rico?

—O a pescar percebes si hace falta —bromeé; y sin ser consciente de lo que hacía, le extendí mis brazos con la idea de abrazarla.

Bec saltó de la cama como si las sábanas quemaran.

—Aléjate, satán. —Puso sus dedos en forma de cruz frente a mi cara—. Tu amigo, el sobón melenudo, es peor que un virus. Te está infectando, Alexa. ¡Cuidadín, cuidadín!

12

PINTA EN BASTOS

KARRA (PORTUGAL), 17 DE JUNIO

23.00 H

Izan nos esperaba apoyado en la puerta trasera de la furgoneta. Miraba al suelo ensimismado mientras jugueteaba a pasarse un palito de un dedo a otro de la mano. Esa noche se había recogido su melena salvaje en un moño algo desastroso pero que le daba un aire entre rebelde y bohemio. La camiseta a rayas azules y blancas bajo una camisa vaquera abierta se ajustaba lo suficiente a sus pectorales para que cualquier mujer que se cruzase con él pudiera apreciar la calidad del género. Otro descubrimiento insólito fueron ese par de vaqueros. Rectos, ni muy anchos ni muy estrechos, exageradamente desgastados y tan caídos de cintura que daban ganas de tirarle de la cinturilla para comprobar si llevaba ropa interior.

¡Oh, señor! ¡Cómo le odiaba!

—Joder, tu Nenuco está para hacerle un traje de saliva de cuerpo entero —comentó Rebeca a mi derecha.

Le propiné un codazo para que cerrara la bocaza. Solo faltaba que ella, la misma que siempre se burlaba del surfero, esa noche decidiera comérselo con los ojos. Estaba clarísimo: los puñeteros iones del ambiente nos trastocan a todos.

Izan levantó la vista hacia nosotras y nos sonrió con asombrosa naturalidad, como si no hubiera pasado nada entre nosotros hacía apenas unas horas. Hice una mueca de disgusto y aparté la mirada de él. Odiaba verme en aquella situación y me irritaba sobremanera no disponer de mi propio coche y depender de aquel caradura para moverme por Karra. De hecho, yo no fui la encargada de pedirle que nos llevara a la fiesta. El recado lo hizo Rebeca cuando descubrió que su tío no había vuelto todavía al campamento y no disponíamos de su *jeep*. Confieso que estuve a un paso de contar a mi amiga que Babysurf y yo habíamos discutido, pero no me habría quedado más opción que confesarle también el momento *fast & furious sex* y aguantar sus burlas y bromas durante toda la noche. Así que me inventé la excusa de que no se me había secado el esmalte de las uñas de los pies para que fuera la propia Rebeca quien pidiese el favor a Izan de acercarnos a casa de Rico.

Cuando nos aproximábamos a su furgoneta, me esforcé por mostrarme fría y distante.

—¿Qué tal, chicas? —nos saludó el caradura con total normalidad.

—No tan bien como tú… —contestó Rebeca.

Puse los ojos en blanco. Otro comentario de esa guisa y vomitaría en los pies de mi amiga. Y bajo esta fiel promesa, esquivé a Izan, que me sostenía la puerta del copiloto, para dirigirme a la trasera.

Después de la tormenta de aquella tarde, el cielo de Karra se había quedado completamente despejado de nubes y Rico pudo celebrar la fiesta en el jardín trasero de su casa. El número de invitados no superaba la veintena, pero, según me había comentado, a lo largo de la noche acudirían más colegas de los pueblos de alrededor.

Fiel a mi plan, me mantuve alejada de Izan intencionadamente. Mientras él charlaba con un corrillo de alumnos en el extremo del patio exterior, yo observaba a Rico cómo preparaba los cócteles más increíbles que había probado en la vida. Me ofrecí a ayudarle. En mis años de juventud había trabajado de camarera, y aunque salí asqueada de servir copas y del mundo de la noche, me venía bien mantener la cabeza ocupada. Así que convencí a Rico para ser su catadora oficial: él me pasaba una muestra de sus combinados y yo mejoraba la fórmula con una pizca de azúcar, un chorrito de Cointreau, un chupito de Bourbon o uno de ponche. En fin, me dejé llevar por mi exquisito paladar y mi intuición.

En cuanto a Rebeca… Esa mujer me tenía completamente descolocada. Mucho interés en que fuéramos a la fiesta y no me había hecho ni pizca de caso desde que cruzamos el umbral de la casa de Rico. Le serví un par de cócteles, se largó a charlar con Catrina y no se separó de ella durante el resto de la noche. Me costaba entender la amistad que había surgido entre ellas. Nunca había conocido a una persona tan huraña como la monitora (salvo a la propia Rebeca).

Pasaron dos horas y yo seguía inmovilizada en la barra, con el altavoz del equipo de música de Rico pegado a mi oreja izquierda y la boca de Marco a dos milímetros de la derecha dándome la chapa. Un auténtico martirio, porque a aquel morenazo de músculos hiperdesarrollados le olían las axilas a kebab. Ese hombre sudaba como un bendito: las manos, el bigotillo, el sobaco, la pechera... Tener sexo con él debía de ser muy parecido a tirarte por un tobogán de un parque acuático.

Fue pensar aquello y mi mente me mostró una imagen detallada de cómo sería la experiencia. Solté una gran carcajada a modo de pedorreta y el trago de mi bebida salió disparado contra la pechera de su camiseta.

—¡Lo siento! —exclamé sonrojada.

Marco me hizo un gesto restándole importancia, levantó la mano hacia Rico para que este le pasara servilletas; y, de pronto, todos los que le rodeábamos nos vimos envueltos por el aroma concentrado de su sobaquera. Esta vez no solté una carcajada: sufrí un explosivo ataque de risa. Los invitados a mi alrededor me miraban con cara de sorpresa, cosa que potenció aún más mis risotadas. Por si lo dudabas, estaba un poco piripi: no borracha, pero sí lo suficientemente contenta para abandonar la barra antes de que mi estado etílico empeorara.

Crucé el jardín y entré en la casa en busca del cuarto de baño. Fue entonces cuando una mano grande y bronceada de dedos largos me sujetó del brazo para impedirme el paso.

—¿Qué quieres? —Encaré a Izan mientras trataba de liberarme de su zarpa.

—Necesito hablar contigo —respondió muy formal.

Sin darme opción a negarme, tiró de mí directo al interior de la casa. Cruzamos toda la primera planta y, cuando llegamos a la puerta exterior, me señaló unas escaleras de caracol que salían desde el *hall*. Izan no debía de estar al tanto de mi precaria forma física, porque me obligó a subir los escalones tan rápido que pensé que sufriría un colapso.

—¿No te parece que ya he tenido suficientes emociones fuertes por hoy? —resollé al final de la escalera.

Izan no contestó. Tampoco sonrió como siempre hacía cuando yo soltaba una gracia de las mías. Se limitó a abrir una puerta de lo que parecía una buhardilla de techos bajos.

—¿Por qué me has traído aquí? —pregunté extrañada mientras echaba un vistazo al interior de la buhardilla. En aquella estancia solo había cachivaches llenos de polvo y telas de araña. Como no quisiera asesinarme, no sé qué pintábamos allí.

—Quiero hablar contigo en un lugar tranquilo, y de paso te voy a mostrar algo que te va a gustar. —Se arrodilló en el mohoso suelo y comenzó a gatear.

No me moví.

—¿A qué esperas? —Se volvió hacia mí con gesto confuso.

—Me da un poco de asco ese suelo —reconocí. Y lo de mostrarme «algo que te va a gustar» no había sonado nada bien, pero preferí no hacer comentario al respecto.

—No seas finolis y sígueme. Te prometo que merece la pena que te ensucies los vaqueros.

Resignada, me puse a cuatro patas y crucé los dedos para no toparme con una tarántula saltarina.

Cuando alcanzamos el final de la buhardilla, Izan se coló de un salto por un ventanuco. (¿No lo flipas? A toda la fauna de aquel lugar le daba por brincar, caray).

—Te toca. —Me ofreció la mano para ayudarme.

Chasqué la lengua.

—Estoy mayor para hacer *parkour*.

Esta vez, Izan sí se echó a reír, y la tontina que habitaba en mí sonrió orgullosa.

—Prometo sujetarte —insistió una vez más.

Di un paso hacia él, me rodeó la cintura y, de un suave tirón, me ayudó a cruzar el ventanal.

Cuando mis zuecos tocaron el suelo y vislumbré todo el perímetro de Karra desde aquel ínfimo balcón, se me cortó la respiración de la impresión. Bajo la oscuridad de la noche, podías contemplar la luna meciéndose sobre el mar, la luz parpadeante de un faro y el perfil de las montañas en el horizonte.

—Es impresionante, ¿verdad? —escuché el susurro de Izan en mi oído.

Lo era, pero no lo admití. Me limité a apoyar la espalda en la pared y guardar silencio.

—Me duele que estés molesta conmigo —murmuró de nuevo.

—Y a mí que trataras de matarme en tu furgoneta.

—No íbamos a más de sesenta kilómetros por hora, y pensé que te gustaría divertirte un poco.

—Y también pensaste que echarme un polvo no me vendría nada mal, ¿eh, listillo? —apostillé sarcástica.

Suspiró pesaroso y apoyó sus manos sobre la barandilla.

—Mira, Izan —continué—, no hace falta que pasemos por esto. Lo sucedido esta tarde deberíamos olvidarlo.

—¿Estás segura de que podremos pasar página? Te recuerdo que hace dos semanas fuiste tú la que me besó.

«¡Y dale con el beso! Un día besé a un perro y desde entonces me llaman besaperros…».

—No va a pasar otra vez, Izan. Ya te dije que fue un error —le aclaré.

—Pero yo quiero que pase.

—Pero tienes novia, ¿o acaso ella no te importa?

Enfocó su mirada a lo lejos mientras se rascaba la perilla, reflexivo. Luego, dijo:

—Claro que me importa, pero si tú quisieras estar conmigo rompería con ella.

Le miré alucinada.

—No sigas hablando, guapito, porque lo estás empeorando.

—¿Y por qué?

—Porque me estás diciendo que si acepto estar contigo rompes con ella. Y si no lo hago ¿sigues a su lado? No me puedo creer que seas tan crío para proponerme algo así. Claro, que, pensándolo bien, eso es lo que eres.

—Solo nos llevamos nueve años, Alexa. Mi madre siempre decía que un hombre tiene la edad de la mujer a la que ama.

—Pues tu madre se equivocaba. Una década entre un hombre y una mujer nos coloca a mil kilómetros de distancia, Izan. Y además tú no me amas.

—Pero podría…

Abrí los ojos de par en par sorprendida. No me podía creer lo que acababa de escuchar de su boca. ¿Qué pretendía? ¿Seguir tomándome el pelo? ¿O esa promesa de amor era una estrategia más para meterse en mis bragas? Mi cara echó a arder, no sabía si de furia, vergüenza o de qué. Había viajado hasta Karra para recuperarme de la ruptura con Carlos y me sentía la protagonista de un *remake* de *Sensación de vivir*.

Decidida a poner fin a nuestro culebrón televisivo, di un paso hacia él.

—Te ayudaré a tomar la decisión por ti, Izan: no dejes a tu chica. Y quédate con esto en la cabeza también: no soy ninguna niña. A mí con palabras bonitas ya no se me conquista.

Me puse en pie y, con una agilidad poco característica en mí, di un salto hasta el ventanal. Por un momento creí que me iba a caer de espaldas contra la barandilla del balcón, pero no: aterricé de rodillas al otro lado. Estaba furiosa y, sobre todo, decepcionada con la visión de un Izan que poco se parecía al chico al que yo creía conocer. Sacudí las manos para quitarme el polvo e, idiota de mí, me olvidé de cómo había llegado hasta allí. Me incorporé con demasiado brío y un rayo de dolor me atravesó el cerebro. Acababa de abrirme el cráneo con una de las vigas del techo de la buhardilla.

Definitivamente, no tenía el día.

Eran pasadas las tres de la madrugada cuando Catrina se despidió de Rebeca y de mí en la entrada del campamento. Tras golpearme la cabeza, Izan había cargado conmigo en brazos hasta llevarme al jardín de la casa de Rico. Allí me depositó en una hamaca junto a Rebeca y desapareció de la fiesta. Cuando el dolor remitió y logré abrir los ojos, mi amiga sostenía una bolsa de hielo en mi cabeza y el bueno de Rico me anestesiaba a base de whisky escocés.

Después de media hora sin tener noticias de Izan, Catrina se había ofrecido a llevarnos en su coche de regreso al campamento. Durante los veinte minutos de trayecto no me quedó más remedio que aguantar sus maneras. Esa mujer no tenía corazón. Se pasó todo el viaje advirtiéndome con su voz de Cyndi Lauper que si vomitaba en la tapicería tendría que encerar su tabla tres veces al día durante todo el verano.

—Escúuuuuchame bien —le respondí medio curda y medio tarada—. Amenázame otra vez y te planto un mojón en la tabla cuando la guardes en la trastienda. Ya verás qué bien te vas a deslizar sobre ella.

Por un momento vi la mano de jugador de rugby de Catrina estampada en mi cara. Pero no fue así. La tía rara se echó a reír.

—Borracha me cae mejor —me pareció escucharle decir entre carcajadas.

Yo me limité a cerrar ojos y orejas, y cuando desperté, me encontraba sana y salva de aquella ogra en la entrada del campamento.

—¿Puedes caminar sola? —me preguntó Rebeca mientras analizaba mi cara.

Asentí en silencio y eché a andar hacia nuestra cabaña. Hombros hacia atrás, barbilla en alto, mirada fija en un punto… y tropiezo. Por mucho que tratara de concentrarme en caminar, me bandeaba como un tentetieso. Al final, Rebeca se apiadó de mí y me llevó el resto del trayecto a caballito. Juro que casi la descuajeringo…

Desnudarme tampoco resultó tarea fácil. La cinturilla del vaquero se me atascaba en las caderas, y cada vez que me agachaba para liberar mis piernas, me vertía peligrosamente a un lado, al otro, al centro y «pa' dentro». A Bec no le quedó más remedio que despojarme de mis ropas y meterme en la cama. Cerré los ojos y ahí comenzó mi segundo tormento: la cabaña y mi estómago decidieron hacer el pino.

Sin perder la calma, recurrí al viejo truco de sacar un pie de la cama y apoyarlo en el suelo. Tampoco me sirvió de mucho. Sentí una arcada, el whisky se me subió a la garganta y vacié el líquido ambarino con tropezones de cena a los pies de mi cama. Pobre Rebeca… Por enésima vez, le tocaba pringar con mi desastre aquella noche.

Al contemplarla con la fregona y guantes recogiendo mis despojos, me sentí tan miserable por ocultarle mi historia con Izan que no pude esperar a la mañana siguiente para confesarle mis pecados.

—Ayer por la tarde Izan y yo nos medio enrollamos en la furgoneta —solté a bocajarro, en el preciso instante en que ella apagaba la luz y se metía en su cama.

—Repite eso —respondió tras un breve silencio. Tiempo suficiente para que hubiera procesado la información.

—Lo que has oído, que tuve un «retoce» sin importancia con Babysurf —balbuceé—. Pero... pero... Ni siquiera nos besamos, y, sin embargo..., me sentó a cuerno quemado que me dijera después que tenía novia. Cat estaba en lo cierto, ¿sabes, Rebeca? Izan está saliendo con una chica del pueblo.

En un milisegundo, Rebeca había vuelto a encender la lamparita y me observaba patidifusa desde su cama.

—A ver si lo entiendo..., ¿no os besasteis pero sí follasteis?

—Noooo —dije espantada—. No hicimos ninguna de las dos cosas.

—Joder, pues aclárate, porque me acabo de perder.

Me incorporé un poco en la cama como pude y le conté todo, de principio a fin: lo que sentí la primera vez que le vi surfear, el día del *piercing* al rico helado de fresa y nata, las veces que «me lo montaba» con su pelo, mi «no beso» colocada de marihuana y, por último, una breve sinopsis de mi drama sexual *fast & furious sex*.

Cuando terminé mi relato, vi que Rebeca se mordía los labios, que su barbilla comenzaba a temblar y, segundos después, que estallaba en carcajadas.

—Es cruel que te rías de mis problemas —le reproché avergonzada.

—Es que todavía no sé si estás preocupada por practicar *heavy petting* como una adolescente o por montártelo con un casi adolescente. —Dicho esto, se llevó las manos a la barriga retorciéndose de risa.

—Deja la coñita, Bec. Esto es más serio de lo que parece.

—¿Serio? Tranquila, mujer, no tienes que preocuparte. De niña leí en la *Bravo* que sin penetración no te quedas embarazada, ¡ja, ja, ja!

—¡Serás bruja!

—Y tú asaltacunas.

—¡Pues sí lo soy, coño! ¡Claro que lo soy! —reconocí cabreada.

—Bah, no te flageles. Los treinta son los nuevos veinte y tu edad mental es de quince, así que te faltan años para convertirte en una *cougar lady,* grrr…

Resoplé hastiada. Luego era ella la que siempre se quejaba de mi «humor recalcitrante».

—Ahora todo te resulta la mar de divertido porque vas un poco curda, pero, si no me falla la memoria, esta tarde en la escuela de surf te preocupaba mi relación con Izan. Y un detalle del que te has olvidado: TIENE. NOVIA. ¿Entiendes?

Rebeca dejó de reírse repentinamente y se sentó de nuevo en la cama.

—¿Has oído ese ruido? —preguntó señalando la ventana.

Guardé silencio. Efectivamente, Evil ladraba a pleno pulmón en el exterior. Y entre los ladridos, se podían escuchar perfectamente cuchicheos y risillas.

Tanto Rebeca como yo nos abalanzamos hacia la ventana.

—No me lo puedo creer —dije en un hilillo de voz.

Izan caminaba hacia su bungaló abrazado a una chica menuda, mientras su perra corría en círculos alrededor de ellos. Desde nuestra ventana y con la escasez de farolas en el campamento, no alcanzaba a vislumbrar los rasgos de su cara, pero pude apreciar su silueta delgada y que llevaba una melena corta bastante estilosa.

—¿Es esa la novia? —susurró Rebeca.

—No lo sé, pero es posible.

De repente, se me encendió la bombilla y pude ver cómo las piezas del puzle empezaban a encajar para dar coherencia a la conversación que había mantenido con Izan aquella noche.

—Ahora lo entiendo todo, Bec: como Elena regresaba hoy a Karra, Izan ha decidido jugarse el todo o nada conmigo en el último momento. Será…

—¿Un tío listo y tú una mema? —preguntó sarcástica.

—Un tío, y con eso basta. La palabra ya engloba a caradura, pichafloja, pérfido y manipulador.

Cerré la cortina furiosa y me tumbé en mi cama.

—No tiene pinta de ser tan pérfido ni manipulador, Alexa. Solo es un surfero buenorro con ganas de pasarlo bien —reflexionó Rebeca, que volvió a asomar la nariz a la ventana—. De hecho, siempre me ha parecido un poco nenaza. Macizo, pero nenaza. Espera,

espera… Retiro lo de nenaza. Jooodeeer, el muy granuja le está haciendo tilín-tilín con la lengua en la campanilla a su novia.

—¡Cállate! —Le lancé la almohada a la cabeza.

Bec me sonrió con fingida pena y se tumbó a mi lado en la cama.

—No es helado de fresa y nata, petarda. Reconoce que me has engañado. Izan ha entrado de cabeza en tu *top one*, el mantecado con nueces.

—Posiblemente, pero no es más que un capricho pasajero producto del aburrimiento y mi dieta sexual.

—Si tú lo dices… —suspiró poco convencida.

—¿Sabes lo peor de todo? Que estoy enfadada con Izan, pero dependo de él para ir al trabajo cada día. Eso me irrita.

—Pues busca un coche de segunda mano barato y que no nos cueste más de mil o dos mil euros. Podemos pagarlo a medias y, antes de marcharnos, lo ponemos en venta. Seguro que mi tía se encarga de venderlo si ya nos hemos ido de aquí.

El plan no sonaba nada mal…

Minutos después, Bec volvía a su cama y apagaba la luz y yo cerraba los ojos convencida de que en cuanto mantuviera las distancias con el niñato surfero, lo sucedido entre nosotros sería agua pasada. Al fin y al cabo, lo mío con él no había sido más que un tropiezo.

Dos horas exactas, y juro que no exagero.

Ciento veinte minutos llevaban el angelito surfero y su novia deleitándonos desde su cabaña con un recital de jadeos, gruñidos y risitas histéricas. Ni el musical de *El rey León* se me hizo tan pesado como escuchar a la parejita. Para colmo, Rebeca me obligó a solidarizarme con ella y me prohibió ponerme mis tapones para los oídos. Lo único que podíamos hacer contra el insomnio era echarnos una partidita…

—¡Las cuarenta en oros! —gritó Rebeca victoriosa.

Le lancé mis cinco euros a la cara y me dejé caer sobre la mesa derrotada. Ni afortunada en el juego ni afortunada en el amor. Definitivamente, esta tampoco era mi noche.

De pronto, escuchamos otra secuencia de ruidos fuera de nuestro bungaló. Primero el golpazo de una puerta, un fuerte ladrido y, seguidamente, una secuencia de arañazos y gimoteos en nuestro porche.

Evil.

Suspiré resignada y caminé hacia la puerta para ver qué le pasaba.

—Hola, bonita, ¿no te deja dormir el pervertido de tu papaíto?

La perrita movió el rabito y, sin esperar mi invitación a entrar, corrió como un rayo en dirección a mi cama.

—¡No, no y no, Evil! —la regañé—. Me vas a llenar las sábanas de pelos.

La pitbull se tapó los ojos con las pezuñas y se arrebujó contra la almohada. Miré a Rebeca con gesto lastimero.

—Ni lo sueñes —dijo esta, mientras se acomodaba entre sus sábanas.

—Hazme un hueco, Bec. Prometo no mover ni un músculo en toda la noche.

—Que no, pesada. En esta mierda de cama no entramos las dos. Lo que tienes que hacer es llamar a la puerta de su dueño, cagarte en su Buda adorado y obligarle a que se haga cargo de su perra.

—¿Mientras está dale que te pego con su novia? ¡Y un cuerno! Yo a su cabaña ni me acerco.

—Pues duerme con la perra y mañana cambias las sábanas.

Me senté al lado de Evil desesperanzada.

—¿No te parece lo suficiente humillante que él esté haciendo guarradas con su novia y yo tenga que dormir contigo? —pregunté al chucho.

Evil lamió mi mano y resopló.

—Los hombres son unos canallas. No lo olvides nunca, bonita.

Me tumbé a su lado y nos arropé con el edredón.

13

Hueso

Madrid, 22 de noviembre

Presente

Vuelvo del baño; y con esta van tres veces que he vomitado desde que me levanté de la cama. No puedo retrasarlo más. Necesito hablar con Carlos para que él me libere de esta situación. Además, le debo una llamada desde hace días. Seguro que está que trina conmigo.

Marco su número en el móvil y espero. Suena un pitido, otro…, un tercero; y entonces, caigo en la cuenta de que son pasadas las doce y media de la noche. Debe de estar dormido, si no de guardia.

Justo cuando decido colgar, el bueno del doctor atiende mi llamada.

—Carlos, perdóname. No son horas de llamar —me disculpo.

—No te preocupes, mi vida, todavía no me he metido en la cama —asegura, aunque su voz adormilada le delata.

Me recuerdo que este es el nuevo Carlos Sierra. Comprensivo, atento y sorprendentemente cariñoso. No parece molestarle absolutamente nada de lo que yo pueda hacer o decir.

Hasta que se entere de mi «lío embarazoso»…

—Alexa, ¿me oyes? ¿Estás bien?

Me aclaro la garganta y, como si él pudiera verme ahora mismo, finjo una sonrisa.

—Sí, ya estoy mejor. Solo quería saber si puedes comer conmigo mañana a mucho tardar.

—Tengo quirófano a las dos, pero puedo pasar la operación a última hora de la tarde.

—Estupendo.

—Sí… —Se queda callado un segundo y añade—: ¿Cómo te ha ido en el trabajo?

Me pongo en alerta.

—Bien, como siempre. ¿Te parece entonces que quedemos en el restaurante italiano? Ese tan chulo de la calle del Barquillo.

—No hay problema. Pillaré un taxi desde el hospital y así me evito perder el tiempo en buscar aparcamiento en el centro.

—Muy bien, pues ahora te dejo descansar. Un beso, y duerme bien.

—Espera, Alexandra, no cuelgues.

—Sí, dime…

Carlos inspira hondo y contesta:

—Esta mañana me he encontrado con tu compañera Maite en la cafetería del hospital y me ha dicho que lleva semanas sin saber de ti.

—Ya te lo dije, sigo de baja —improviso—. Esta gastroenteritis me ha dejado hecha polvo.

—Por favor, deja de mentirme —pronuncia irritado—. Ella me contó que te despidieron a principios de noviembre. ¿Cuándo pretendías decírmelo, Alexa?

Se me corta la respiración.

—Mañana, supongo… No encontraba el momento.

—¿Y también pensabas contarme que vaciaste una jarra de agua en la cabeza de Bárbara?

«No, eso no entraba en mis planes». El latido de mi corazón ahora se dispara.

—Tenía mis motivos —me justifico atorada—. Ella fue la culpable de que me despidieran. Es una mala pécora, Carlos. No se conformó con entrometerse en nuestra relación, también quería joderme en el trabajo.

—Sabes perfectamente que ella no tuvo la culpa de que tú y yo rompiéramos.

—Pero sí ha propiciado mi despido, y todo para vengarse de mí porque nosotros… —Me detengo. ¿Qué demonios estoy diciendo? Ya no habrá posibilidades de un «nosotros». ¿Y por qué no soy sincera con él de una dichosa vez por todas?

—Escúchame, Alexa —interrumpe mi diatriba interior—. Reconozco que no estuvo bien lo que hizo, pero ¿te parece maduro lanzarle una jarra de agua en medio de la cafetería del hospital? ¿Y que te sacaran a rastras los guardias de seguridad? Tú dijiste que ibas a tratar de cambiar, que ibas a pedir ayuda. ¿Realmente lo estás intentando? Porque, basándonos en este tipo de comportamientos, sospecho que no tienes intención de hacerlo.

—¡Lo siento, Carlos! Perdí el control, y me avergüenzo de lo que hice. De verdad que soy la primera que me censuro, pero... pero... —tartamudeo. Con él hago eso una y otra vez. Tartamudear. Organizo mis pensamientos como puedo y continúo—: Creo que deberías aceptarlo de una vez. Nunca me convertiré en la mujer que tú necesitas.

—Yo nunca he tratado de cambiarte.

—No, tú tienes un molde de mujer en tu cabeza y te has esforzado durante todos estos años en pulirme hasta que yo encaje en él. ¿O no recuerdas tus sermones? —Le reproduzco con retintín alguna de sus mejores citas—: «Alexandra, deberías cuidar tus maneras con el director del hospital. Le das demasiadas confianzas que puede malinterpretar»; «¡cómo se te ocurre ponerte ese vestido tan corto para la convención de esta noche!»; «aprovecha tu tiempo libre para formarte, ¿o te vas a dedicar toda la vida a ser comercial?».

Carlos se queda callado, pero puedo ver exactamente cómo está trabajando ahora mismo su cerebro. Estudia mis palabras con la misma objetividad y detenimiento que la radiografía de una fractura de hueso. Busca la manera de proceder mientras pondera sus posibilidades de éxito.

—No estoy de acuerdo contigo, pero... es tarde, Alexa —dice por fin—. Creo que es mejor que tratemos este asunto mañana.

Esta vez sonrío de verdad y de puro orgullo. Por primera vez, he demostrado al bueno del doctor que soy un hueso duro. Lo que no llego a comprender es esta pulsión que siento a rebelarme contra él y castigarle; y justamente ahora, cuando le necesito en mi vida más que nunca. «¿Qué cojones estoy haciendo?».

14

Al huerto

Karra (Portugal), 18 de junio

El estómago me echaba fuego, la cabeza me daba vueltas y me dolían las lumbares como si llevara clavados en ellas un par de puñales bien afilados.

Puñales o pezuñas.

La última vez que bebía, la última vez que me abría el cráneo con una viga y la última vez que compartía cama con una fiera de cuatro patas.

Me besé el pulgar en señal de promesa y, tambaleándome, abrí el arcón en busca de algo digno que ponerme. Sin más opción —siempre y cuando no sacara un hueco para hacer la colada—, elegí un biquini *bandeau,* una camiseta sin mangas y unos *shorts* viejos y rotos, muy acordes con mi estado vital de ese día.

Mientras me arreglaba, Rebeca dormía plácidamente bajo la mirada observadora de Evil.

—Ni se te ocurra, bichito. —Intuí sus intenciones—. Bec es muy animalista, pero si la despiertas se lanzará a tu yugular como una vampiresa. —Sostuve a la perra por su collar (a la de cuatro patas, no a mi amiga) y tiré suavemente para que saliera al exterior conmigo.

Por primera vez desde que trabajaba con Izan, al surfero se le pegaron las sábanas. O se había entretenido buscando el *piercing* en el esófago de su novia, que todo podía suceder. Me senté en el suelo de tierra junto a la furgoneta, rodeé mis rodillas y descansé mi cara sobre ellas para echarme una cabezadita mientras le esperaba. A Evil también le pareció un plan ideal, porque se arrebujó a mi lado, coló su cabeza en mi regazo y cerró los párpados.

No habían pasado ni cinco minutos cuando mi compañera de cama sacudía su pelaje en mi cara y salía corriendo como un caballo hacia la otra punta del aparcamiento. Abrí un ojo y vi a Izan a lo lejos. Caminaba con su paso tranquilo de siempre. Solo que en esta ocasión su mano se entrelazaba con la de su chica. Cuando vi que la pitbull se lanzaba de un salto sobre ella para saludarla, me invadió una sensación sumamente extraña. Me sentí fuera de lugar, y juro que aquel sentimiento casi me molestó más que ver a Izan con su novia. Porque, seamos sinceros, ¿quién era tan patética de sentirse celosa por culpa de una perra?

Una idiota como yo.

Retiré la vista de la familia feliz, me puse en pie y me concentré en limpiar la arena del culo de mis vaqueros.

Escuché la disculpa de Izan cuando se acercaba a mí:

—Perdona por el retraso.

Recompuse el rostro y, con una sonrisa falsa de esas que sientes hasta en las sienes, respondí:

—No pasa nada. Siempre eres tú el que me espera a mí.

Durante unos segundos nos quedamos callados con la vista clavada en el otro.

—No hagas eso, por favor —dijo en un susurro.

—¿Qué hago?

Mi pregunta se quedó sin respuesta, porque justo en ese instante apareció la recién resucitada Elena. Izan no dudó en presentármela como lo que era, su novia. Luego se dirigió a esta en portugués para contarle que yo vivía en Madrid, que mi amiga Rebeca era sobrina de Marisa, que trabaja de recepcionista en la escuela y que me había tocado las tetas.

No. Esta última parte no salió de su boca, pero me habría encantado ver la cara que ponía la chica.

Elena y yo nos evaluamos mutuamente, sin disimulo ni reparos. La chica no era un bellezón, pero tenía una carita muy mona: rasgos dulces, ojos castaños almendrados y nariz pequeñita. Toda ella era pequeñita. Y joven. Mucho más que Izan. Me dije que no debía de cumplir los veinte. Así que, haciendo cálculos aproximados, yo le sacaba alrededor de quince años.

«Genial», ironicé para mis adentros. Además de «la otra», ahora me sentía una anciana al lado de Heidi y Pedro.

Al igual que la noche anterior, ocupé el asiento trasero de Lucy y cedí mi puesto a la novia de Izan. Era lo propio, ¿no? También fingí dormir durante todo el trayecto hasta la casa de Elena. Izan aparcó la furgoneta y acompañó a la chica hasta la puerta. Masoquista que es una, asomé la nariz por la ventanilla, y pude ver con mis propios ojos cómo se fundían en un romántico beso de despedida. (¿He dicho ya cuánto odiaba al surfero?).

Cuando percibí que Izan se giraba de camino a la furgoneta, me lancé en plancha al asiento y seguí fingiendo que dormía.

Durante los primeros minutos de trayecto, mientras recorríamos las callejuelas del pueblo, ninguno de los dos nos dirigimos la palabra. Para mi tranquilidad, tampoco paramos a desayunar en el centro de jubilados como hacíamos todos los días; y yo se lo agradecía sinceramente, porque me negaba a cruzar una sola palabra más con él, por mucho que necesitara una ración doble de cafeína para sobrevivir a mi resaca.

Por desgracia, mi suerte duró bien poco. Cuando nos incorporarnos a la carretera principal, percibí por el rabillo del ojo que Izan apagaba la música de la radio y giraba el rostro hacia mí.

—Alexa, me siento como un taxista —dijo entonces. Yo (por supuesto) no respondí—. Álex, deja de fingir que duermes y ocupa tu asiento.

—¿No prefieres que me siente entre tus piernas? —pregunté sarcástica.

—De acuerdo, tú te lo has buscado. —Dirigió la vista al frente y pegó un frenazo. Como era de esperar, mi cuerpo rodó por la fuerza de la inercia y me estampé contra el suelo de la furgoneta.

—¡Por tu vida, no vuelvas a hacer eso! —estallé furiosa. Me estaba cansando ya de esa afición suya por matarme todo el rato.

Sin intención de disculparse, Izan salió de la furgoneta, la rodeó con paso decidido y abrió mi puerta.

—Por favor, siéntate a mi lado como todos los días —repitió paciente.

—Lo siento, pero tú no mandas sobre mí.

No tuve tiempo de reaccionar. De pronto, Izan se lanzaba al interior de la furgoneta, atrapaba mis tobillos y me arrastraba sobre el asiento trasero para sacarme por la fuerza.

—¡¿Qué demonios haces?! ¡Suéltame, Izan! ¡Lo digo en serio! —Pataleé furiosa; y en una de esas patadas al aire, mi zueco derecho salió disparado directo a su cabeza.

—¡Auch! —gruñó.

Torpe de mí, rompí a reír, momento que Izan aprovechó para tirar de mi cuerpo y sacarme de la furgoneta.

—¡De qué vas, salvaje! —le espeté, ahora nariz con nariz; y, en mi caso, a la pata coja.

—¿De qué voy yo? —replicó sin alterarse—. Me echas en cara que soy un crío; y tu comportamiento de hoy con Elena ¿cómo lo definirías? ¿Maduro? Porque a mí no me lo ha parecido en absoluto. No has tenido ni una palabra amable hacia ella.

—Perdóname, papá, pero me cuesta ser encantadora cuando la noche anterior no he pegado ojo porque dos tortolitos follaban en *dolby surround*. En el caso de que hayas perdido la memoria, te recuerdo que, según las normas del campamento, está prohibido montar bullicio en las horas de descanso.

Izan dio un paso atrás con cara de culpabilidad. Su debilidad me envalentonó mucho más.

—En el fondo eres como todos los tíos, Izan, un egoísta desconsiderado. Y además un niñito muy pero que muy malo. —Para más recochineo, le tiré burlona de una oreja.

—Y tú estás celosa, muy pero que muy celosa. —Pellizcó suavemente mi mejilla con sorna.

Su respuesta me dejó K. O. Aquel niñato se creía lo suficiente importante en mi vida como para despertar aquellos sentimientos en mí. *Paaar faaaavaaar*, si solo habíamos compartido un triste *heavy petting* en un vieja furgoneta.

Y mientras yo estaba allí flipando por su acusación y maldiciendo el día en que nos cruzamos por aquel camino de cabras, el caradura había arrancado el motor dispuesto a dejarme tirada en mitad de la carretera.

Gruñí furiosa y salí corriendo a la pata coja detrás de la furgoneta.

—¡Serás desgraciado! ¡Espérame!

Para mi sorpresa, la furgoneta frenó en seco. Abrí la puerta del copiloto y de un salto ocupé MI asiento.

Mi carácter tampoco mejoró con el paso de las horas. Ni mi agotamiento físico y mental. Me pasé toda la mañana batallando contra mí misma para no recostarme sobre el mostrador de la escuela, cerrar los ojos y dormir hasta la hora de cierre. En tres ocasiones abandoné la recepción para pedir un café muy cargado en el chiringuito de al lado. Rebeca, con la que no había dejado de *wasapear,* no se encontraba mejor que yo; con el agravante de que el alcohol que había ingerido la noche anterior la tenía amarrada a la taza del váter desde que había puesto un pie fuera de la cama.

A la hora del almuerzo descubrí que la fiesta se había cobrado más víctimas: la mitad de los alumnos y la dura Catrina no habían acudido a sus clases de la mañana por cuestiones diarreicas. Izan fue de los pocos supervivientes. O bien no bebió la noche anterior o en su maratón sexual le dio tiempo a sudar todo el alcohol que había ingerido.

Además de saltarse nuestro desayuno en el centro social de jubilados, Babysurf también me había dejado plantada a la hora de la comida con la ridícula excusa de que había quedado a comer con alguien en el pueblo. Ese alguien no era otra que su novia Elena. Lo supe una hora después, cuando yo me disponía a echarme una buena siesta en la playa y ellos aparecieron caminando muy juntitos de la mano con sus tablas de surf bajo el brazo.

—Amor entre olas —farfullé para mí sola, y me giré boca abajo en la toalla para no tener que verles la cara. Necesitaba dormir y borrar a aquellos dos tortolitos de mi mente.

No había sido capaz de conciliar el sueño cuando escuché la voz de Rico a un palmo de mi oreja.

—¿Hoy tu amigo del alma te ha dejado solita?

Levanté el rostro y me encontré con una ensaimada de rastas que extendía su toalla al lado de la mía.

—Está con su novia —contesté, y cerré los ojos más dispuesta todavía a quedarme sopa.

—Una mujer como tú no debería perder el tiempo con un mocoso teniendo a dos tipos como nosotros al lado —escuché decir a Marco por mi otra oreja.

—¿Se puede saber qué hacéis aquí? —gruñí. Normalmente, Marco y Rico se marchaban a sus respectivas casas al mediodía y no regresaban a la playa hasta las cuatro, la hora estipulada para el comienzo de las clases de la tarde.

—Te hemos visto comer sola en el chiringuito, y pensamos que te gustaría un poco de compañía —dijo este mientras desenrollaba su esterilla sobre la arena.

—No os ofendáis, pero precisamente hoy no necesito compañía. Solo quiero dormir, dormir y después dormir.

—Ok, no queremos molestarte, pero te informo de que tu espalda tiene el color del culo de un mandril. Alguien debería echarte crema —comentó Rico con un ridículo tono meloso.

—Y yo puedo extendértela —apuntó su amigo.

Miré del uno al otro desconcertada.

—¡Dios! Decidme que no estáis intentando pillar conmigo. Os he visto utilizar esta técnica de ligoteo rancio con un montón de tías. Es… es… apestosa. —Me incorporé en mi toalla y abrí mi bolso en busca de la crema—. De verdad, parecéis dos personajillos de *American Pie*.

Y en lugar de ofenderse, los muy absurdos se echaron a reír.

—Te estábamos tomando el pelo —dijo Rico entre risas.

—Ya…, la vieja excusa cuando a uno le rechazan. —Tal cual dije aquello, levanté la vista y me encontré con el rostro de Izan. Nuestro compi nos observaba a no más de dos metros, apoyado en su tabla y con gesto malhumorado.

Y, ¡bingo!, se me encendió la bombilla. Volqué el bote sobre mi antebrazo y escribí en letras bien grandes con crema: «¿CELOSO?» . Con una sonrisa de oreja a oreja, levanté el brazo y sacudí la mano en forma de saludo. La respuesta de Izan fue tan clara como instantánea. Apretó las mandíbulas en señal de enfado y se marchó en dirección al agua.

Como cada tarde, a las seis en punto cerré la escuela. Y como cada tarde, me dirigí al aparcamiento en busca de Izan para avisarle de que no era necesario que me esperara, porque había quedado con Marco.

Cuando llegué hasta Lucy, me sorprendió no ver a Izan. Luego caí en que podía haberme dejado tirada en la playa porque había quedado con su novia esa tarde. Y de la sorpresa pasé directamente al cabreo más grande que me había pillado con alguien en mis treinta y tres años de vida. A excepción de mi padre, de Bárbara, de Carlos, un poli de tráfico… En fin, retiro lo dicho.

Con el morro torcido, caminé de vuelta a la escuela. Le busqué entre los chiringuitos de alrededor por si se había entretenido tomando un café. No le encontré. Pregunté por él a los surfistas que subían de la playa. Nadie le había visto. Cuando estaba a punto de sacar mi móvil para llamarle —aunque bien sabía yo que no lo llevaría encima—, localicé su melena desaliñada sobresaliendo en el mirador de la escuela. Me abrí paso entre los alumnos y avancé despacio hacia él.

Mi mosqueo descendió un par de grados nada más verle allí, acomodado plácidamente en uno de los *pufs* y con la mirada perdida en el mar. El surfero estaba impresionante. Su cabello dorado bajo los rayos de sol parecía ahora de un rubio platino casi blanco. Sus hombros, sin embargo, relucían más bronceados. Y perfectamente definidos. Brazos fibrosos. Manos fuertes y masculinas… Las mismas que la tarde anterior habían acariciado mis…

¡STOP!

Sacudí la cabeza para salir del trance y llamé su atención con un par de golpecitos en la espalda. Izan levantó la vista hacia mí con los párpados entornados.

—¿Por qué no me has esperado en la furgoneta como siempre? —le reproché.

—Pensé que me habías visto sentarme aquí.

«Ay, Narciso…».

—Pues no, he tenido demasiado trabajo a última hora.

—Ah…, bueno, ¿nos vamos ya o te apetece tomarte algo conmigo? —Me mostró la lata de Coca-Cola en su mano.

—Ya…, bueno, de eso quería hablarte. He quedado con Marco para echar un vistazo a un coche de segunda mano que vende un amigo de un amigo suyo del pueblo.

Tensó las mandíbulas y negó con la cabeza para sí.

—Sabes que no es necesario, que yo te seguiré trayendo a la escuela.

—Izan… —Suspiré. Estaba agotada de la historia que nos traíamos—. Es mejor que nos distanciemos un poco.

—Seguro que sí, tú lo sabes todo, tú eres la madura de los dos, ¿no?

Lanzó la lata a la papelera, se puso en pie y se largó antes de que yo pudiera replicarle.

La búsqueda de coche resultó un fracaso. El amigo de Marco me quería vender una Berlingo roñosa de más de quince años con olor a pescado podrido y por un precio nada módico de mil quinientos euros. Para mayor desgracia, la chatarra era lo más decente que vendían por aquellos lares; salvo que quisieras conducir un tractor o una segadora, claro estaba. Y como consecuencia nefasta, no me quedó más remedio que tragarme mi orgullo y pasar una nota a Izan bajo la puerta de su cabaña explicándole que conservaba sus servicios como chófer.

Ya en mi bungaló, me metí en la ducha para eliminar de mi cuerpo los kilos de arena de la playa. Cuando abrí el grifo y descubrí que no salía ni una gota de agua, toda la tensión contenida del día más el cansancio y la frustración se mezclaron en un cóctel molotov. Volví a vestirme a toda prisa y me encaminé hacia la recepción del campamento echando gusarapos por la boca.

—Rebeca, ¡no tenemos agua! —anuncié con un golpe brusco en su mesa.

—Lo sé. Las tuberías están atascadas, así que no ha quedado más remedio que cortar el agua hasta que venga el pocero.

—¿Y cuándo viene?

—Mañana a primera hora.

—¡¿MAÑANA?! Yo no puedo meterme a la cama sin ducharme. Además, recuerda que tengo dermatitis. Si no me quito la arena de la playa, estoy perdida, Rebeca —dije horrorizada.

—¿Y qué quieres que haga yo? ¿Que te duche a escupitajos? —Rebeca se quedó callada reflexionando y, luego, añadió—: También puedes darte un manguerazo con el agua reciclada del pozo del huerto.

—¿Pretendes que me duche con agua de lluvia? No digas tonterías, eso y nada es lo mismo.

Se encogió de hombros.

—Lo siento, chica, pero no hay otra opción.

—Te juro que no lo entiendo, Bec. —Resoplé decepcionada—. Tanto que cuidan el medio ambiente en este campamento y ¿qué pasa? ¿Aquí nadie se preocupa de las malditas cañerías?

Bec me hizo un gesto para que bajara la voz y acercara el oído a su rostro.

—Lo que pasa se llama exceso de caquitas, Alexa —susurró—. Más de la mitad de los clientes y aquí la presente llevamos todo el día yéndonos por la pata abajo. Y al parecer ninguno escatimamos a la hora de usar papel para el culo. La culpa es del imbécil de Rico, que a saber qué veneno nos echó en los cócteles anoche. Si le ves, dile que mi tío va a arrancarle las pelotas con unos alicates.

Fue escuchar la palabra «cócteles» y en mi mente aparecía un nítido recuerdo de la noche anterior: yo algo despistada mirando de reojillo a Izan, mientras vertía toda la botella de Pacharán en la ponchera. «¡Ay, mi madre!».

—Oh, mira que lo siento —dije con un sentimiento terrible de culpabilidad, pero sin ninguna intención de delatarme—. Y perdona si te he gritado. Estaba un poco agobiada, pero me ducharé con el agua del pozo. Seguro que tiene efectos maravillosos en la piel. —Forcé una sonrisa y salí de la recepción por patas.

Para poner la puntilla a aquel apestoso día, ya solo me faltaba que me detuvieran las autoridades sanitarias por atentar contra la salud pública.

Crucé el campamento envuelta en una toalla y cargando mi neceser de imprescindibles: champú, acondicionador, mascarilla, gel, exfoliante, tres gamas diferentes de productos para pieles atópicas, mi pequeño Flipper a pilas... Pesaba como un muerto, la verdad.

Cuando me acerqué al huerto ecológico, descubrí que no era la única que iba a darse un agua de lluvia. Izan, sin percatarse aún de mi presencia, se enjabonaba ese cuerpo de dios griego, equipado con ocho abdominales perfectos y una V tridimensional. Elevó la manguera sobre su cabeza, y pude observar en HD cómo el agua caía por su cara, luego por sus hombros, y descendía por su perfecto torso arrastrando la espuma hasta el elástico de su bañador.

Bañador que ahuecó para proceder en su interior… ¡Horror!

—¿Te falta mucho para terminar? —le pregunté con la vista ahora clavada en las lechugas.

—Espe… —Izan se quedó callado de repente, como si le sorprendiera verme allí tanto como a mí encontrarme con él y su cuerpo serrano. Unos segundos después, le escuché que me decía—: Si quieres, vete enjabonando y así no desaprovechamos tanta agua.

Levanté la vista hacia su rostro y fruncí el ceño. Él, como respuesta, me sonrió divertido y derramó otro chorro de gel en la mano para enjabonarse por segunda vez.

—Si te das un poquito de prisa, quizá no se gaste toda el agua —sugerí en un tono un poco borde.

—Cada uno tiene su ritmo, Alexa. —Detuvo su mano justo en la cinturilla del bañador, y cuando descubrió que le estaba mirando escandalizada, se echó a reír—. ¿Qué te pasa? ¿Ahora te asusto?

Aquello era el colmo. El niñato se creía lo suficientemente listo para vacilarme a mí. Esquivé las filas de vegetales y me dirigí hacia él con paso decidido.

—Date la vuelta —le ordené ajustando mi toalla al cuerpo.

—¿También te da vergüenza quedarte en bikini delante de mí?

—Mi bikini no es apto para menores.

Su sonrisa socarrona desapareció repentinamente. Levantó la manguera hacia mí, presionó el orificio de salida con un dedo y me enchufó con el agua en plena cara.

—¡AAHHHHH! —Levanté las manos como escudo protector y la toalla que me envolvía aterrizó en mis pies.

—Vaya, qué pena, tu toalla se ha caído al barro… Como tu coche —comentó burlón.

«Esta es mi oportunidad», me dije a mí misma.

Corrí como un rayo hasta él y me lancé a por la manguera. Mientras forcejeábamos para arrebatársela al otro, el chorro del agua se estrellaba contra mi cara cuando no contra la suya o salía disparada hacia el cielo. En un momento que Izan la sujetaba con una mano para retirarse el pelo de la cara con la otra, di un tirón brusco y logré que se le escapara de entre los dedos. Sin embargo, el maldito surfero demostró suficientes reflejos para afianzar su agarre a tiempo y tirar de la manguera hacia él. Caminó hacia atrás sujetándola con las dos manos, y, por más que yo trataba de hincar los talones en el barro para ofrecer resistencia, vi horrorizada cómo poco a poco me arrastraba hacia su cuerpo.

—Suelta, imbécil —le ordené.

—Lo que usted mande.

Abrió las manos, liberó la manguera y me caí de culo contra el barro.

—¡Mierda! ¡Qué asco! —gruñí, furiosa, y, de nuevo, me abalancé sobre sus piernas.

Debí de pillarle desprevenido, porque el ágil y coordinado yogui perdió el equilibrio y se estampó contra el suelo.

—¡Mujer con suerte! ¡Ja, ja, ja!

Ignoré sus risas y trepé sobre él para alcanzar la dichosa manguera, que yacía a pocos centímetros de su cabeza. Cuando estaba a punto de rozarla con los dedos, sentí que mi cuerpo giraba por los aires y que me estampaba contra el suelo. Para mi humillación, Izan se tumbó todo lo largo que era sobre mí, impidiéndome cualquier intento de escapar de debajo de su cuerpo.

—Ríndete —me ordenó.

—¡Ni muerta! Y quítate de encima, me estás aplastando.

—Pues esta noche vas a dormir con el cuerpo lleno de tierra. O mejor dicho: vas a pasar la noche debajo de mí, porque no pienso moverme hasta que no te rindas. Y ya sabes que yo nunca tengo prisa.

—No puedes hablar en serio —titubeé.

Levantó una ceja divertido y bostezó exageradamente.

Resoplé frustrada. Gruñí con ira. Gimoteé irritada y, al final, no me quedó más remedio que claudicar.

—De acuerdo, me rindo. Compartiremos la manguera.

Cuando me liberó y pude ponerme en pie, tuve que hacer un esfuerzo sobrehumano para no desternillarme de risa. De espaldas, el surfero pluscuamperfecto me recordaba al Monstruo del Pantano con ese melenón rubio y metro noventa de piel cubierto de hojas de lechuga y barro. Entonces, reparé en que mi aspecto probablemente no era mejor que el suyo y perdí todas las ganas de reír.

Tal y como Izan había prometido, se dio una segunda ducha rápida y me pasó la manguera. Para mi desgracia, el chorro del agua había menguado tanto que ni en tres vidas lograría quitarme toda la tierra de la cabeza.

Cuando me di por vencida y devolví la manguera a Izan, este hizo un movimiento con su dedo índice para que me girara de espaldas a él.

—¿No irás a desnudarte? —pregunté alarmada.

—Solo si tú me lo pides. —Me sonrió divertido.

Mantuve mi gesto impasible y me crucé de brazos.

—Ok, la broma sobraba —admitió con las manos en alto en son de paz—. Realmente, mi intención era quitarte las hojas que tienes pegadas al pelo, pero si no quieres…, allá tú.

—Quiero. Pero date prisa, por favor. —Me di media vuelta y esperé a que procediera.

Como no podía ser de otra manera, Izan se tomó su tiempo. Primero peinó con sus dedos mi cabello para desenredarlo. Después, con mucha delicadeza, lo dividió en mechones y, a continuación fue retirando con sumo cuidado las hojas, pajitas, calabacines y a saber qué otros productos del huerto que llevaba colgando del pelo.

Bostecé. Entre el combate de lucha libre, el toqueteo capilar y la noche toledana que había pasado debido a su recital con Elena, me estaba entrando un sueño terrible.

—Ya acabo —dijo Izan.

Pero de acabar, nada de nada. Apartó con cuidado mi melena hacia un lado del hombro y comenzó a limpiar mi espalda con la palma de la mano.

—Tienes un lunar justo aquí. —Presionó con su dedo en el centro de mi columna. Luego, acercó su boca a mi oído y ronroneó—: Me gusta tanto como el de tu barbilla.

Fingí que no le oía; ni a él ni al martilleo constante de mi corazón que amenazaba con romperme una costilla, pero pude percibir perfectamente que sus dedos serpenteaban por mi columna hasta el borde de mis braguitas. Para mi sorpresa, este simple roce fue capaz de provocar OTRA VEZ ese hormigueo entre mis muslos. Hormigueo que ascendió poco a poco por mi cuerpo hasta concentrarse en mis pezones. El mismo que despertó la misma necesidad y el mismo apremio que el día anterior en su furgoneta.

—Y tu culo también me gusta — le escuché susurrar seguidamente en mi oído.

Sin ser consciente de lo que hacía, afiancé mis dedos en sus muslos y pegué mi trasero contra su erección. Mi reacción nos debió de pillar tan de improviso a ambos que se nos escapó un vergonzoso gemido. Sin embargo, lejos de frenarnos, avanzamos de casilla; y un segundo después, sus manos acariciaban sensualmente mis pechos, sus labios besaban despacio mi cuello y nuestras caderas se movían sinuosas una contra la otra.

—¡IZAN! ¡IZAN! ¿Estás ahí?

Al escuchar la voz de Marisa, sentí que me lanzaba un bidón de hielos por encima.

—Mierda —farfulló Izan, y, de un salto, se separó de mí.

Abochornada, dirigí la vista hacia el camino. La tía de Rebeca, subida en una bicicleta y con su habitual túnica floreada, nos observaba sonriente.

—Hola, Alexa. Siento los problemas con las tuberías. —Me sonrió con amabilidad. Después dirigió su atención a Izan—. Cariño, llevo buscándote un buen…

La pobre mujer no fue capaz de terminar la frase. Clavó la vista en la entrepierna del surfero, abrió la boca sorprendida, me miró después a mí con gesto descolocado y cerró los párpados tan abochornada como yo. Por segunda vez en veinticuatro horas deseé morir allí mismo, que me trocearan como a las lechugas y pepinos en una ensalada.

—¿Qué sucede, Marisa? —oí que preguntaba el surfero completamente ajeno al descubrimiento de nuestra jefa.

«¡¿Qué sucede?! —quise gritarle a Babysurf—. Pregúntaselo a tu tienda de campaña, ¡idiota!».

Marisa recompuso su rostro y en tono seco contestó:

—No pasa nada, Izan. Solo te estaba buscando para avisarte de que Elena ha intentado localizarte en el móvil y, como no contestabas, ha llamado a mi casa.

Él me miró de reojo y yo le retiré la mirada, asqueada por la situación que estaba viviendo.

—Ahora mismo voy —anunció a la jefa. Después, recogió su toalla y caminó de vuelta hacia mí para ofrecérmela—. Toma, sécate con ella. La tuya está embarrada. —Bajó el tono de voz al mínimo y añadió—: Te espero esta noche en mi cabaña, pero trata de no invocar a los jefes para que se presenten en mi puerta, te lo pido por favor.

—No bromees con esto, Izan; y no, olvídalo. No voy a presentarme en ningún sitio esta noche —susurré tajante.

Se dio media vuelta con gesto molesto y caminó a toda prisa para reunirse con Marisa.

15

Esa mujer es un demonio

Izan Oliveira

Me gané una buena reprimenda por parte de Marisa. Creo que no la había visto tan enfadada conmigo desde mi primer año en Karra. En aquella época me pasaba la vida colocado, borracho o durmiendo la mona. Cuando me daba la bajona, me refugiaba en los brazos de mi vieja amiga Lucy y desaparecía del mapa durante días. Tiago denunciaba mi desaparición a sus colegas y, tres días después, regresaba al campamento esposado como un vulgar delincuente en la parte de atrás de un furgón. A veces la poli me encontraba lleno de mierda en coma etílico tirado por alguna playa; otras, en cualquier *after* rodeado de gentuza que había conocido esa noche. Fue una etapa complicada para mí. Y para mis jefes. Para cualquiera que se me acercaba.

Una mañana, justo al amanecer, Tiago, ya muy harto de que le trajese más problemas, me sacó a tirones de la cama y me llevó a la playa. No se molestó en proporcionarme un mísero neopreno. Me entregó una tabla, me obligó a subirme en ella y me arrastró hasta el fondo. Eso o me «volaba la cabeza». La amenaza sonaba tan real como el miedo que yo sentía hacia él. Para más remate, ese día, el jefe parecía un auténtico desquiciado. Durante dos horas, me obligó a ponerme en pie sobre la tabla a gritos. Yo lo intentaba con desgana, muerto de frío, pero en cada mínimo esfuerzo que hacía, una ola me derribaba contra el mar. En uno de los chapuzones, perdí el control y me enfrenté a Tiago con toda la ira que llevaba contenida desde que falleció mi madre.

—¿Por qué cojones me obligas a esta mierda? ¿Por qué no me dejas en paz y te metes en tus putos asuntos? Viejo pesado…

Tras soltar aquello, me preparé para recibir un puñetazo en el estómago. Tiago no se andaba con chiquitas. Pero el viejo templó su fuerte carácter, por muy raro que ahora me parezca. Apoyó sus curtidas manos sobre mis hombros y sin levantarme la voz contestó a mi cuestión:

—Porque el mundo en el que vivimos es mucho más peligroso que el océano, y, si no te quieres ahogar en él, más te vale sostenerte en la cresta de la ola. Y tú, chaval, estás a punto de tocar fondo. ¿Tus padres han muerto? Supéralo como hemos hecho muchos de nosotros y sin tener un trozo de pan para llevarnos a la boca. ¿No tienes dónde caerte muerto? Pues construye un hogar en este mundo, pero haznos un favor a todos y deja de comportarte como un cobarde miserable que se autodestruye porque no sabe lidiar con su mierda, ¿entiendes, chico? Simplifica tu vida a lo que esta te ofrece, y esto… —señaló la inmensidad del mar—, esto que ves ahora mismo es lo único que tienes.

Tiago dio un puñetazo al agua y se encaminó hacia la orilla. Me dejó solo en medio del océano sintiéndome más hundido de lo que ya estaba. Recuerdo que me eché a llorar como un niño. Mi tutor había dado en el clavo. Yo era una basura, un auténtico cobarde de mierda, incapaz de enfrentarme a mis miserias.

A la mañana siguiente regresé a la playa arrastrando la tabla de surf por la arena. En aquella ocasión, totalmente solo. Al igual que aquella mañana con Tiago, no conseguí mantenerme en pie sin ser derribado por la furia del océano. Regresé al siguiente día y al otro, y justo cuando estaba a punto de tirar la toalla logré cabalgar mi primera ola. Esa que nunca se olvida. La sensación de adrenalina y libertad fue tan impactante que a partir de ese instante empecé a enamorarme poco a poco de la vida.

Gracias a este episodio tan revelador con Tiago, la tarde del huerto casi habría preferido que me encontrara él con Alexa que Marisa. El jefe, con todo lo obtuso que aparentaba ser, podía comprenderme mejor que su esposa. Prueba de ello era su silencio.

Mientras caminaba junto a ella en dirección a su casa para devolver la llamada a Elena, mi jefa no articulaba palabra, pero las miradas que me lanzaba hablaban claramente de la decepción que sentía hacia mi comportamiento.

—Te consideraba un hombre sensible y con valores, Izan. Pero no eres muy diferente a esos sinvergüenzas de tus amigos —me reprochó en cuanto atravesamos la valla de su jardín.

—No sé de qué me hablas.

—De tu traición a Elena. Estás engañándola con Alexandra. ¿Eso fue lo que te enseñó tu madre? Me consta que se esforzaba por hacer de ti un hombre honesto como lo era tu padre.

Marisa siempre hacía eso. Castigarme en nombre de mi madre. También lo hacía cuando era un chaval y regresaba de alguna fiesta en un estado penoso. Pero debo admitir que mi jefa estaba en lo cierto. Mi madre se habría avergonzado de mí en aquellos momentos. Cuando era niño, siempre decía que la clave para ser feliz residía en la honestidad con uno mismo y, por ende, con los demás; que construir una vida con falsos cimientos condenaba tu alma y tu libertad y que terminabas quemándote en tu propio infierno. Ahora, siete años después de que ella muriera, me pregunto si fue tan completamente honesta conmigo como alegaba.

Cuando murió mi padre, mi madre se obsesionó con viajar hasta encontrar nuestro lugar, lejos del dolor y el sufrimiento. Pero ese viaje duró demasiado. Toda una vida para mí; una vida en la que me fue imposible echar raíces, forjar amistades y conservar un pasado. Yo no tenía pasado. Ni amigos de la infancia con los que crecer para años más tarde recordar nuestras aventuras juntos. Ellos eran borrados de mi historia cada vez que mi madre decidía que Oviedo, Valencia, Almería, cualquiera de las ciudades donde nos alojábamos no podía ofrecernos un auténtico hogar. Así que desmontábamos la casa, cargábamos nuestros cachivaches en Lucy y avanzábamos en una nueva búsqueda de ese lugar mágico donde construiríamos por cuarta o quinta vez nuestra vida. Sin embargo, poco a poco fui siendo consciente de una verdad: que cambiar de ciudad, de apariencia, de amistades o de pareja no ayuda a encontrar la felicidad, sobre todo si te estás cerrando a ella. La felicidad solo tiene un lugar, y este no es otro que el corazón de uno mismo. Y el corazón de mi madre solo albergaba la tristeza.

Marisa, además de condenarme esa tarde, también condenó a Alexa. Con todo lo liberal que parecía, demostró tener demasiados prejuicios respecto a su vida, a su forma de ser e incluso a su edad.

—¿Te vas a jugar una relación por un mero capricho? —me preguntó inquisitiva.

Le contesté que estaba dramatizando, que entre Alexa y yo no había nada. Y no lo había.

—Pero va a suceder, porque te conozco, Izan. Te gustan los desafíos, y para los chicos de tu edad una mujer más mayor es el reto perfecto. El problema es que tú no eres como el resto de esos chicos, porque, si fuera así, yo no estaría tan preocupada, ¿entiendes? Sin embargo, ella sí es como el resto de las mujeres que vienen por aquí. Solo quiere divertirse y desconectar de la ciudad. Dentro de unos meses volverá a su vida, a su trabajo, y tú habrás sido para ella una aventura para fanfarronear con sus compañeras de oficina. Serás un recuerdo.

—Sé lo que me hago, Marisa, así que mantente al margen, por favor.

—No puedo hacer eso, porque me importas. ¿O no lo ves? Te hablo como si fueras mi hijo porque no quiero que vuelvas a las andadas, porque a veces siento que estás aquí de paso y temo que cometas los mismos errores que tu madre.

La mención de mi madre me quemó por dentro.

—Pero no lo soy, ¿entiendes eso? ¡No soy tu hijo! Así que deja que sea yo quien tome mis propias decisiones.

Marisa palideció y yo, angustiado por haberle gritado, salí corriendo como un cobarde de su casa. Por primera vez había alzado la voz a la única persona que me había brindado la posibilidad de construir una vida nueva.

16

Eres Hawái

Karra (Portugal), 25 de junio

9.00 h

Izan y yo desayunábamos sentados uno enfrente del otro en nuestra mesa habitual del centro de jubilados. Aparté la cucharilla hacia un lado de la taza y di un trago largo a mi café. ¿Cuándo se dignaría a dirigirme la palabra? Desde que me subí a su furgoneta esa mañana, Babysurf no había pronunciado una palabra. Rectifico: Izan se había mostrado distante conmigo y con el resto de nuestros compañeros durante toda la semana. Por primera vez en mucho tiempo, me atreví a observarle el rostro sin reparos. Con expresión taciturna, aquel desconocido contemplaba a dos pajarillos pelearse por una miga de pan en el alféizar de la ventana. Y digo desconocido porque cada día que pasaba él parecía más lejano…, diferente. Tanto era así que me costaba creer que Izan y yo hubiéramos sido tan colegas tiempo atrás.

A partir de nuestra lucha de barro y la aparición en escena de Marisa, el chico adorable decidió anidar en su nube particular y solo descender a tierra firme para impartir sus clases; o para responder preguntas absurdas que yo le formulaba con la única intención de romper el hielo entre nosotros. Salvo con mi padre, nunca he sido rencorosa (o eso pensaba).

Por esta razón, a cada minuto que pasaba se me hacía más dura e incómoda aquella situación. Yo seguía molesta con él por haberme engañado, y supongo que él también estaba enfadado por haberle rechazado, pero eso no significaba que no pudiéramos fingir que nos llevábamos bien, al menos durante las horas de trabajo. La única deferencia que Izan había mostrado conmigo en aquellos días fue no pasearse con su novia por el campamento ni por la escuela. Quizá no lo hizo por mí, sino por él, para no arriesgarse a que yo le contara a Elena lo que sucedió entre nosotros. Con independencia de sus motivos, se lo agradecía sinceramente. Después de nuestro momento en el huerto, me había sentido sucia y rastrera durante días.

Aquella tarde no solo le permití que me tocara, aun sabiendo que tenía pareja; también había respondido a su juego de seducción sin poner ninguna traba. Muchas noches me preguntaba qué habría pasado si nuestra jefa no hubiera aparecido en ese preciso instante. Y siempre llegaba a la misma conclusión: Izan me habría llevado al huerto... Nunca mejor dicho.

Cada uno pagó su desayuno, y abandonamos el centro de jubilados dispuestos a empezar un nuevo día de trabajo. De camino a la furgoneta, me llamó la atención un vestido que colgaba del escaparate de una de las tiendas de surf. Era de tirantes, color negro y extralargo; un poco *hippy* para mi gusto, pero me venía de lujo para la fiesta en la playa que los alumnos habían organizado para esa noche. Además, después de la semanita de tensión que estaba pasando por culpa de Izan, necesitaba darme un capricho. Solo había un problema: tenía que convencer a mi chófer de que hiciésemos una parada en la tienda a la salida del trabajo.

Me deseé suerte y caminé a toda prisa para alcanzar a Izan.

—¿Puedo pedirte un favor? —le pregunté tímidamente una vez que me puse a su paso. Él asintió y yo proseguí con mi plan—. Cuando salgamos del trabajo esta tarde ¿podríamos parar un segundito en el pueblo? He visto en esa tienda un vestido ideal para la fiesta de esta noche. No te robaré ni cinco minutos, te lo prometo.

El surfero frunció el ceño, pero no dijo nada.

—Si no te viene bien que paremos, dímelo a las claras —me adelanté a decir.

—Pensaba que no te apetecía ir a la fiesta. Tú misma lo dijiste.

«¿Ein?».

Estaba segura de que no había charlado con Izan sobre la fiesta. Entonces, caí en la cuenta de algo. El día anterior había comentado a Rico y Marco en la escuela que no estaba muy animada para festividades y mucho menos en la misma playa en la que pasaba ocho horas diarias. Izan se encontraba a dos pasos hablando con su novia por teléfono. De las pocas veces que lo llevaba encima, por cierto. El caso es que di por hecho que no estaba prestando atención a mi conversación con los dos surferos, pero, obviamente, me equivocaba. Babysurf me espiaba... ¿Y por qué me hacía ilusión que lo hiciera? ¿Y por qué me estaba formulando estas preguntas si yo no quería tener nada con él?

Suprimí de mi mente este cuestionario pueril al que me estaba sometiendo yo solita y me centré en Izan.

—¿Tú vas a ir a la fiesta? —inquirí algo vacilante. Quizá Izan tenía planeado asistir con Elena y, al descubrir que yo también acudiría, le había cortado todo el rollo.

—Solo si tú vas... Me refiero a que así te puedo llevar en la furgoneta.

«¿Elena y yo compartiendo furgoneta otra vez? La misma donde él y yo... Ni de broma».

—Te lo agradezco, pero no es necesario. Catrina se ha ofrecido a llevarnos a Rebeca y a mí en su coche. —Miré hacia el escaparate y, de nuevo, dirigí mi atención a Izan—: Entonces, ¿qué dices? ¿Te importa parar a la vuelta del trabajo?

—No hay problema. —Hizo una mueca rara y reanudamos nuestro camino en dirección a Lucy.

No habíamos hecho más que dar tres pasos cuando escuché el sonido de mi teléfono. Saqué el móvil a toda prisa de mi bolso y contemplé la pantalla extrañada. El número que aparecía reflejado llevaba el prefijo de España, pero no pertenecía a ninguno de mis contactos. Hice un gesto a Izan para que guardara silencio y descolgué:

—¿Hola?

—Buenos días, ¿Alexandra Vera? —preguntó una mujer al otro lado de la línea.

—Sí, ¿quién eres?

—Me llamo Virginia. Soy la organizadora del enlace entre Carlos Sierra y Bárbara Maldivas. Te llamo porque todavía no nos has confirmado tu asistencia y los novios estaban preocupados por si no puedes asistir.

¿Preocupados? ¿A quién trataba de engañar aquella mujer? Mi exnovio no se había dignado a responder a las doce llamadas que le había hecho desde que llegué a Karra. Rodé los ojos y contesté con sarcasmo:

—Sí, deben de estar sufriendo mucho por mí. De todos modos, dígales que me va a ser imposible asistir, y, de paso, no olvide darles las condolencias de mi parte.

Izan paró de andar y se volvió hacia mí con gesto interrogante.

—Ups, lo que quería decir es que les diera la enhorabuena por el enlace de mi parte. —Sonreí con maldad y guiñé un ojo al surfero.

—¡Oooh! Es una pena que no puedas asistir —se lamentó la *wedding planner*—. Solo una cosita más, Alexandra. Todavía quedan regalos sin reservar de la lista de bodas. Te lo comento por si estás interesada en tener un detalle con ellos; sin compromiso alguno, por supuesto.

—Claro, claro. ¿Qué regalos no han sido reservados?

En realidad no tenía ninguna intención de gastarme un céntimo en la feliz pareja, pero me moría de curiosidad por descubrir la lista de regalos de Barbie Malibú. Ya me lo imaginaba: la clásica cubertería de plata, una sopera con sus nombres grabados, un dálmata de cerámica… Disponer de aquellos datos nos daría mucho juego a Rebeca y a mí durante semanas.

—Pues déjame echar un vistazo. —Escuché las teclas de su ordenador y, a continuación, su voz de pija repelente—. Puedes elegir entre el curso de cata y maridaje de vinos, un tratamiento de belleza en Isabel Yébenes, un fin de semana en el Parador de Salamanca, un…

Miré espantada la pantalla del móvil y apuñalé el botón de colgar.

—¡JODER! ¡Mierda! ¡Mierda!

—¿Qué te sucede? —Izan me miraba como si hubiera perdido la razón.

—¡¿QUÉ ME SUCEDE?! ¡Que soy idiota, Izan! ¡Pero que muy idiota! —Me cubrí la cara con las manos, irritada.

¿Cómo era posible que Carlos hubiera incluido en la lista el Parador de Salamanca? El mismo donde celebrábamos nuestras nocheviejas y aniversarios, el mismo donde me confesó que quería tener un hijo conmigo… Seguro que también le había regalado una pulsera de Pandora exactamente igual que la mía con el jodido *charm* de chupete. Cerdo traidor…

Contemplé mi móvil como si fuera una pistola recién caída en mis manos. Iría a por todas. Dispararía a matar. Ya tenía el regalo perfecto de bodas, uno que Carlos no olvidaría jamás. Llamaría a la empresa de grúas que me recomendó Tiago para que me recogiesen el coche cuanto antes y se lo devolvieran a su auténtico dueño.

Guardé el móvil furiosa en mi bolso y seguí caminando hacia la furgoneta. Cuando percibí que Izan no se movía del sitio, me giré hacia él furiosa.

—¡¿Qué te pasa a ti ahora?! —le increpé—. ¡¿Acaso quieres que lleguemos tarde al trabajo?!

Izan, que me observaba atónito, bajó la vista al suelo y, negando con la cabeza para sí, reinició el paso. Como de costumbre, no volvió a dirigirme la palabra el resto del trayecto al trabajo. Ni yo a él.

Abrí la escuela al público y, sin perder un segundo de mi tiempo, telefoneé a Rebeca. Necesitaba urgentemente desahogarme y, de paso, ponerla al tanto de mi conversación con la organizadora de bodas y cómo pensaba tomarme la revancha.

—¡Enhorabuena, pequeña! —exclamó eufórica—. Por una vez te estás comportando como una tía inteligente. Y tu idea de devolverle el coche con un lazo de raso me parece una genialidad tan grande que la voy a compartir en Twitter.

—¿Crees que hago lo correcto? —pregunté dubitativa. Antes de hablar con Rebeca, estaba completamente convencida de que debía vengarme de Carlos, pero ahora ya no lo tenía tan claro. Supongo que la satisfacción que ella manifestaba con respecto a mi plan me hacía sentir la *prota* malvada de un culebrón de los 80.

—Por supuesto que se lo merece, Alexa. Además, míralo por el lado positivo: si liberas tu rabia, te salvarás de una parálisis facial o de otro brote de lepra por amor.

—No sé…

—Para compartir remordimientos como buenas amigas que somos, si quieres yo me encargo de gestionarlo. Hoy no tengo mucho lío en la oficina.

No me lo pensé ni un segundo.

—De acuerdo, necesito un empujón.

Horas después de nuestra conversación telefónica, Rebeca volvía a llamarme para informarme de que ya había gestionado la retirada de mi vehículo con la empresa de transporte. Según la operadora con la que había hablado, una vez que se hiciera efectivo mi pago por transferencia bancaria, el gruísta recogería mi coche en un plazo de diez días y, en esa misma semana, lo depositarían en el domicilio de su dueño. Me pasó el número de cuenta de la empresa y, sin más demora, me encerré un momento en la trastienda para realizar la operación a través de la *app* de mi banco.

No había hecho nada más que confirmar el traspaso de dinero cuando Marco abrió la puerta con tanto ímpetu que la estampó con la fila de tablas de alquiler.

—¿Qué leches está pasan…? —Me quedé con la palabra en la boca. Detrás del monitor entraba Rico presionando una toalla manchada de sangre contra la cara de Izan.

—Alexa, prepara el botiquín, que tenemos un herido.

—¡Virgen santa!, ¿qué te ha sucedido? —Asustada, caminé hacia Izan y aparté la toalla de su rostro para comprobar su estado.

Como era de imaginar, Izan tampoco me contestó en esta ocasión. Alejó mis manos de él y se encaminó hacia una silla para sentarse.

—¿Le ha atacado un tiburón? —Dirigí la pregunta entonces a sus compañeros.

Los dos monitores me miraron como si estuviera chalada y se echaron a reír.

—Los tiburones tienen mejor gusto que comerse a este capullo —replicó Marco con desdén—. Tu amigo del alma estaba tan sumamente aburrido que decidió matarse en el arrecife. Eso es, ni más ni menos, lo que ha pasado hoy.

—Cierra el pico, gilipollas —escuché farfullar a Izan a mi espalda.

—¡¿Ah, no?! —le increpó Marco, elevando la voz—. ¿Y qué hacías surfeando allí? ¿Buscabas a Nemo, payaso?

La respuesta de Izan nos pilló por sorpresa a los tres. Se levantó de la silla como un rayo y empujó con violencia a su compañero. Este trastabilló hacia atrás completamente desconcertado, pero cuando salió del estupor, se lanzó como una bala hacia Babysurf y lo empotró contra las tablas colgadas en la pared.

—Escucha, principito —le advirtió amenazante y con su cara pegada a un palmo de la de Izan—. Ponme la mano encima y la próxima vez te va a sacar del agua tu padre.

—Vuelve a mencionar a mi padre y...

Afortunadamente, Rico tuvo suficientes reflejos para colocarse entre ellos antes de que Marco terminara la frase y ambos amigos se liaran a puñetazos. Empujó al primero por los hombros para que retrocediera y yo aproveché la ocasión para alejar a Izan de sus compañeros. Eso sí, como no me callo ni bajo el agua, mientras trataba de arrastrar su cuerpo de acero hacia la silla para que se sentara de nuevo, no pude evitar reprocharle también su reacción:

—¿Te has vuelto loco? Tú no eres así, tú nunca pierdes la calma. —Izan bajó la mirada al suelo y negó con la cabeza pesaroso—. Y vosotros —me dirigí después a sus compañeros—: volved a vuestras clases antes de que algún alumno tenga un accidente y nos busquemos un lío. Yo me encargo de él, ¿entendido?

Rico asintió muy serio, echó un brazo por el hombro de Marco —que todavía mantenía la mirada clavada en Izan con gesto desafiante— y lo sacó prácticamente a rastras de la trastienda.

Una vez que el puto-niñato-chiflado-irresponsable y yo nos quedamos a solas, respiré hondo y me dispuse a buscar el botiquín.

Marco estaba en lo cierto. El insensato de su compañero pudo haberse matado en el arrecife aquel día. El surfero solo había sufrido una pequeña brecha en el lóbulo temporal por encima de la oreja; pero si se hubiera golpeado un par de centímetros a la derecha, en la sien, no habría salido del fondo del océano jamás.

Coloqué con mucho cuidado el tercer punto de sutura sobre la herida y me retiré un paso para admirar mi trabajo.

—Ya estás perfectamente parcheado —dije orgullosa—. Ahora déjame que te limpie la sangre seca de la cara. —Extraje una gasa más del paquete y la empapé en suero.

—No es necesario —respondió mi silencioso paciente. Desde que nos habíamos quedado solos en la trastienda, Izan no había pronunciado una sola palabra. Ni siquiera se había quejado de dolor mientras le curaba la brecha.

Dirigí la mirada a su rostro y sonreí en un intento de aliviar la tensión entre nosotros.

—Con lo guapo que eres, da penita verte. Pareces que te has rebozado una chuleta cruda por toda la cara.

Para mi satisfacción, Izan medio sonrió a la vez que sus orejas echaban a arder. Mi adorable Babysurf resurgía de sus cenizas para derrocar al surfero taciturno de los últimos días.

«Surfero taciturno y puto-niñato-chiflado-irresponsable, Alexa. Recuérdalo».

Aparté su cabello de la cara y fui retirando poco a poco la sangre pegada a su piel.

—Ya te vale, Izan…, casi te abres la cabeza —susurré preocupada.

—Pensé que lo tenía controlado —suspiró a pocos centímetros de mi cuello.

—Nadie mejor que tú sabe que el mar es impredecible, guapo —añadí con retintín.

—Créeme, el Atlántico no es la mitad de impredecible que tú.

Tal cual pronunció aquellas palabras, sentí que sus manos me rodeaban la cintura, que colaba su nariz en mi cabello e inhalaba mi perfume profundamente.

—Por favor, Izan, estate quieto —le rogué al mismo tiempo que alejaba mi rostro del suyo. Ya me conocía de qué iba su juego. Primero, el surfero acortaba las distancias; después me seducía con sus manos y su ronroneo sensual; y yo terminaba gimiendo en sus brazos desesperada por una buena sesión de sexo.

Para mi asombro, esta vez Izan me hizo caso y reculó. Apartó sus tentadoras manos de mi cintura y miró al suelo avergonzado.

—Perdona… No sé qué demonios me pasa contigo.

Me quedé callada reflexionando. Su disculpa había sonado completamente sincera y, por la expresión de tensión en su rostro, ponía la mano en el fuego a que Izan no sobrellevaba mejor que yo la tensión que existía entre nosotros. Además, por mucho que me molestara admitirlo, me encontraba en la misma tesitura que él. Mi lado racional me decía que debía mantener las distancias con aquel chico, pero mi corazón añoraba el buen rollo que manteníamos semanas atrás.

—No le des más vueltas, Izan. Creo que inconscientemente pusimos en riesgo nuestra amistad cuando empezamos a flirtear el uno con el otro, y, al final, lo hemos echado todo a perder por seguir un juego absurdo —admití.

—Eso no es cierto, al menos en mi caso. Desde que te conocí he sido absolutamente consciente de lo que me hacía y de lo que quería conseguir. También quiero que sepas que me arrepiento de haberte ocultado que tenía novia; aunque, bueno…, ese problema ya está zanjado.

—¿A qué te refieres con eso de que está zanjado? —pregunté temiéndome lo peor.

—Que he roto con Elena.

—¡¿Qué?! —exclamé desconcertada.

Izan asintió muy serio.

—¡Oh, dios! —resoplé angustiada—. Te dije que no lo hicieras.

Este se levantó de la silla y dio un paso hacia mí.

—No se merece que la engañe, Alexa.

—Pero tú y yo no hemos llegado a hacer nada importante. Quiero decir, que no hemos ido más lejos de unos juegos previos. Vamos, que si te paras a pensarlo fríamente, realmente no la has engañado… Ni siquiera nos hemos besado en condiciones —le recordé.

—No me disculpes, porque sí la he engañado. Desde que te vi por primera vez llevo traicionándola cada minuto del día en mi cabeza, y si te quitaras la venda de los ojos de una maldita vez, verías que tú sientes la misma atracción por mí que yo por ti. Los dos estamos metidos hasta el cuello en esto…, tú y yo.

Contemplé anonadada cómo se levantaba de la silla y daba un paso hacia mí.

—Pero estos días de atrás…, me refiero a las pasadas noches. Tú… no… has dormido en el campamento —titubeé.

—Ya veo que me tienes fichado. —Me lanzó una media sonrisa tierna y sexi. Luego, añadió—: Te lo creas o no, he pasado las noches durmiendo en la playa y solo. Cuando estoy preocupado necesito escuchar el océano, me ayuda a relajarme y pensar con claridad. Así que, respondiendo a tu insinuación…, no, Álex; no he dormido con Elena. Rompí con ella después de nuestra pelea en el huerto y desde entonces no nos hemos vuelto a ver.

—Izan, creo que te has precipitado. Yo no…

—Tú me deseas tanto como yo a ti —me interrumpió.

—Se puede desear algo y no querer cumplir ese deseo.

—Dices eso porque te autocensuras continuamente; pero en mi caso desear es querer, es sentir, es vivir. ¿No lo comprendes? Para mí tú eres el *Pipeline* de Hawái, una playa de olas salvajes y perfectas…, el paraíso. Quiero disfrutar cada segundo contigo hasta que acabe el verano.

Abrí la boca completamente alucinada. Jamás un hombre se me había declarado de aquella manera tan… ¿intensa? No sabría definir su declaración. Lo que sí tenía claro era que a pesar de sentirme muy halagada, yo…

—Izan —murmuré apesadumbrada—. Yo no soy como me pintas. Y te aseguro que estar conmigo no es precisamente Hawái. Mira, seré honesta: me gustas mucho y una parte de mí, efectivamente, te desea porque me haces sentir bien conmigo, distinta, despreocupada, pero…

—No me lo digas, yo también tengo un pero.

—En absoluto, Izan. Yo soy el pero. No creo estar preparada para mantener una relación. Y luego está el problema de la diferencia de edad y que trabajamos juntos. A los tíos de Rebeca no les haría nada de gracia vernos juntos.

Una zancada más y le tenía pegado a mí.

«No me beses, Izan. No me beses, por favor…».

—Alexa, deja de escudarte en nuestra diferencia de edad. Tú y yo nos entendemos y lo pasamos bien juntos, ¿qué más da si uno nació antes que el otro? Y olvídate también de lo que piense Tiago o Marisa. Sus normas son ridículas. Piénsalo bien, Álex. Yo soy tu lugar perfecto en Karra. Lucy y yo, tú misma lo dijiste.

—No sé lo que pienso, siento o digo desde hace más de un año, Izan. Mi vida ha sido lo suficiente caótica para que yo ahora…

—No necesito una respuesta ya mismo. Medita sobre ello. —Alargó su mano hacia mi rostro y me acarició con dulzura. Luego, añadió—: Me marcho al campamento a descansar antes de que me reviente la cabeza, y esta noche, si quieres, hablamos en la fiesta. Si decides no darnos una oportunidad, lo entenderé, pero medítalo, por favor. Le pediré a Rico que te lleve de vuelta a casa cuando termines la jornada. —Me besó con dulzura en la mejilla y se marchó.

Cuando la puerta se cerró, miré el reloj. Disponía de nueve horas para tomar una determinación, tiempo más que suficiente para analizar mis sentimientos y sopesar los pros y contras de una relación con Izan; salvo que nunca había sido muy buena tomando decisiones. Probablemente porque otros siempre se habían encargado de tomarlas por mí.

Pasé la tarde en el trabajo sumida en mis pensamientos y comprobando el reloj intermitentemente. El tiempo corría en mi contra, y cuando me decidía por dar una oportunidad a Izan, me embargaba un «reconcome» que ni yo misma sabría explicar. Por un lado, él me atraía mucho…, yo diría que más de lo que yo misma me permitía; pero, por otro, esa atracción me hacía sentir mal conmigo misma. Continuaba enferma de amor por Carlos, de eso estaba segura. Por lo tanto, ¿cómo era posible que otro hombre despertase en mí un deseo tan intenso? Si es que se podía considerar hombre a un chico de veinticuatro años… En fin, por más que me estrujaba el cerebro, ni yo misma podía comprenderme.

Aproveché que Rico me llevaba de vuelta al campamento para sonsacarle información sobre su compañero. Al fin y al cabo, el rastafari era lo más parecido a un amigo para Izan. Por lo tanto, confiaba en que mi nuevo compañero pudiera darme la pieza que me faltaba para componer mi puzle mental y tomar la decisión correcta.

—¿Sabes si Izan se encuentra mejor del accidente de esta mañana? —le pregunté en un tono casual para no despertar sospechas.

—No le he llamado, pero debe de estar bien. El chico es duro de mollera —respondió con guasa. Al ver que yo no me reía, añadió—: Te aconsejo que no te preocupes demasiado por él. Nuestro amigo tiene como afición hacer el cabra. Por suerte, cuenta con más vidas que un gato.

Recordé entonces la aventura de Izan con el *longboard* y el episodio que yo sufrí en mis propias carnes con la furgoneta. Si sumábamos ambos hechos y el último comentario de Rico, una de dos: o bien el puto-niñato-chiflado-irresponsable no valoraba nada la vida o amaba el riesgo por encima de esta.

Continué con mi interrogatorio:

—¿Ha tenido más accidentes surfeando?

Rico se volvió hacia mí con gesto de duda y comentó:

—¿No te ha contado nada de su aventura en Marruecos?

Negué con la cabeza, rotunda.

Segundos después y sin necesidad de más preguntas, mi eficaz informador me ponía a la última de las correrías de un Izan que poco tenía que ver con el chico al que yo conocía.

Según me contó Rico, Marco e Izan viajaron el invierno anterior a Sidi Kaouki, una playa salvaje al sur de Marruecos muy de moda en el mundo del surf. Aquel rompeolas era famoso por los constantes vientos borrascosos y por cobrarse la vida de varios surfistas. Una mañana en la que se alzaban las banderas de peligro, Babysurf decidió desafiar al mar con su tabla. Como pasaban las horas e Izan no regresaba a la playa, sus dos compañeros se pusieron en lo peor e informaron a la guardia costera de la desaparición del surfero. Esta avisó a su vez a las patrullas de rescate y, después de inspeccionar kilómetros y kilómetros de litoral sin éxito, la policía terrestre logró localizarle caminando por la carretera que bordeaba la costa. Tal y como imaginaban sus amigos, Izan había sufrido un accidente surfeando. Y, para más remate, se había roto dos costillas. Como no era capaz de nadar debido al dolor, se había mantenido a flote sobre la tabla confiando en que la propia marea le arrastraría hacia la orilla.

—No entiendo cómo alguien que parece tan maduro y tranquilo puede jugarse la vida de la manera más tonta —reflexioné en voz alta, después de que Rico finiquitara su relato.

—Hay dos tipos de surfistas —comentó este—: el que practica el surf como un deporte más y el que lo siente como parte de su vida. Para estos últimos, su mundo se reduce a olas, adrenalina y chicas; y por este mismo orden.

—No me lo digas: Izan pertenece al segundo grupo.

—Ajá. Además, no olvides que es un chaval, y a su edad todos hemos cometido locuras. ¿Acaso tú no?

—Sí, claro —mentí. Yo no era la mujer más equilibrada ni la más responsable del planeta, y desde luego mis locuras superaban en número y grado a las de una tipa de mi edad, pero jamás había tentado a la muerte.

El resto de las historias que Rico me contó sobre el no-tan-sosegado Izan me sorprendieron incluso más que su aventura en Marruecos. Meses atrás practicando parapente se estrelló contra un barco de pesca. Recordé que él mismo me había relatado esa historia, pero, sinceramente, nunca me la creí. También descubrí que sin tener la mayoría de edad se fugó con dos danesas a las que acababa de conocer para recorrer Europa; y que, tres días después de desaparecer, llamó a Marisa para que le recogiese en una gasolinera a las afueras de Tarifa, en Cádiz.

—Loverboy puede tener carita de ángel, pero no lleva corona de santo —apuntó mi compañero entre risas—. De todos modos, a él le irrita que le recuerden sus batallitas cuando vino a vivir aquí, así que no le comentes que hemos mantenido esta conversación.

—Tranquilo, mis labios están sellados. Pero sigue relatándome, porque estoy alucinando.

Rico retiró la atención de la carretera por unos segundos y me lanzó una mirada suspicaz.

—En serio, que no voy a abrir la boca. —Me hice una cruz en el pecho en señal de promesa.

—No dudo de tu palabra, lo que me sorprende es que una chica de ciudad sea más cotilla que las viejas de este pueblo.

Abochornada, me disculpé y no volví a formular más cuestiones sobre su amigo. Tampoco es que necesitara todo tipo de datos para confirmar lo que ya intuía: que Izan podía mostrarse muy maduro conmigo, pero no dejaba de ser un veinteañero incapaz de tomarse la vida demasiado en serio.

17

Fiesta playera

Karra (Portugal), 25 de junio

22.00 h

«Imposible», dije para mí.

La playa que se proyectaba ante mis ojos no podía ser la misma en la que pasaba ocho largas horas a pleno sol. Bajo la oscuridad de la noche, la Praia do Amado se asemejaba más a un paisaje lunar que a una zona turística enfocada al surf. El océano, de un azul intenso en las horas diurnas, dormía bajo un manto negro con vibrantes destellos plateados provocados por las olas. Horas antes, mientras me arreglaba para la fiesta, pensé que me angustiaría al sentir tan cerca su inmensidad en noche cerrada; sin embargo, no sentía miedo. Al contrario, su runrún apaciguado me transmitía tranquilidad. Quizá me estaba reconciliando con él... O, tal vez, comenzaba a experimentar esa conexión mística con el mar de la que tanto me hablaba Izan. Recordé entonces una de nuestras charlas de furgoneta a primera hora de la mañana, cuando no existían novias y nuestra relación era mucho más sencilla. Él me convencía para que alquilásemos una moto acuática, mientras que yo salía del aprieto como podía.

—Lo siento, conmigo no cuentes —le contesté algo borde—. Y perdona que sea tan categórica, pero me conozco y no lo voy a disfrutar. Estaré pensando todo el rato en que me voy a ahogar.

—Mientras estés conmigo, chica yo-tuve-un-pasado, no te sucederá nada. —Sonrió vanidoso.

—Es verdad, olvidaba que en otra vida debiste de ser «sireno» —añadí con mofa.

—¿Y tú qué eras? —preguntó con intención de seguir mi coña.

—Probablemente una humilde gata callejera que no se atrevía ni a pisar los charcos de agua.

—O un cervatillo asustado —murmuró. A continuación, puso las luces de emergencia, estacionó a Lucy en un lado de la carretera y giró su rostro hacia mí—. ¿Qué te parece si esta tarde te llevo a una cala pequeña? No suele estar muy concurrida y apenas tiene olas. Será como sumergirte en una bañera gigante.

Sonreí enternecida.

—Te agradezco el detalle, pero el mar no tiene grifo de agua caliente y yo soy muy friolera.

—El frío es una excusa ridícula; y el mar, Alexa, tampoco debería darte ningún miedo. Él es el auténtico yin, simboliza la vida. Las mujeres también sois yin, ¿y sabes por qué?

—Porque gestamos bebés.

—Sí, por esa razón y porque sois blandas y suaves como el agua pero capaces de reblandecer el yang de un hombre.

Me carcajeé.

—¡Qué horror, Izan! Eso suena a «machistada» apestosa. Los hombres podéis ser tan blanditos emocionalmente como cualquier mujer. Yo diría que más, de hecho —me carcajeé.

—No seas obtusa y abre un poquito tu mente. Es filosofía taoísta. Una metáfora. Vosotras sois blandas y suaves. —Señaló mi entrepierna—. Y lo nuestro, duro. Durante el sexo, el yin de la mujer puede conseguir que la dureza del hombre...

—Aaaah, ya entiendo —le interrumpí, a punto de morir de risa—. El yin convierte vuestro yang de hormigón en gomaespuma. ¡Ja, ja, ja! ¿Y eso qué tiene que ver con bañarme en el mar, Budasurf?

—Porque no he conocido a una mujer que me recuerde más al mar que tú, Alexa.

Rememorar aquella conversación me provocó sonreír esa noche en la fiesta. Ya tenía la pieza del puzle que me faltaba: Izan era algo parecido al yin para mí. Cada vez que me hablaba, me abrazaba o me hacía reír me transmitía su pasión y amor por la vida. Con él me olvidaba de mis obsesiones, mi malestar vital y mis neuras. A su lado mi mente de hormigón se convertía en gomaespuma. Junto a él mis emociones flotaban. «Eso es», concluí. La vida a su lado se me hacía más liviana y sencilla. Por eso le añoraba y necesitaba tanto su amistad.

Suspiré y seguí a Rebeca y Catrina por el camino que bajaba a la playa.

Los encargados de la fiesta playera —cuatro chicos ingleses que pasaban todos sus veranos en Karra— se lo habían montado francamente bien. Habían encendido dos hogueras para iluminar una amplia área de la playa y todos los invitados, casi media centena, se habían sentado alrededor. Mientras tanto, una pareja cantaba una versión acústica de *We don't talk anymore,* de Charlie Puth, acompañados por un chico que tocaba la guitarra y otro a los bongos. Cuando Carlos y yo rompimos, escuchaba aquella canción en bucle. Sin embargo, un año después, al recordar la letra esa noche en la playa bajo el calor de una hoguera, fui consciente de que nunca eché tanto en falta las conversaciones con mi ex como me sucedía con Izan. En mi estado posruptura con el cirujano añoraba más la estabilidad y seguridad que me aportaba que la complicidad e intimidad que compartíamos como pareja.

Decidí que no era el mejor momento para analizar mi anterior relación, especialmente cuando necesitaba aclarar mis sentimientos con Izan, y me alejé de aquella dichosa canción para dirigirme a la barra y charlar con Rico. El surfero, como en la fiesta que había organizado en su casa, ejercía de nuevo el papel de barman. Me apoyé en los tablones de madera y contemplé atenta cómo vaciaba una botella de ron en un cubo grande de plástico.

—Hola, guapo. ¿Qué estás preparando?

—Hola, Alexita. Pruébalo primero y luego me cuentas si te gusta. — Con un cazo de servir la sopa, rellenó un vaso de plástico de aquella bebida amarilla y me lo entregó.

—Si no me dices antes qué contiene, paso de beber.

—Limonada, mujer.

Di un sorbito y saboreé el líquido con detenimiento.

—Está de fábula —admití—, pero si yo fuera tú, le añadiría medio litro de cava. Puedes llamarlo «cóctel fusión»: mitad portugués, mitad valenciano.

Con gesto de pánico, mi compañero alejó el barreño a un metro de mí.

—¿Por qué haces eso, Rico? —pregunté desconcertada.

—¿Y tú lo preguntas? Esta noche no quiero verte cerca de la barra, ¿entendido? No te he dicho nada estos días de atrás porque no quería culparte sin estar seguro, pero acabo de tener una visión muy clara en cuanto he visto tus intenciones con la limonada. ¡Y no pongas cara de no saber de qué hablo!

—Realmente no sé de qué hablas —afirmé con honestidad.

—¿Ah, no? ¿Y tampoco sabes quién envenenó a media escuela en mi fiesta? Te lo repito, mantente alejada.

—¡Oh! —Me llevé la mano a la boca. Lo había olvidado…

—Sí, «¡oh!». Finge sorpresa ahora, pero que sepas que me cayó una buena bronca de Tiago.

—Lo siento, amigo, no sabía que los portugueses tuvierais un estómago tan delicado —me excusé avergonzada.

Rico me lanzó una mirada iracunda y siguió con sus labores de barman.

—Ey, no te enfades conmigo. —Me acerqué de nuevo a él y le di un pequeño caderazo.

Me evaluó el trasero y sonrió.

—Esos vaqueros te sientan de muerte, tía.

—Y a ti esa cortina con la que te has vendado la cabeza. —Apunté al fular (o lo que fuera) que llevaba enroscado para sujetarse las rastas—. Pero, dime, ¿has visto a Izan por aquí?

—No creo que aparezca. Según me contó Elena ayer, ella regresa a Lisboa mañana para hacer los exámenes finales. Supongo que la parejita estará despidiéndose por todo lo alto. —Me guiñó un ojo con picardía y me rellenó de nuevo el vaso.

Palidecí. Izan me había asegurado esa misma tarde en la trastienda que había roto con ella, pero… ¿y si me había mentido para aprovechar su baza conmigo ahora que Elena se marchaba de Karra? Levanté la vista hacia el cielo estrellado y resoplé agobiada.

Cuando dirigí mi atención de nuevo a Rico, este me observaba petrificado.

—¿Qué pasa? ¿Por qué me miras así?

—*What the fuck!* —Se golpeó la frente—. ¡Cómo he estado tan ciego durante todo este tiempo! Tú y Loverboy tenéis un lío. ¡JU, JU, JU! —Se rio burlón—. Por eso no dejabas de preguntarme por él en el coche, ¡ja, ja, ja! Cuando se lo cuente a Marco se va a dar de cabezazos.

—¡Chist! Ni se te ocurra abrir la boca, Rico. Además, te equivocas de principio a fin. Izan y yo no tenemos nada, ¿me has comprendido?

—No tienes por qué avergonzarte, Alexita mía. Yo estuve hace dos años con una tía que me doblaba la edad, y cuando se despidió de mí, me felicitó por regalarle el mejor verano de su vida. Me dijo que había disfrutado más que durante su luna de miel, ¿te lo puedes creer?

—Claro, siempre hay un roto para un descosido, pero te repito que Izan y yo solo somos amigos. Así que cierra el pico y sírveme otro vaso de limonada, por favor.

—A sus órdenes, tigresa. —Me rellenó la bebida y se acercó para decirme al oído—: Y si realmente no te interesa Izan, conmigo te llevarás un buen recuerdo de Portugal. De eso puedes estar segura.

Planté mi mano en su cara y le alejé de mi oreja.

—Gracias, pero prefiero comprarme un plato de cerámica.

Cogí mi bebida de sus manos y me fui en busca de Rebeca. Necesitaba uno de sus consejos SOS.

—Si tú fueras yo, ¿qué harías? —pregunté a mi mejor amiga.

Esta frunció las cejas y dio un trago lento a su bebida. Me había costado dios y ayuda que Rebeca se deshiciera de Cat para hablar conmigo a solas. Al final, había aprovechado que la monitora había acudido a la barra a por bebida para llevarme a rastras a mi amiga hacia unas rocas alejadas de la fiesta. Después de contarle con pelos y detalles mi conversación con Izan en la trastienda, la muy traidora no soltaba prenda.

—No me ignores, Bec. Necesito tu sabiduría en esto —insistí de nuevo.

Rebeca bajó la vista, pensativa, a su bebida. Esperé y esperé, pero seguía sin pronunciar palabra.

—¿Ahora estás buscando la respuesta en los posos de la limonada? —refunfuñé irritada.

—No. Estoy rezando una plegaria para que se me suba el alcohol a la cabeza lo más rápido posible. Así me será más fácil sobrellevar mejor la chapa que me estás pegando. —Me lanzó una sonrisa malvada y dio un trago a su bebida.

—¿Qué tiene de malo que te pregunte si debo o no debo dar una oportunidad a Izan?

—Nada… si no hubiéramos mantenido esta misma charla cada vez que te ha gustado un tío. Por cierto, ¿cuántos van ya? ¿Diez? ¿Veinte?

—Con Carlos nunca te consulté nada. Y, para tu información, solo he estado de verdad con siete tíos en toda mi vida. El resto no cuenta porque no significaron nada.

—Yo creo que esos siete tampoco significaron demasiado. De hecho, me juego cien pavos contigo a que no recuerdas el nombre de ninguno de ellos.

Bufé.

—Me importan un comino los otros tíos, y la pena es que no me olvido también de Carlos.

—Ahí tienes el consejo que buscabas. ¿Quieres olvidar a tu ex? Pues nada mejor que volver a acostarte con otros hombres, aunque en este caso el hombre esté a medio hacer. Eso sí, nada de arrepentimientos después. Te lo tiras hasta que se le encojan los testículos y a otra cosa, mariposa.

—Tú no le oíste declararse, Bec. Izan no busca solo un desahogo escrotal. Él no es así. O tal vez sí lo es, porque, según Rico, hace unos años Izan se enrolló con un harén de nórdicas y se fugó con ellas. Además su novia regresa a Lisboa, puedo ser segundo plato… Eso es. Soy la segundona… —murmuré con decepción.

—Ser el comodín sexual de un tío bueno no es tan grave. Podría ser peor… —Levantó un ceja exageradamente—. Podrías vivir el infierno de Jennifer Lopez con ese crío en *Obsesión,* piénsalo.

—¡Jooooder! Dios, Bec, te cabreas cuando suelto un chiste en una conversación seria y tú eres peor que yo —le reproché.

—Ya ves que todo se pega. Además, ponte en mi lugar: me cuesta tomarme en serio todo este asunto. Estamos hablando de un rollete veraniego con un macizo veinteañero, Alexa. Tú eres la madura, la que tiene el poder, la que pones las normas. Además, a su edad los tíos solo buscan follar y follar. ¿Dónde está el problema?

—Si seguro que todo son beneficios, pero cada vez que acortamos distancias me siento incómoda. Por ejemplo, desde que le conozco estoy obsesionada con mirarme el trasero frente al espejo.

—Siempre te miras el culo, ya sea en el sentido literal como en el metafórico —dijo entre risas.

—Muy graciosa, pero me empiezan a preocupar cosas como esta. Observa. —Puse sonrisa de payaso y señalé mis ojos—. Patas de gallo, Bec.

—No seas ridícula, tú estás estupenda. Y si te sirve de consuelo, mi «Selva Negra» ha sido invadida por una plaga de alambres blancos. —Con el dedo índice apuntó hacia su bragueta.

—¡Ay, Bec! —Me cubrí la boca para no estallar en carcajadas—. Hasta ahora no lo había pensado, pero creo que los treinta y tres es algo parecido a la prevejez.

—Chorradas. —Hizo un gesto desdeñoso con la mano—. Nosotras somos jóvenes de alma. Y respecto a tu Nenuco, tómatelo como tu nuevo *toy boy,* un rollito de transición para quitarte las penas. Ya sabes lo que dicen: el sexo por sexo es la metadona del amor.

—¿De dónde has sacado esa frase?

—Del tipo ese de la facultad con el que te enrollaste y te amenazaba con suicidarse si le dejabas.

—Aaah, sí —recordé—. El chico *emo,* el que estaba ahorrando para comprarse un ataúd…, ¿cómo se llamaba?

—Samuel, pero ahora todo el mundo le conoce como @ElseñorMorriño. Y vas a fliparlo, pero ahora es un tuitero muy famoso, tiene trillones de seguidores y ha publicado un libro de mensajes antimotivacionales.

Bajé la vista pensativa. Mi amiga y el señor Morriño tenían razón. El sexo era la mejor medicina para el espíritu. Además, una aventura significaba diversión y desenfreno a raudales sin implicarse demasiado. Para ser honesta, antes de conocer a Carlos, yo gozaba de un pasado muy aventurero. En comparación con mis amigas, yo era una Indiana Jones en el templo erótico-festivo. Qué tiempos aquellos…

Pero centrémonos.

—¿Y qué le digo ahora? ¿Que he cambiado de opinión? ¿Y si me dice que ha vuelto con su novia? —Lancé otra avalancha de preguntas a mi amiga.

—Lo que vayas a decirle piénsalo rápido, porque acaba de llegar a la fiesta.

Cuando me di media vuelta, vislumbré entre el grupo de invitados a Izan, que charlaba con Marco, alejado también de la hoguera. Por la expresión que mostraban los rostros de ambos, mucho más serena que esa tarde en la trastienda, supuse que habían solucionado sus diferencias.

—¿Vas a hablar con él o te vas a quedar aquí toda la noche? —insistió Rebeca.

—Voy a hablar con él si no me paga con la misma moneda y me manda a hacer puñetas.

—Tú asegúrate de que no te pase como en *Thelma y Louise* y el jovenzuelo te robe la pasta. —Se pegó un eructo del quince y se encaminó hacia la hoguera donde la esperaba su sombra…

Catrina. (Iuuuuh…)

Encontré a Izan en el otro extremo de la playa entre dos grandes rocas a poco más de un metro de la orilla. Se había sentado en posición de Buda sobre la arena y observaba el mar con gesto ensimismado. Esa noche llevaba una chaqueta de lana amplia estilo surfero y sus vaqueros gastados ahora doblados por encima de los tobillos. Para no variar, se había olvidado de los zapatos. Y para no variar también, sentí que mis bragas encogían dos tallas.

Cuando le alcancé entre aquellas dos rocas, mi corazón latía a tanta velocidad que me obligué a respirar hondo y despacio para disimular mis nervios. Izan, sin embargo, parecía estar sumido en un estado envidiable de relajación. Me echó un breve vistazo por el rabillo del ojo y, como si yo no estuviera allí, siguió contemplando la oscuridad del mar. Más tensa aún, me senté a su lado en silencio sin saber muy bien cómo debía abordar al asunto en cuestión. En serio, podía presumir de un pasado muy aventurero, pero me había quedado obsoleta en ciencia masculina.

Rompí su silencio:

—Esto no se me da muy bien.

—Entonces es mejor que no digas nada —farfulló el surfero.

Le miré interrogante.

—¿No quieres saber qué decisión he tomado?

Izan giró lentamente su rostro hacia mí. Su expresión era tan seria que me puse en lo peor. Pensé que se había arrepentido de su declaración de aquella tarde y se había follado otra vez a su novia. Sin embargo, contestó:

—Ya me imagino tu discurso: que lo nuestro no puede ser, que una mujer como tú no pierde el tiempo con un don nadie como yo, que soy muy joven… Como ves, puedes ahorrarte el mal trago.

—Sí, sería un mal trago para mí decirte todo esto, pero has errado en tu hipótesis, amigo. —Me armé de valor y posé mis labios, titubeante, sobre los suyos.

El rostro de Izan se iluminó entonces con una sonrisa sexi y encantadora y sus ojos cristalinos recuperaron ese brillo que mostraban la tarde que nos recogió, a mí y a Bec, en su furgoneta. Hipnotizada con su mirada, sentí sus dedos en mi barbilla y cómo, muy lentamente, acercaba mi boca de nuevo a la suya. Me dio un pico, otro más… y otro todavía más dulce. El chico zen besaba con la misma placidez que tomaba el café o estudiaba las olas del mar, dije para mí; y no pude evitar sonreír.

Entreabrí mis labios y profundicé mi beso. En ese instante, el hábil surfero coló su lengua en mi boca, la entrelazó a la mía y…, *oh, là là!,* allí estaba él, ese *piercing* pecaminoso que despertaba mi morbo cada vez que Izan lamía su helado o se mordía la lengua para contener la risa.

Como yo temía, nuestros besos fueron perdiendo ese baile mimoso y sosegado para optar por uno mucho más frenético y casi obsceno. Tanto fue así que me olvidé de que estaba a escasos metros de una fiesta y me senté a horcajadas sobre su regazo. Empujé sus hombros hasta que su espalda tocó la arena, atrapé sus caderas entre mis muslos y continué besándolo bajo un ritmo loco y desesperado. Y mientras mi boca le devoraba ansiosa, sus manos recorrían ávidas mi cuerpo. Las sentí alrededor de mis pechos, jugando con ellos. Las sentí deslizándose tentadoras por mi culo. Las sentí en el interior de mis muslos y en mis caderas. Una vez allí Izan me sujetó con fuerza y empujó su cuerpo contra el mío hasta obligarme a girarme sobre la arena. Clavó sus ojos en los míos y, mientras sus dedos desabrochaban mis vaqueros, dijo:

—Creo que estoy enamorado de cada milímetro de ti.

Aluciné con su declaración. Y todavía más cuando colocó su mano sobre mi pubis y poco a poco la deslizó sobre mi lencería humedecida.

Perdí el control. O el sentido de la prudencia. O directamente me estalló la cabeza. El caso es que, al igual que me había sucedido en el huerto, me olvidé por completo de dónde nos encontrábamos y no solo di vía libre a Izan para que hiciera conmigo lo que yo sabía y quería que hiciera, sino que además me vi a mí misma imitando su juego.

—Álex, joder, sííi… —le escuché jadear en mi cuello, y volvió a hacer serpentear sus dedos entre mis muslos.

Con aquella sutil caricia, mi vagina se contrajo de placer y mi mano, en un acto reflejo, comenzó a deslizarse suavemente a lo largo de su pene erecto. A medida que nos masturbábamos uno al otro, nuestros cuerpos poco a poco se abandonaban más y más a aquel excitante juego. Nuestras caricias se tornaron más rápidas e impetuosas y nuestros jadeos se volvieron tan ruidosos que dejé de escuchar el sonido de las olas y el murmullo lejano de los invitados de la fiesta.

Fue entonces cuando tomé consciencia de la realidad y del riesgo que corríamos de ser descubiertos.

—Izan, deberíamos parar esto antes de que venga alguien — musité contra sus labios.

—Mmm… Sí… —ronroneó, pero sin intención de hacerlo.

—Izan, ufff, para… Para, por favor —rogué esta vez; aunque mi mano traidora seguía deleitándose bajo sus…

«¿Sus no-calzoncillos? Ejem… Sin comentarios».

—Repite que pare y paro —me advirtió, al mismo tiempo que echaba a un lado mis bragas para acariciarme más profundamente.

—Nooo, digo… ohhh, sííi… —gemí.

Reconozco que, desde nuestro *fast & furious interrumptus sex,* me moría de ganas por terminar lo que empezamos. Además siempre había escondido una necesidad morbosa por sentir cómo un hombre perdía el control bajo mi mano. Incluso una parte de mí, muy loca, se excitaba por estar haciendo aquello a doscientos metros de un centenar de personas. Pero solo imaginar con que nos pillaban in fraganti…

Deslicé mi mano fuera de sus pantalones y le aparté sutilmente de mí.

—Para, Izan. En serio, detente.

—Joooderrr… —resopló quejoso—. Este verano contigo parece muy prometedor… si no me quedo antes impotente.

Dicho esto, contemplé avergonzada cómo Izan se dejaba caer sobre la arena a mi lado y se cubría el rostro con el antebrazo. Su pecho ascendía y descendía violentamente y las aletas de su nariz vibraban como la vaca que me atacó semanas atrás en el campo.

A toda prisa, me senté en la arena y me abaniqué la cara. Mi respiración seguía agitada también; y la sensación de pudor y desconcierto iba en aumento. No me podía creer que me hubiera dado semejante revolcón en una playa atestada de gente. Y no cualquier gente: entre ellos estaban mi amiga, mis compañeros de trabajo y gran parte de los alumnos de la escuela. Muchas veces había fantaseado con el sexo al aire libre, en un ascensor o en los probadores de unos grandes almacenes, pero jamás me había planteado llevarlo a cabo. Yo prefería la intimidad de cuatro paredes rodeando a una cómoda cama. Me sucedía lo mismo con los pícnics en el campo: me parecía idílico degustar un rica merienda sobre un mantel de cuadros en una pradera bajo la sombra de un árbol, pero si me daban a elegir, siempre me decantaría por una buena comilona a mesa puesta.

Con esta reflexión *tan profunda,* me recoloqué la ropa, me sacudí la arena del cabello y me puse en pie a toda prisa. Necesitaba escapar del pícnic sexual y reencontrarme con mi lado maduro.

—¿Dónde vas? —preguntó Izan extrañado.

—Eeh… Bueno, yo… Me vuelvo a la fiesta con Rebeca —dije apurada.

—¡¿Qué?! —exclamó sorprendido. A continuación, se puso en pie enfrente de mí como si tratara de impedirme el paso.

—Si quieres nos vemos en la fiesta cuando se te pase… —Señalé abochornada el tenderete que tenía montado bajo los vaqueros.

—¿No deseas acostarte conmigo?

—Sí…, claro —dije algo cortada.

—Bien —suspiró más relajado—. Entonces, te dejo elegir entre cabaña o Lucy, pero tú te vienes conmigo.

—No es buena idea. Si nuestros compañeros nos ven aparecer y desaparecer juntos, nadie va a tener ninguna duda de lo que hemos estado haciendo o lo que pretendemos hacer.

—Te daré tres minutos, Alexa, tiempo suficiente para que avises a tu amiga de que pasarás la noche conmigo. Después iré directo a mi furgoneta, donde espero encontrarte. Y, Álex —sostuvo mi muñeca—, no estoy dispuesto a escondernos de la gente, y estoy seguro de que tú tampoco quieres eso.

Se mostró tan categórico que solo me atreví a asentir con la cabeza. Me di media vuelta y, algo preocupada, me encaminé hacia la fiesta en busca de Rebeca. No iba a ser fácil poner límites a Izan.

Cuando avanzaba sobre la arena en dirección a las hogueras, me sorprendió escuchar los gritos histéricos de varias chicas de la fiesta. Dirigí la vista a la fuente del sonido y observé que varios chicos corrían detrás de ellas, se las cargaban a los hombros y salían disparados en dirección al agua. Mientras tanto un grupo de nuestros alumnos les silbaban y jaleaban a la vez que se despojaban de sus ropas dispuestos a bañarse en cueros en el mar. Retiré la vista de ellos y busqué con la mirada a mi amiga entre el resto de los invitados.

De pronto, escuché la voz cantarina de Rico a lo lejos.

—¡ALEEEEXITAAAAA!

Miré hacia atrás y contemplé estupefacta a mi compañero rastafari en pelota picada corriendo en mi dirección.

—¡Elige! ¡Con ropa o sin ropa! —vociferó.

Cuando comprendí lo que se proponía hacer conmigo, sentí que se me erizaba la piel y que me invadía una sensación de miedo intenso. En cuestión de un segundo, me dije un trillón de veces que él no intentaría nada, que, por mucho que quisiese, no era lo suficientemente fuerte para cargarme en brazos…, que solo pretendía asustarme.

Terrible error. Un instante después de pensar aquello, Rico se plantaba frente a mí, me cargaba al hombro y salía corriendo hacia el agua.

—¡Bájame, Rico! ¡Te ruego que me dejes en el suelo! —Gritaba y pataleaba con ahínco. Pero no sirvió de nada, porque mi compañero siguió avanzando por la arena a toda velocidad y no ralentizó el paso hasta que alcanzó el mar.

Me abracé con fuerza a su cintura y cerré los ojos. Solo con escuchar el sonido tan próximo de las olas, el chapoteo de sus pies en el agua y los gritos de los invitados cada vez más lejanos, me invadió una sensación de angustia asfixiante.

—¡No! No me sueltes, por favor —le ordené en esta ocasión.

—Relájate y disfruta del baño, Alexita.

Dicho esto, noté que los brazos de Rico me liberaban y que mi cuerpo se estrellaba estrepitosamente contra las violentas olas del océano.

Cuando entré en contacto con el frío gélido del agua, sentí un dolor lacerante que me atravesaba las ropas para calar profundamente en mi piel. Mi espalda colisionó contra el fondo arenoso e instintivamente parpadeé. Me encontraba rodeada de una oscuridad tan tétrica y turbia que me recordó a aquellas noches de niebla cerrada. Sacudí manos y piernas violentamente y durante una milésima de segundo logré ponerme en pie. Sin embargo, nada más emerger del agua fui empujada por la fuerza de una ola y perdí el equilibrio. De nuevo me vi sumergida en las profundidades, rodando y rodando a la deriva como un cuerpo sin vida arrastrado por la marea. Fue en ese momento cuando mi cerebro dio la voz de alarma para que tomase aire cuanto antes. Me dije que no lo lograría, que irremediablemente iba a ahogarme; y, tras aquella cadena de pensamientos catastróficos, emergieron los temibles recuerdos de mi infancia… Imágenes de un cielo nublado, un mar azul tormentoso, el cuerpo de mi madre inerte flotando a lo lejos y mi padre gritando, dominado por el pánico.

—¡¡Noooooo!! ¡Susana! ¡Susaaanaaa! ¡Mi mujer se está ahogando! ¡Que alguien me ayude! ¡Alexa, llama al socorrista! ¡Corre! No mires, hija, ¡no mires! Solo corre y pide ayuda.

—No, papi. Tengo miedo, yo me quedo aquí contigo.

—¡He dicho que corras! ¿Me escuchas? ¡Pide ayuda, maldita sea!

—No puedo, papi. Algo me sucede, porque no puedo moverme. No puedo andar, papá. Me estoy mareando…

18

Recuerdos

Karra (Portugal), 26 de junio

00.30 h

Rico me sacó del mar en brazos y me depositó en la orilla. Mi ropa estaba empapada de agua, me faltaban las zapatillas y todavía me costaba respirar. Pude ver por el rabillo del ojo que un tumulto de gente abandonaba la hoguera y se acercaba a nosotros a toda prisa. Ignoré sus preguntas y miradas y coloqué la cabeza entre mis rodillas. Necesitaba concentrarme en hacer mis ejercicios de respiración profunda y aliviar aquella horrible sensación de asfixia y mareo que me invadía. Claro que la cosa estaba complicada. Si no dejaba de tiritar, difícilmente me iba a relajar.

—¿Vas a vomitar? —me preguntó Rico cuando me vio con la cabeza entre las piernas.

Levanté la vista hacia él y volví a bajarla hacia el suelo todavía más horrorizada. Al rastafari no le había bastado con lanzarme al agua, sino que ahora me mostraba sus vergüenzas justo a la altura de mi cara.

—Aléja… aléjate. No quiero verte cerca de mí —le ordené chascando los dientes.

Escuché entonces a Rebeca abrirse paso entre la gente y cómo apartaba a Rico de un empujón para acuclillarse enfrente de mí.

—¿Qué te ha pasado? ¿Ansiedad?

Inspiré hondo y asentí en silencio. No era la primera vez que mi mejor amiga presenciaba uno de mis ataques de pánico. Después de mi «despolvo» con Carlos, vivió en primera persona la peor de mis crisis nerviosas cuando descubrí que se me había paralizado la lengua y apenas podía articular palabra. Por suerte, la angustia que había sentido esa noche cuando caí al agua no había sido tan intensa.

Quizá porque de una vez por todas había asumido que todos aquellos síntomas no anunciaban un infarto, como yo siempre había creído, sino que era mi retorcida mente quien los propiciaba.

Escuché la voz de Izan a mi espalda.

—Por favor, ¿me dejáis pasar?

Avergonzada, bajé la cabeza de nuevo entre las rodillas y continué inspirando y exhalando lentamente.

—¿Qué ha pasado, Álex? —preguntó preocupado. Se quitó la sudadera que llevaba atada a la cintura para envolverme con ella.

—El imbécil de Rico, que es un majadero y la ha lanzado al agua —le explicó Rebeca, muy enfadada.

—Fue una broma, tíos. Jamás me imaginé que no sabía nadar —se justificó el rastafari.

Levanté la cabeza y, con una sensación de cansancio mortal, contesté de mala gana a Rico:

—Claro que sé nadar, pero me he asustado.

—Alexita, perdóname. Te juro que mi intención nunca fue asustarte.

—¿Asustarla, pedazo de gilipollas? Imagina que realmente no sabe nadar. ¿O acaso la has visto bañarse alguna vez? O suponte que estaba curda perdida —saltó Bec en mi defensa.

—Pero sé nadar y no estoy borracha —repetí con desgana.

Izan, que seguía frotando mis brazos para que entrara en calor, trató de poner paz.

—Ey, Rebeca, ya se ha disculpado, ¿qué quieres que haga más? —Antes de que esta pudiera responderle con alguna bordería, se dirigió a su amigo—. Y tú, tío, vístete, que se te está encogiendo el pito.

Rico, como si no se hubiera dado cuenta de que estaba desnudo, se cubrió sus partes con las manos y con una breve disculpa salió corriendo en busca de su ropa. Los curiosos que nos rodeaban se echaron a reír. Yo también lo habría hecho si no hubiera sentido mil agujas clavadas en mi garganta.

De nuevo, Izan enfocó su atención sobre mí.

—¿Estás bien para andar? —Asentí con la cabeza. El chico zen apartó el cabello de mi rostro y susurró a mi oído—: Entonces, nos marchamos al campamento antes de que pilles una pulmonía.

Cuando me puse en pie, colocó su brazo sobre mi hombro y pegó mi cuerpo al suyo para que caminásemos juntos. Una parte de mí agradecía el gesto, porque a cada minuto que pasaba me moría más de frío, pero, la otra, la que se empeñaba en poner límites a Izan, se sintió extrañamente incómoda, sobre todo cuando fui consciente de las miradas suspicaces de todos los allí presentes. Me despedí de Rebeca y, ¡cómo no!, esta me respondió simulando acunar a un Nenuco entre sus brazos.

Durante los primeros kilómetros camino del campamento, Izan no paraba de lanzarme miradas intermitentemente. No sabía si estaba preocupado o si esperaba que yo le contara lo que me había sucedido. Fuera cual fuera su motivación, tanto escrutinio silencioso me estaba incomodando.

—Izan, por favor, céntrate en la carretera y deja de mirarme. Ya te he dicho antes en la playa que me encuentro mucho mejor —dije tras una de sus miradas penetrantes.

—¿Seguro? Tus gritos, Álex… —Frunció las cejas y negó con la cabeza, preocupado—. Cuando Rico te sacó del agua, chillabas histérica. Pensé que te estabas ahogando.

«Siempre me estoy ahogando».

—Déjalo estar, Izan. Tú dices que el silencio también es reconfortante, pues yo ahora mismo necesito ese mismo silencio para calmarme.

Levantó una mano del volante en son de paz y se enfocó en la carretera. Por mi parte, descansé la cabeza en la ventanilla y cerré los ojos. Me sentía tan agotada física y mentalmente que caí dormida al instante. Minutos después me llevé el segundo revés de la noche. Habíamos aparcado en el campamento y al desperezarme caí en la cuenta de que no llevaba encima las llaves de mi cabaña. Mi juego se encontraba junto a mi móvil dentro de mi bolso, que yo misma había guardado en el maletero del coche de Catrina. Una fatalidad, porque en aquel momento necesitaba completa soledad y lidiar con los recuerdos que habían aflorado aquella noche. Y otra cosa que no se me había pasado por alto: aquel chapuzón en el mar había enfriado algo más que mis ropas. Sin embargo, no me quedó más opción que disimular mi malestar delante de Izan y acompañarle a su bungaló.

Cuando abrimos la puerta de su cabaña, Evil, que dormía plácidamente sobre un cojín de lana, se puso en pie a trompicones, sacudió su pelaje y se lanzó a toda velocidad hacia nosotros. Primero, saltó sobre su dueño. Este la abrazó por la cintura mientras jugaba a bailar un vals con ella. Izan se partía de risa y, a cada carcajada, Evil emitía un ladrido estruendoso. Resultaban tan cómicos verlos que lograron robarme una sonrisa sincera. En mitad del *show*, la perra se libró de los brazos del surfero y buscó en mí una nueva pareja de baile. Brincó sobre mi abdomen con tanto ímpetu que trastabillé y me golpeé la espalda con la puerta. Fingí que no me había hecho ningún daño y le rodeé su robusto cuello dispuesta a darle un beso entre las orejas. Menos mal que reculé justo a tiempo, porque al ver mis intenciones, la pequeña ladrona lanzó su lengua de tamaño filete directa a mis labios.

—No seas besucona, Evil. —Izan la reprendió entre risas y tiró del collar de su perrita para llevarla de vuelta a su cama-cojín. Luego, se dirigió hacia mí con una cálida sonrisa—: Deberías darte una ducha para entrar en calor.

Fruncí el ceño recelosa y negué con la cabeza.

—No es necesario. Basta con que me prestes algo de ropa para cambiarme.

—Pero te vas a sentir mejor después de quitarte la arena y el salitre de la piel. Tú siempre te quejas de la urticaria esa tan rara que sufres.

—Te lo agradezco, pero esperaré a que Rebeca regrese de la fiesta para darme una ducha en mi cabaña.

Según respondí aquello, Izan me estudió como si yo fuera el mayor misterio para él. De pronto, noté que se mordía el labio inferior conteniendo la risa.

—¿De qué te ríes?

—De lo complicada que eres. En lugar de tomar el camino directo conmigo, siempre eliges el más enrevesado. —Me sonrió con dulzura y añadió—: Puedes darte una ducha tranquilamente, porque no pensaba asaltarte en el cuarto de baño... por esta noche.

Cuando se alejó hacia su habitación en busca de ropa limpia, me sentí la mujer más ridícula del planeta. ¿Por qué no había sido capaz de hablar claramente con Izan y explicarle que no estaba de humor para tener sexo?

«Tu ex. Esa es la respuesta», me respondió mi conciencia. Con él siempre fui demasiado cumplidora, al menos en temas de cama. Seleccioné «Carlos Sierra» en mi mente y apreté el botón de suprimir. Hombre nuevo, vida nueva.

El agua caliente no solo me ayudó a recuperar la temperatura, también relajó mis músculos y limpió mi mente de los malos recuerdos. Cuando salí de la ducha, vestida con la camiseta sin mangas y el bañador que Izan me había prestado, este me tenía preparado un tazón de cacao caliente.

—Si quieres, túmbate en mi cama y tómatelo allí. Yo mientras tanto me voy a dar una ducha rápida. —Me dio un pico en los labios y se dirigió al cuarto de baño suspirando.

Más que rápida, yo diría que se dio una ducha fugaz. En un par de minutos apareció de nuevo en la habitación con el cabello empapado, el torso cubierto de finas hileras de agua y ataviado con un pantalón de pijama demasiado ligero, demasiado caído y demasiado sexi.

Esa noche estaba siendo todo un poco demasiado, la verdad.

—Pensaba que ya estarías en coma profundo. —Me sonrió y se sentó en la cama al estilo indio, justo enfrente de mí.

—Me he desvelado con la minisiesta que me he echado de camino aquí. —Tomé mi último sorbo de cacao y le devolví la taza—. Y gracias por el cacao. Estaba buenísimo. ¿Sabes una cosa? De niña lo tomaba a cucharadas directamente del bote y luego me bebía la leche. Nunca lo mezclaba. Quizá mi problema es que no sé elegir el camino que toma el resto de los humanos —bromeé.

—Y por eso eres más interesante. —Se inclinó hacia el borde de la cama y depositó la taza directamente en el suelo. En cuanto Evil detectó el objetivo, no perdió ni un segundo en meter los hocicos y chupetearla.

—No quiero ser pesada, Izan, pero deberías enseñar modales a tu perra —le reproché, severa.

—A veces se siente humana, compréndelo. Además, las tazas se lavan.

Hice una mueca de asco y el surfero se echó a reír.

—De acuerdo, no hiperventiles, la tiraré directamente a la basura. —Se quedó callado unos segundos estudiando mi rostro y, luego, comentó en tono serio—: Me gustaría que confiaras en mí y me explicases la verdadera razón por la que entraste en pánico cuando caíste al agua. Y no me vale que me digas que te asustaste. Tal y como reaccionaste, tiene que haber algo más.

—¿Tenemos que hablar de eso otra vez? —me quejé.

—Me gustaría, porque estoy preocupado. De camino a casa, mientras reflexionaba sobre lo que te había sucedido, he sido consciente de algo en lo que no había caído antes: no solo te niegas a bañarte en el mar, tampoco te he visto refrescarte los pies en el agua o pasear por la orilla. Jamás. Así que todo apunta a que sufres algo parecido a una fobia al mar o que has estado a punto de ahogarte alguna vez.

Tragué saliva antes de contestar con la verdad.

—No, yo no sufro de ninguna fobia al mar. En todo caso, a recordar, y el mar precisamente me trae malos recuerdos. Mi madre... Le sucedió a ella.

El rostro de Izan palideció.

—¿Se ahogó?

—Sí, supongo... Aunque no me preguntes cómo sucedió, porque realmente no lo sé. Yo solo tenía doce años. —Apreté los párpados e inspiré hondo para tranquilizarme.

Sentí la mano de Izan acariciando mi brazo de modo tranquilizador. Luego, murmuró arrepentido:

—Cariño, lo siento. No he debido insistirte, pero también quiero que sepas que posiblemente nadie va a comprender tu dolor como yo.

—Ya... —asentí pesarosa.

Izan tenía razón. Conocía mejor que nadie el sabor amargo de la pérdida, solo que él era capaz de endulzarlo, porque conservaba miles de recuerdos bonitos junto a sus padres. Ojalá yo fuera como él...

—¿Quieres contármelo? —insistió.

Entrelacé mis manos a las suyas, inspiré hondo y liberé, a muy pesar mío, todos los recuerdos de aquel horrible día.

—Estábamos pasando las vacaciones en Almería. Nos habíamos bajado a la playa por no estar encerrados en el apartamento, aunque no hacía sol y esa misma mañana había estado lloviendo. Recuerdo que mi padre se quedó dormido en la toalla, y yo leía a su lado cuando mi madre decidió darse un baño en ese momento. Me extrañó mucho, porque el mar estaba muy revuelto y nadie se bañaba. Pero lo hizo, y, cuando fui consciente de que ella llevaba mucho tiempo en el agua, me puse en lo peor. Entonces desperté a mi padre y... —Se me trabó la voz. Una secuencia de imágenes horribles me atoraban la mente.

—Álex, no hace falta que...

Levanté la mano para que me dejara continuar. Tomé aire otra vez y proseguí:

—Fue... horrible. Mi padre comenzó a llamarla a gritos y a pedir auxilio. A continuación, salió corriendo a socorrerla junto a un grupo de bañistas. Yo estaba en la orilla, sola. Entonces, empecé a notar que me faltaba el aire, que me asfixiaba y no sentía las piernas. No podía caminar y mucho menos correr para avisar a los socorristas, y, al final, no sé cuándo ni cómo, me desmayé. Cuando recuperé la consciencia estaba tumbada en la playa, rodeada de caras extrañas. Recuerdo que sonaban las sirenas a lo lejos y la gente gritaba. Mi única obsesión en aquel instante era localizar a mis padres entre aquellos extraños, pero no estaban, y una mujer tampoco me permitía levantarme del suelo para buscarlos. Al rato, unos enfermeros me trasladaron a un ambulancia y entonces apareció él, mi padre. Iba envuelto en una manta y lloraba como un crío. No hizo falta que me lo dijera. Comprendí perfectamente lo que había pasado.

—Pero tú dijiste que ella había sufrido una parada cardiaca —murmuró al recordar nuestra primera conversación en su furgoneta.

—Esa siempre ha sido la versión que mi padre y yo hemos dado a la gente para evitar preguntas incómodas. Y la verdad es que me resultaba más fácil mentir que asumir que ella se había ahogado delante de nosotros. Pero todo está bien, Izan. Pasó hace tanto tiempo que ya no tiene sentido sufrir más.

—Dios..., ahora entiendo por qué no hablas jamás de ella. Nunca me he atrevido a preguntártelo, pero me sorprendía que nunca mencionaras a tu familia. Pensaba que eras muy independiente o que no mantenías buena relación con tu padre; pero ahora... Alexa, ¿por qué no me lo contaste antes? Cuando te atosigué para que tomaras clases de surf conmigo...

—Izan, cada uno maneja el dolor como bien sabe o puede; y yo directamente no sé manejarlo, así que prefiero bloquearlo. Esta noche, al verme sola en el agua, me asusté, y los recuerdos regresaron de golpe. No tengo miedo al mar, pero sí siento pánico a recordar aquel día y lo que vino después. Suena raro, pero tú lo has dicho: yo no tomo el camino directo, no soy capaz.

El surfero asintió comprendiendo, aunque dudaba mucho de que pudiera hacerlo. Él era completamente diferente a mí en ese aspecto..., entre muchos otros. Él era transparente...

Yo, opaca.

—Déjame ayudarte a borrar el dolor de tus recuerdos —aseguró con un brillo extraño en los ojos.

—Eso es imposible.

—Confía en mí, Alexa. Una canción triste siempre puedes convertirla en una canción mejor, ¿no lo sabías? La clave es encontrar la manera.

—No te entiendo.

—El mar te trae malos recuerdos, ¿no? Pues te enseñaré a disfrutar de él igual que yo. Te lo repito otra vez, Álex, confía en mí. El océano es el mejor bálsamo contra el dolor.

Abrí los ojos espantada. ¿Me estaba proponiendo lo que yo creía que me estaba proponiendo?

—Ni lo sueñes, Izan —respondí tajante.

—Tú eres mi sueño, cariño. —Me estrechó entre sus brazos y acarició las puntas de mi cabello, todavía mojadas—. Te va a encantar la experiencia, te lo prometo.

Vi que enmarcaba mi rostro con sus fuertes manos y posaba sus labios en mi frente. Sentí que besaba mi cabello, mis mejillas, mi nariz... y cada milímetro de mi rostro. Cerré los ojos y me permití disfrutar de la sensualidad y el mimo de cada beso. Cuando sus manos me empujaron suavemente para tumbarme en la cama, me abracé a él y aspiré ese aroma natural y puro de su piel. Jamás imaginé que el olor de otra persona pudiera transmitirme tanta paz y seguridad, pero con él pude percibirlo como algo tangible y real.

Y así fue como nos quedamos dormidos; flotando entre besos, caricias y susurros tiernos capaces de endulzar la amargura de los viejos recuerdos.

Estaba en el séptimo cielo cuando sentí una lengua juguetear sobre mis labios.

—Nooooo —gimoteé. Había perdido la cuenta de todas las veces que había rogado a Carlos que no me despertara tan pronto los fines de semana; pero él, erre que erre, insistía en que madrugásemos para desayunar juntos. Y ¿para qué? Si luego don Marimandón se centraba en leer el periódico y no me escuchaba cuando yo le hablaba.

Me di media vuelta en la cama y escondí la cabeza bajo el edredón.

—Álex, no te hagas la remolona y levántate. Tenemos que irnos.

Aparté el edredón de mi cara y abrí los ojos de par en par.

—¡Izan! —exclamé con voz ronca y un horrible sentimiento de culpabilidad. De pronto, una lengua rasposa aparecía de la nada dispuesta a besuquearme otra vez—. ¡Ayyyy, Evil! ¡Eres una cochina! No se chupa, nena. Eso no está bien. —La aparté suavemente de mí y levanté un dedo hacia su dueño a modo de advertencia—. Tienes que enseñarle a guardar la lengua dentro de la boca, Izan. Los perros transmiten enfermedades, y me veo regresando a Madrid con un quiste canino en los morros.

Divertido, el surfero sostuvo la cabeza de su perra y pegó su frente contra la de ella.

—No te pongas triste, Evil —le susurró con ternura—. Se refiere a mí con lo del transmitirle un quiste en su hocico. Tú, bonita, solo transmites amor.

Fruncí los labios para no romper a reír. La verdad es que Izan tenía razón. Parecía impensable que una pitbull con pintas de matona de barrio pudiera ser tan tierna como un oso amoroso. Supongo que las mascotas son un reflejo de sus dueños.

Aparté las sábanas y me levanté de la cama sosteniendo con las manos mis malheridas lumbares. Sin duda, había cometido el peor suicidio muscular contra mi espalda al compartir aquel «cutre-catre» con Izan. Miré mi reloj y descubrí espeluznada que marcaba las nueve y media. Me volví hacia Izan hecha una furia.

—¡¿Por qué me despiertas tan pronto si hoy no trabajamos?! —Menuda cruz me había caído a mí con los hombres, leches. Mi próxima conquista sería un concursante del *Gran Hermano,* para levantarme con él a las dos de la tarde.

Izan, mucho más animado que una servidora, se puso en pie de un salto, me rodeó la cintura y me elevó del suelo dos palmos.

—Chica de las olas, alegra esa cara. Hoy tienes tu primera clase de surf, y cuanta menos gente haya en la playa, más cómoda te sentirás.

Me puse tiesa como un palo.

—¿Y desde cuándo quiero aprender a surfear?

—Desde anoche.

—Oh, no… ¿Otra vez con eso? —farfullé.

—Me lo prometiste.

—Es imposible que salieran esas palabras de mi boca, porque la tenía ocupada con la tuya.

—Dijiste un sí cuando te lo propuse la quinta o sexta vez, no lo recuerdo bien. Yo también estaba muy entretenido con tu boca —aseguró con una sonrisa canalla.

Seguí en mis trece y negué, rotunda, con la cabeza.

—Una promesa es una promesa, cariño, así que nos vamos a tu cabaña para que te pongas un bikini.

Sin liberarme de sus brazos, cruzó la puerta de su cabaña y caminó hasta la mía conmigo en volandas. Una vez en el porche, me depositó en el suelo:

—Te espero aquí. Si en cinco minutos no estás lista, entraré a por ti y te llevaré al hombro hasta mi furgoneta. Te ataré al asiento y no te liberaré hasta que lleguemos a Bordeira.

—¿Qué es Bordeira?

—Una playa tan bonita como tú. —Besó mis labios y me empujó hacia la puerta—. Recuerda, Alexa —añadió—: tienes cinco minutos o entraré a buscarte, aunque tenga que pegarme con el ogro que duerme ahí dentro.

Resoplé como un caballo. Yo sí que estaría «bordeira» con Izan. Sobre todo, si no me echaba una buena siesta esa tarde.

¿Me podía enamorar de un lugar? ¿De un pedazo de tierra? Esa mañana junto a Izan no habría sabido qué contestar. Meses después descubriría que el enamoramiento no se ceñía en exclusiva a las personas ni a las relaciones. El amor es tu propia respuesta refleja cuando miras el mundo con pasión.

Esa fue la explicación que me di a los sentimientos que me despertó Bordeira desde el minuto uno en que aterricé en ella. Cuando me apeé de la furgoneta, contemplé absorta aquel desierto oceánico que se desplegaba bajo kilómetros de dunas blancas y al que solo podías acceder atravesando una pequeña laguna natural de agua cristalina. Me recordó a aquellas playas paradisiacas que aparecían en las películas románticas o en las páginas de viajes de ensueño de las revistas femeninas. Era tan hermosa y dispar que te cortaba el aliento. Su brisa olía a paz y libertad, a naturaleza salvaje. Un lugar perfecto para perderse del mundo… o la excusa perfecta para querer vivir eternamente en él.

—¿Qué te parece? —me preguntó Izan mientras descendíamos por la última duna.

—Es impactante… Parece que estamos en medio del Sáhara.

—Esta playa es mi refugio cuando necesito reflexionar. —Sonrió al mar…, a *su* mar.

El primer cuarto de hora de mi clase de surf, Izan se dedicó a enseñarme la «anatomía del oleaje». Sentados en la arena, me pidió que contemplara la marea en silencio y analizara qué dirección tomaba. Así descubrí que las olas podían romper a la izquierda, a la derecha o en pico; y que no se diferenciaban solo por altura como yo creía. También variaban según su forma.

—Hay olas de barrera, tubos, huecas, espumosas o fofas.

—Fofas como mi culo —añadí con una risa nerviosa.

—Tómatelo en serio, Alexa. Surfear es muy parecido a hacer el amor: tienes que estudiar a tu compañero para saber cómo cabalgarle.

¿Pretendía que me lo tomara en serio con aquella bohemia surfera? Asentí sonriente y le di un pico tierno en la boca.

—Y no pienses que me la das con queso —añadió, a continuación—. Sé que utilizas tu sentido del humor para ocultar el miedo. Y ahora mismo te haces pis encima, cariño.

Abrí la boca para defenderme, pero la volví a cerrar. Izan empezaba a conocerme, y no tenía muy claro todavía si eso era una buena o mala señal.

Después de nuestra clase teórica, el surfero me obligó a correr por la playa para calentar mis músculos y practicar en tierra firme las tres posiciones clave para elevarme sobre la tabla. Cuando consideró que estaba preparada, anudó la cinta de la tabla a mi tobillo, me la colocó bajo el brazo y prácticamente me llevó a empujones hacia el agua.

Media hora después de mi primera incursión en el mundo del surf había perdido mi sentido del humor, el orgullo y la dignidad. No había conseguido ponerme en pie en la tabla ni una sola vez. Eso sí, me había bebido medio Atlántico por la nariz.

En mitad de la nada oceánica, me senté en mi tabla con gran esfuerzo y suspiré derrotada. Seguidamente, Izan saltó como un puñetero delfín y, apoyando las manos sobre ella, se acomodó enfrente de mí.

—Vamos a aprovechar este descanso para repasar las tres posiciones del *take off* — me sugirió.

—¿Otra vez?

—No seas quejica, Alexa. Tampoco te estoy pidiendo que las escribas cien veces en un cuaderno. Es importante que las repases mentalmente muchas veces para que logres interiorizarlas.

Quién iba a imaginar que mi dulce Babysurf era un señor coñazo con titulación superior cuando entraba en modo profesor... Torcí el morro, pero obedecí resignada:

—De acuerdo. Veamos... Mmm... Uno: cuando me empuje la ola, apoyo las manos en la tabla a la altura de mi pecho, levanto el torso y arqueo la espalda. Dos: coloco el pie derecho en la marca trasera de la tabla; y tres: de un salto, apoyo el pie izquierdo en perpendicular formando un ángulo que no exceda los treinta grados. Luego, pierdo el equilibrio, me caigo al agua como un pato mareado y blasfemo mientras me bebo litros de océano.

—De eso nada. Cuando te pongas en pie en la tabla, debes relajar tu cuerpo y extender los brazos para mantener el equilibrio. Y no te inclines hacia atrás como haces siempre. Es importante que lleves el peso de tu cuerpo hacia el morro de la tabla y que fijes la vista en un punto lejano. Recuérdalo siempre, Álex: tanto en la vida como en el surf, uno debe mirar siempre hacia el horizonte para no caerse.

«Si ese horizonte no es oscuro e incierto».

—Asúmelo, Izan. Me voy a caer... —Suspiré desanimada—. Lo he intentado cien veces y no he conseguido mantenerme sobre la tabla ni medio segundo.

—Pero ya no sientes ansiedad.

Hice un repaso de mi estado clínico: ritmo cardiaco normal, cero palpitaciones, ningún mareo y un incipiente cabreo. Efectivamente, el miedo estaba controlado. Eso sí, me sentía física y psicológicamente cansada, y el neopreno, por mucho que dijera Izan, no me protegía del frío por completo.

—¿Podemos dejarlo por hoy, por favor? —Me esforcé en poner mi mejor carita de Bambi.

—Vamos, inténtalo una vez más y me harás feliz.

—Te puedo hacer feliz de muchas otras maneras —le recordé coqueta.

—De eso no me cabe duda. —Puso los ojos en blanco, pero no pudo disimular su media sonrisa.

—Izan... —Esta vez pronuncié su nombre con tono lastimero—. Jamás aprendí a montar en patines en línea, y mi padre no me quitó los ruedines de la bici hasta que no cumplí la mayoría de edad, te lo juro. ¿Y sabes por qué soy tan negada?

—Sorpréndeme.

—Porque nací con un defecto congénito que me impide mantenerme en equilibrio tanto físico como emocional. Soy una desequilibrada total, Izan. De nacimiento.

Por primera vez desde que habíamos empezado la clase, le escuché reír con ganas.

—Me parece, cariño, que tu único defecto congénito es la cobardía. Así que deja la guasa, túmbate en la tabla de una vez por todas y ponte a remar.

—No me hagas esto...—supliqué.

Repentinamente, dio un golpe seco en mi tabla y se zambulló.

—¿Te largas? —pregunté sorprendida cuando asomó la cabeza.

—Sí, me marcho, Alexa. Si te quieres rendir, es tu problema, pero quédate con esto: serás mi primer fracaso como profesor, porque no ha habido ningún alumno en todos estos años que no se haya puesto en pie sobre la tabla en su primera clase conmigo.

—¡Eso no es cierto! —contesté indignada. Debía de existir algún ser en el planeta más inútil que yo.

—Estoy siendo completamente sincero —afirmó.

Le miré furiosa y me escuché decir:

—¡De acuerdo! Lo intentaré de nuevo. Pero solo una vez más. Y que conste que soy consciente de que estás utilizando conmigo psicología inversa.

Sonrió victorioso y empujó mi tabla.

—Cierra el pico y rema.

Me tumbé en la tabla y comencé a dar brazadas con todas mis fuerzas hasta que escuché silbar a Izan. Aquella era su señal de aviso para que girara y me encarase en dirección a la orilla (la misma que utilizaba con Evil, por cierto).

—¡Sigue remando, chica surf! —gritó de nuevo.

Resoplé mentalmente y obedecí como un perrito faldero al borde del infarto. Aquel deporte era un matacuerpos, especialmente si el único ejercicio físico que practicabas consistía en buscar el mando por la casa para tumbarte a ver tu serie de televisión diaria. Y mientras maldecía por mi falta de fondo, un segundo silbido me advirtió de que me preparara para recibir mi ola. Crucé los dedos mentalmente y, cuando detecté que la marea elevaba mi tabla, respiré hondo y salté sobre ella como dios me dio a entender.

Un nanosegundo después, mi tabla se deslizaba a toda velocidad sobre la espuma y, asombrosamente, yo lograba mantenerme en equilibrio con las piernas flexionadas y aleteando los brazos como una pava asustada. Apenas podía ver a través de las miles de gotas de agua que salpicaban mi cara; sin embargo, era absolutamente consciente de la tensión de mis músculos, de la adrenalina fluyendo por mis venas y de esa sensación de júbilo y libertad de la que me había hablado Izan tantas veces. Grité de pura felicidad. Parecía increíble, pero lo había conseguido: estaba cabalgando mi primera pequeña gran ola, y jamás de los jamases me había sentido tan orgullosa de mí misma.

Hasta que la tabla comenzó a frenar a trompicones, encalló bruscamente en la orilla y yo salí volando por los aires para caer en plancha sobre la arena.

«Auuuuch… ¡Mierda!».

Me había reventado las tetas.

Con la respiración agitada y un dolor agudo en la pechuga, oteé el océano en busca de Izan. Este caminaba entre las olas en dirección a la orilla. Cuando percibió que yo le observaba, levantó sus pulgares y silbó en aprobación. Yo, Alexa Vera, ameba de sofá, había aprobado mi primera clase de surf.

De pronto, sentí que mi corazón estallaba de alegría como una bomba de confeti y pajaritos canturreando notas de amor. Me quité la cinta de la tabla y salí corriendo hacia él.

—¡¡Izan!! ¡¿Has visto? ¡Soy la puta ama del surf! —Me lancé a sus brazos y aplasté mi boca contra la suya. Se dejó caer contra el agua y me arrastró con él.

Cuando emergimos a la superficie, me regaló la mejor de sus sonrisas.

—Te dije que lo conseguirías, chica de las olas.

—Solo gracias a ti. Eres el mejor profesor del mundo. —Aparté su cabello de la cara y le besé por segunda vez—. El mejor y el más guapo. —Le besuqueé una docena de veces más.

Mientras tanto mi adorable Babysurf reía sonrojado bajo mis labios.

—¿Quieres intentarlo otra vez, chica surf? —le escuché decir después.

Alejé mi rostro unos centímetros del suyo, y por si no le había quedado clara la intención de mis besos, rodeé su cintura con mis piernas y le susurré un plan mucho más interesante.

—¿Por qué no continuamos con las clases en tu cabaña, señor profesor?

19

Bienvenida al Edén

Karra (Portugal), 26 de junio

16.00 h

¡Boom!

Cerró la puerta de una patada.

¡Clic!

Echó el cerrojo y con el peso de su cuerpo me empujó contra la pared.

¡Wow!

Enmarcó mi cara entre sus manos sexis, estampó su boca en mi boca y…

¡Tachán! Con todas ustedes… ¡¡Sir Piercing Brosnan!!

—Tu vestido, cariño —susurró Izan, mientras paseaba su lengua pecaminosa por mi mentón.

Levanté los brazos y… *voilà!* De un tirón me lo sacó por la cabeza.

—Bañador —le ordenó una servidora.

Él sonrió. Yo sonreí. Un unicornio vomitó un arcoíris de colores en mi mente y observé complacida cómo mi pequeño Babysurf empuñaba el elástico del bañador y se bajaba la prenda hasta los tobillos. (Por cierto, ¿he mencionado alguna vez que Izan estaba mucho más guapo vestido? Pues lo retiro).

—Bikini —pronunció él.

Alejé la espalda de la pared y me contoneé.

—Proceda usted, señor profesor.

Con un suspiro, llevó sus dedos a las cintas elásticas y, un par de segundos después, los dos triángulos de licra caían sobre mis pies.

—Dime que tienes un máster en nudos marineros —bromeé.

—Lo tengo. —Sonrió divertido y, ¡por fin!, decidió demostrarme que sus habilidades no se reducían exclusivamente a deshacer nudos.

Primero, acarició mis pechos con la yema de sus dedos.

—¿Te gusta?

—Puede que sí… —respondí coqueta.

—¿Y esto? —Lamió mi pezón antes de succionarlo delicadamente.

Jadeé.

—¿Más?

Asentí. Lo atrapó entre sus labios para después ofrecerme pequeños golpecitos de la mano del fabuloso Sir Piercing Brosnan.

—¡Oooh…! ¡Sííi…!

Pues eso, chica, que así empezó mi camino ascendente hacia el auténtico paraíso. Un viaje inolvidable donde los placeres de la carne me revelaron nuevos caminos por explorar. Entre ellos, descubrí asombrada cómo la extraña sensación del metal de su lengua contra mi piel desataba un deseo tan tórrido como enloquecedor y que, con cada pequeño toque de aquella sobre mis pezones, mi vagina se humedecía más y más. Se sentía delicioso; tanto, que apoyé mi manos en la pared y cerré los ojos dejándome llevar. Saboreé plácidamente cómo Izan deslizaba su lengua por mis costillas y descendía por la curvatura de mi cintura hasta detenerse en el borde de las bragas de mi bikini. Una vez allí, sus dedos deshicieron los lazos a mis caderas y, cuando la prenda cayó rozando el interior de mis muslos, la «Bella Durmiente» entre mis muslos comenzó a palpitar impaciente por sentir aquella joya en su interior.

Instintivamente, separé mis piernas y contemplé cautivada cómo él separaba mis labios para deslizar su lengua. La visión tuvo un efecto chispeante en mi mente. Mis pies se elevaron en puntillas y necesité sujetarme en sus hombros para no vencerme sobre él.

De pronto, fui consciente de otro hecho insólito: que verle allí, arrodillado ante mí, me despertaba una excitación de morboso poder. Un poder desconocido hasta ahora por mí. Una especie de embrujo que hechizó mi lado racional y cada uno de mis sentidos.

Izan era alucinante. Un sueño. Su cabello dorado y desgreñado descansaba sobre sus fuertes hombros mientras él me succionaba con fuerza. Sus ojos azules clavados en mi rostro parecían intoxicarme de lujuria con cada lamida sobre mi piel; y esos músculos de su espalda brillante y dorada bajo una capa de ligero sudor, que se contraían y relajaban, me tenían completamente hipnotizada.

No sabía si algún día olvidaría o no el nombre de Izan, pensé en aquel momento; pero estaba segura de que guardaría ese recuerdo de él tan sexi y masculino postrado a mis pies en mi cajón de las fantasías.

Y al igual que me había sucedido la noche anterior en la playa, perdí el control. Solo que en esta ocasión no ahogué mis gemidos ni jadeos. Tampoco pude esconder al universo la vehemencia de mi clímax. Ni pude frenar los grititos de placer cuando me embestía con sus dedos y yo me derrumbaba contra la pared bajo la vibrante sensación de un orgasmo tras otro.

Repito: Izan era alucinante.

Minutos después, cuando me desperezaba de mi trance posorgásmico y abría los ojos, me encontré con el *prota* de mis futuras fantasías nariz con nariz. Este me observaba con ese gesto introspectivo tan característico de él.

—Hola… —pronuncié tímidamente.

—Hola, chica de las olas. Bienvenida al Edén. —Me guiñó un ojo y se inclinó ante mí con una reverencia muy cómica.

Me cubrí la cara con las manos y rompí a reír.

La tarde y la noche con Izan dieron para más, para muchísimo más. En gran medida, debido a toda esa tensión sexual que llevábamos acumulando durante semanas y por la certeza de que nuestros jefes no se presentarían en la cabaña de su empleado para requerir sus servicios. Tiago y Marisa, según me contó Izan, estaban pasando el fin de semana en un pueblo del interior de Portugal visitando a unos amigos. Estos últimos eran dueños de una gran finca en medio del monte y habían organizado una cacería. De ahí que Tiago le hubiera pedido prestada a Evil para que le acompañara como perro de muestra.

—Las únicas presas que va a levantar serán los zapatos de las invitadas —le advirtió Izan. Pero el testarudo del jefe le insistió tanto que su empleado aprovechó la oportunidad para negociar: Evil a cambio de dos días libres aquella semana.

Después de que Izan me desvelara cuáles eran sus métodos para lidiar con Tiago, tomamos un tentempié y nos fuimos directos a la ducha. No pude resistirme y le pedí que me dejara lavar su cabello (o «montármelo con él»). Me emocioné tanto cuando aceptó que vacié medio bote de champú en su cabeza sin querer. Al minuto siguiente, aquello parecía la fiesta de la espuma e Izan el adorable Copito de Nieve. Reconozco que me reí y disfruté como una niña pequeña con su primera cabeza de peluquería. Y no fui la única que gozó de aquel momento. Lo supe en el cuarto aclarado, cuando descubrí que otra parte de la anatomía del surfero trataba de captar mi atención por todos los medios.

Cerré el grifo del agua y detuve a Izan antes de que se saliera de la ducha en busca de una toalla. Cuando se giró hacia mí, le sonreí con picardía y besé sus labios apasionadamente.

—¿Aquí? —preguntó divertido cuando adivinó mis intenciones.

—Ajá…

Sin apartar la mirada de él, deslicé mi cuerpo contra el suyo hasta arrodillarme sobre la loza. Acaricié su pene erecto y lo besé.

—Tienes la boca más incitante y sexi que he visto en mi vida —susurró, y acarició mis labios con su pulgar en una clara invitación.

Dispuesta a cumplir sus deseos, sostuve la base de su pene y rodeé el glande con mis labios. Me recordé a mí misma que el que tuvo retuvo y que solo necesitaba un pelín de 3-EN-UNO contra mi oxidación en materia masculina.

«Concéntrate y ponte al lío, monina».

«Eso digo yo, centrémonos».

Dibujé círculos con mi lengua sobre él y soplé suavemente. A continuación, introduje su miembro hasta el fondo de mi boca y comencé a succionarle a un ritmo continuo y lento. Con cada una de mis embestidas, sus gemidos se tornaban cada vez más eróticos, los músculos de su abdomen se contraían y relajaban y su pene crecía aún más en mi boca. El contraste de la suavidad y dureza de su miembro contra la humedad de mi lengua fue despertando un delicioso cosquilleo en mi bajo vientre.

—Álex…, diossss… Para, si no quieres que… —jadeó.

Inspiré hondo y volví a deslizar mis labios hasta la base de su pene una y otra vez sin el menor descanso hasta que logré ofrecerle un potente orgasmo.

Besé su pubis, besé su abdomen, sus pectorales y su suave cuello; y cuando alcancé su rostro, le devoré los labios con una pasión que no había sentido jamás por nada ni por nadie.

«Bienvenido a mi mundo, Izan… Bienvenido a la locura».

Si el surfero era pausado al hablar, al caminar, cuando degustaba una taza de café o extraía el jugo de las naranjas con un exprimidor, el sexo no iba a ser una excepción. Después de una rápida segunda ducha, me cargó en brazos hasta su cama. No parecía tener prisa, porque hicimos más paradas por la cabaña que la línea circular del metro. Daba un paso y me besaba. Otro y venga a besarme sin parar. Detalle que agradecía, pero, dado el calor que me consumía por dentro, cuando llegáramos a nuestro destino, la cama, su chica de las olas se habría convertido en un torrezno socarrado.

En fin… Una vez que alcanzamos la meta, aplaudí mentalmente y me lancé a su cuello desesperada. Pero ni por esas, chica. Aunque el surfero había recuperado su erección (si es que alguna vez la había perdido), decidió tomarse su tiempo conmigo. Masajeó mi cuerpo con dedicación, me cubrió de arriba abajo con pequeños besos e incluso lamió los deditos de mis pies uno por uno. Cuando ya me tenía gimiendo de nuevo entre las sábanas, abandonó la cama con paso relajado en dirección al cuarto de baño, donde guardaba los profilácticos. (Nota mental: regalarle una mesilla).

A dios gracias, Izan no se demoró demasiado. De vuelta al nido de amor, se colocó a horcajadas sobre mí y me ofreció el preservativo que sostenía entre sus dedos. Yo, como la cagaprisas que siempre he sido, se lo arrebaté de las manos, abrí el envoltorio y se lo deslicé sobre su miembro a la velocidad de la luz.

Segundos después, él se tumbaba con sumo cuidado sobre mí.

—¿Estás preparada para subir a la cresta de la ola? —ronroneó en mi oído.

—Desde hace semanas —confesé.

—Todo culpa tuya, cariño. —Sonrió ladino y comenzó a penetrarme muy lentamente. Sí, DES... PAAA... CITO.

Apremiada por mi deseo, rodeé su cintura con mis piernas y elevé mis caderas para fundirme con él. Al instante, sentí que sus fuertes manos me inmovilizaban contra el colchón.

—Paciencia, amiga —susurró de nuevo—. Lo haremos a mi manera.

Y su manera resultó ser la experiencia sexual más sublime y chocante que había compartido con un hombre. Mientras me estudiaba con esos ojos de ensueño, se introducía dentro de mí dolorosamente despacio, una auténtica tortura para alguien impaciente como yo. Sin embargo, descubrí que esa lentitud avivaba todavía más mi deseo y que podía percibir con claridad cada sensación que él despertaba en mi cuerpo: la humedad entre mis muslos, cómo mi vagina cedía poco a poco con cada sutil avance, cómo se contraía alrededor de su miembro...

Cuando Izan se hundió hasta el fondo y yo pensaba que comenzaría a cabalgarme con ese ímpetu que demostraba en el surf, se limitó a acariciar mi cabello y besar mi frente.

—Muévete, Izan —susurré sepultada bajo el peso de su cuerpo.

Y se movió..., pero solo con sus labios. Continuó besándome y deslizando su lengua por mi cuello mientras seguía enterrado en mi interior.

—Izan, por-favor-por-favor-por-favor... —gimoteé.

Escuché que su respiración se aceleraba después de mis ruegos y me dije victoriosa que yo había ganado la batalla. Sin embargo, apoyó su frente contra la mía y me sugirió que saboreara el momento...

—Céntrate en la unión de nuestros cuerpos, en cómo me sientes y yo te siento...

Sus susurros sonaban tan prometedores que no pude resistirme a obedecer. Cerré los ojos y me concentré en su piel acariciando mi piel, en sus pectorales duros sobre mis pechos, en el aroma a mar y champú de su cabello. Podía notar sus glúteos tensos bajo mis tobillos y cómo mi vagina palpitaba alrededor de su dureza. Él tenía razón. Sentirnos resultaba excitante, placentero y deliciosamente frustrante. Frustración que a su vez azuzaba más mi excitación. Pero no me moví. Y cuando creía flotar en sus ojos oceánicos, Izan coló sus manos bajo mi cintura y me obligó a rodar por la cama hasta colocarme sobre sus caderas.

—Ahora sí, chica de las olas, cabálgame como tú sabes hacerlo.

No hizo falta que me lo repitiera dos veces. Adelanté mis caderas y me balanceé suavemente sobre su pubis en busca del ritmo perfecto que nos permitiera gozar a los dos. Con cada vaivén de mi cuerpo, él gemía y elevaba su pelvis con fuerza. De pronto, vi que sus manos buscaban las mías, que entrelazaba nuestros dedos y las posaba unidas sobre el centro de su pecho. Suspiré conmovida y él me correspondió con una sonrisa tan sexi y bonita que casi muero de amor.

Ahí estaba el hechizo. Conexión, amor y paz. Tres palabras que definían el sexo con Izan a la perfección.

Desperté de mi merecida siesta con los últimos rayos del sol de la tarde. Izan había encendido todas esas velas que colocaba estratégicamente en su cabaña y preparaba la cena. Me propuso que comiéramos en la cama, completamente desnudos. Fingí que me encantaba su idea, aunque en el fondo me parecía una auténtica cochinada comer en cueros, entre sábanas arrugadas que rezumaban a sexo y sudor. No hay guarra que no sea escrupulosa, habría sido el comentario de Rebeca, la que siempre se quejaba de mi ineptitud como ama de casa.

En fin, acepté «pícnic en catre» como animal de compañía, y reconozco que disfruté de aquella marranada tanto como compartiendo la ducha con él. Incluso la grasienta *bifana* que nos zampamos me supo al mejor de los manjares. También me rompió mis esquemas la eXcitación seXual (sí, con equis mayúscula) que eXperimenté al observar a Izan comer desnudo…

O el cosquilleo entre mis muslos cuando él lamía el jugo de sandía en mis dedos…

O que me recorriera un escalofrío lujurioso y calcinante cada vez que mordía un trozo de sandía para colarlo en mi boca con un beso de lo más sucio y salvaje. Beso que terminó en una nueva sesión de seXo tan alucinante e inolvidable como el de horas antes.

Recuerdo que en el viejo tocadiscos de sus padres sonaba *Je t'aime, moi non plus,* de Serge Gainsmourg, una balada que ya había escuchado docenas de veces durante nuestros viajes en furgoneta. Solo que en aquella ocasión mi cuerpo yacía relajado entre las sábanas, su pecho sobre mi espalda, mis manos enlazadas a las suyas mientras su boca jugaba en mi nuca. Y como cantaba Gainsmourg en su canción con aquella voz ronca tan peculiar, Izan iba y venía entre mis caderas como las olas oscilantes que se deslizan en la arena de una isla desnuda.

—Te quiero —susurró en mi oído el estribillo.

—Yo a ti… tampoco —le respondí en un intento bochornoso de unirme a la canción.

A la mañana siguiente, amanecí sola en la cama. Y lo peor de todo: aquel despertar fue más doloroso que el resucitar de un vampiro. Terrorífico. Abrí los ojos, traté de incorporarme y grité de pura agonía. No podía mover un músculo sin sentir un latigazo atravesando mi lastimado cuerpo y, a cada inspiración, mis pechos se encogían como mimosas asustadas.

Agujetas. Sufría una ataque agudo de putas agujetas.

Cuando logré ponerme en pie, leí la nota que Izan me había dejado en la cocina. Me informaba de que había salido a correr y que regresaría unos minutos antes de salir para el trabajo para darse una ducha rápida. El problema era que yo necesitaba pasar por mi bungaló, asearme y ponerme ropa limpia; y, dado que caminaba como una ancianita, esperaba realizar todas esas tareas antes de que llegara el momento de mi jubilación.

Entré a mi habitación arrastrada mientras Rebeca roncaba a pata suelta. Con mucho sigilo, caminé hacia mi arcón. Me agaché para abrirlo y…

—¡¡Me cago en mi estampa y en el puto surf!! —exclamé muerta de dolor.

De un salto, Rebeca se incorporó en la cama.

—¿Qué pasa? ¿Qué pasa? ¿Llego tarde?

—No, tranquila, duérmete —la tranquilicé en voz baja.

Se frotó los ojos y me contempló.

—¿Por qué estás encogida en el suelo?

—Ay, Bec, no te lo vas a creer, pero me he roto todas las fibras musculares. —Me erguí despacio y me llevé las manos al pecho para contener el dolor que me provocaba el mero hecho de tomar oxígeno.

—Ya… Eso te pasa por follar con hombres mucho más jóvenes, abuelita —respondió entre risas.

—¡Oh, cállate! —refunfuñé—. El sexo no tiene que ver con mis agujetas. Ha sido el puñetero deporte, Bec. Ayer hice surf por primera vez y creo que será la última… No entiendo por qué tú no sufriste agujetas.

—Porque soy Ironman, no te jode. Pues claro que tuve agujetas, igual que tú, solo que no te enteraste porque estabas demasiado ocupada jugando con tu muñeco. Pero tranquila, si yo sobreviví al dolor en silencio, tú también lo harás. Tómate un ibuprofeno y sal pitando de la habitación.

Me senté a descansar un poco sobre mi cama y farfullé:

—Qué borde eres, guapa.

—¡¿Borde?! —exclamó Rebeca indignada—. Anoche mientras te lo montabas a voz en grito con tu Nenuco, yo me echaba una partida al solitario, así que déjame dormir la hora que me queda, pesada. —Ahuecó su almohada y se cubrió con la sábana hasta el cuello.

Me dejé caer de espaldas sobre el colchón y me pregunté si sería capaz de cambiarme de ropa tumbada.

Media hora después arrastraba de nuevo los pies por el aparcamiento donde Izan me esperaba. Estaba tan agotada y dolorida que nada más abrir la puerta de Lucy me derrumbé sobre el asiento. Medio cuerpo cayó contra la tapicería y el resto quedó suspendido sin vida fuera de la furgoneta.

—¿Estás bien? —escuché decir a Izan.

—Noooo, estoy muriendo lentamente. Tengo tantas agujetas que soy incapaz de levantar un pie para subir a tu furgoneta. Deberías arrancar, atropellarme y liberarme así de este sufrimiento.

—¿Y librar al mundo de la mejor actriz dramática de la historia? De eso nada. Anda, deja de quejarte y sube. —Giró la llave de encendido y arrancó.

—No dramatizo, Izan, —me defendí mientras trepaba a duras penas por el asiento—. Esto es horrible. Cada vez que respiro siento pinchazos en el pecho. Imagínate esa misma sensación pero en tus pelotas.

—Prefiero no pensarlo. —Fingió un escalofrío y sonrió divertido mientras me evaluaba—. ¿De verdad que estás angustiada por unas tristes agujetas?

—Lo estoy. He podido romperme una costilla; y si lo dejo pasar, se me puede clavar en un pulmón y provocarme una infección.

—¡Venga, ya! Anoche no te dolía nada, ¡ja, ja, ja! —Se descojonó de mí, el muy canalla.

—Las roturas duelen más en frío, ¿o es que no lo has experimentado nunca?

Esperé a que me confesase su historia en Marruecos, pero no soltó prenda alguna. Sencillamente, contuvo la risa y me dijo en tono tranquilizador:

—Escúchame, cariño, todos hemos pasado por eso. Con la remada, la tabla golpea las costillas, de ahí que tengas el pecho dolorido. En un par de días se pasará, y si no, yo puedo arreglarlo con un buen masaje de aceite de romero y jengibre.

Le apunté con mi dedo índice en la sien y apreté el gatillo. Si me tocaba una pizca de teta, podría darse por hombre muerto.

Jamás habría asesinado a Izan, entre otros motivos, porque no tenía fuerzas ni para pestañear. De hecho, a última hora de la tarde la que estaba más muerta que viva era yo. Mis agujetas, lejos de remitir, empeoraban por momentos. Al final, me acomodé en un taburete detrás del mostrador de la escuela, apoyé la frente en mis brazos a modo de almohada y me di permiso para respirar de cuando en cuando y «a buchitos».

Pero ni ese pequeño respiro me ofreció el señor Cosmos aquel maldito día. Estaba a punto de caer en un sueño profundo cuando sentí mi móvil vibrar en el bolsillo trasero.

—Dígame —contesté adormilada.

—Hola, Alexandra.

Automáticamente, abrí los ojos como ventanas.

—Alexandra, ¿me oyes?

Alucinada, comprobé el número que mostraba la pantalla de mi móvil. No estaba soñando. Aquella llamada era tan real como el dolor de mis tetas al respirar.

Aclaré mi voz y adopté el típico tono de una mujer vivaracha y jovial que no está cagadita de miedo cuando la llama su exnovio, el dueño y señor del bonito coche que ella hundió en el barro. Ya sabes, ese típico tono.

—¡Hola, Carlos! ¿Qué tal estás, guapo?

—¡¡Exultante de alegría!! —rugió—. Acaban de entregarme en la puerta de casa el Mini que te presté con toda mi buena fe, pero averiado y cubierto de barro. Así que, ya ves…, ¡jamás me he sentido tan feliz! Por cierto, muchas gracias por el lazo, Alexandra, ha sido un gesto precioso. Qué pena que olvidases escribir una nota avisándome de que no te habías matado.

Tragué saliva.

—¡¿No dices nada?! —exclamó furioso.

—Eh… esto…, eh, que lo siento mucho. Eso es lo único que puedo decir. Y bueno, que fue un accidente. Rebeca y yo decidimos viajar a Portugal y justo cuando estábamos a unos kilómetros de nuestro destino, me metí en un camino de ovejas y… y… Me patinó el coche en el barro —improvisé.

—¿Y no has podido arreglarlo o te has fundido el dinero en gilipolleces, como haces siempre?

—Eeehh… No, no. Lo intenté arreglar, pero, según el mecánico, la humedad y el fango entraron en el motor y no hay solución. Por eso te he llamado tropecientas veces, porque quería contártelo y que avisaras al seguro o lo dieras de baja, pero tú no te dignaste a contestarme… Y pasé unos días horribles. Me sentí fatal por ti.

—No me cuentes historias, Alexa. No sufriste ningún accidente. Lo provocaste tú, como haces siempre, para…

—¡Espera! ¡¿Qué insinúas?! ¿Que rompí tu coche adrede? Porque eso es absurdo. —Ahora la que estaba enfadándose era yo.

—¿Y qué quieres que piense? Todo este tiempo he sido consciente de los jueguecitos que te traías conmigo: las multas continuas que llegaban a mi nombre, las citas para tomar café, tu insistencia para que cenáramos juntos… Y ahora casualmente me destrozas el coche. ¿Me consideras tan estúpido como para creerte?

—Pues si estabas al tanto de mis intenciones, ¿por qué me seguías el juego y quedabas conmigo?

Carlos no respondió a mi cuestión, y su silencio me permitió tomar conciencia de lo que estaba sucediendo. Por una vez desde que nos conocíamos se habían cambiado los papeles y era yo la que había dejado sin argumentos al exitoso doctor.

—Te pagaré el coche, lo juro —añadí muy dignamente—. No sé cuándo podré reunir el dinero o si me darán un préstamo en el banco, pero buscaré la manera. Y, por cierto, si no te lo ha dicho tu *wedding planner*, aprovecho para avisarte de que no voy a ir a tu boda.

—¿Y por qué ibas a venir?

—Porque tú me invitaste. ¿Por qué si no iba a hacerlo?

—¿Yo? ¿De qué estás hablando? Yo no te he invitado a mi boda, Alexa.

—Pues explícame entonces qué hacía en mi buzón un sobre de pergamino con bordes dorados a mi nombre. O por qué la organizadora, una tal Victoria, o Virginia, me llamó hace poco para confirmar mi asistencia.

—No puede ser, Alexa. Eso que me cuentas es imposible.

—Lo que tú digas. Día 15 de septiembre, a las doce horas, San Lorenzo del Escorial, celebración en la Finca Villa Real.

—No hace falta que me recuerdes dónde me caso. Pero te aseguro que ha sido un error. Yo no te invité, y Bárbara mucho menos. —Guardó silencio unos instantes para luego añadir—: De todos modos, averiguaré qué ha pasado, ¿de acuerdo?

—Por mí no te molestes. Ya te he dicho que no pensaba asistir.

—Eso lo doy por sentado.

—Pues todo solucionado. Ahora tengo que seguir trabajando. Y lo dicho, te pagaré el coche. Envíame por correo electrónico lo que tú estimes necesario y el número de cuenta para ingresarlo.

Carlos se quedó callado unos segundos, suspiró hondo y, cuando contestó, volvió a ser el mismo doctor Sierra que conocí en aquel frío quirófano. *Mi* Carlos.

—Olvídate del coche, Alexa. No quiero tu dinero, y tampoco lo necesito. Además hablaré con el seguro, aunque, si mal no recuerdo, la póliza está a terceros. Bueno, yo… —Dudó unos segundos como si quisiera añadir algo, pero finalmente prefirió dejarlo estar—. No te molesto más. Ya hablaremos uno de estos días, ¿de acuerdo? Y cuídate, Alexa.

Y sin darme margen a despedirme cortó la llamada repentinamente.

Apagué el móvil y recapitulé nuestra conversación. ¿Cómo era posible que Carlos no tuviera nada que ver con la dichosa invitación? Claro que también podía estar mintiendo. Cabía la posibilidad de que se hubiera arrepentido de invitarme justo después de que la *wedding planner* mandara las invitaciones. ¿Y por qué me escocía tanto saber que no me había invitado si no tenía intención de acudir?

La voz de mi conciencia no tardó en resolver el misterio: «Porque Carlos es tu peor agujeta, a ver si te enteras».

Miré hacia el océano reflexionando. Efectivamente. Mi ex era como una puñetera agujeta en el centro de mi corazón. Joder, qué lista podía ser a veces. Sin embargo, si me creía tan lista, ¿por qué no le olvidaba de una maldita vez? ¿Por qué no lo superaba? ¿Acaso Carlos se había convertido en otra obsesión? Y, sobre todo, ¿por qué alguna tipa más lista que yo no inventaba unas pastillas contra el desamor? Fue entonces, mientras me aturullaba a preguntas, cuando él se cruzó en mi campo de visión… Guapo a rabiar, sexi a morir y el mejor helado de fresa que jamás había probado. Ese era mi querido Babysurf. Suspiré como una colegiala y le observé avanzar por el camino de madera de la playa. Cargaba su tabla sobre la cabeza y a cada paso que daba los músculos de su cuerpo se contraían y relajaban de una manera tan sensual que rememoré varias escenas de la noche pasada. Izan levantó la vista hacia el frente e inevitablemente se cruzó con mi mirada. La sonrisa que se dibujó en su cara era una mezcla de sorpresa y honesta felicidad, como dos viejos amigos que llevasen diez veranos sin verse. Me dije en ese instante que si existía un hombre en el planeta capaz de ayudarme a olvidar mi último año nefasto, sin duda alguna ese sería mi querido Babysurf. Izan sería la mejor medicina prescrita contra el desamor. Ignoré el dolor de mis músculos, la multitud de alumnos que nos rodeaban y salí del mostrador de la escuela para encontrarme con él. Cuando le alcancé, le rodeé con mis brazos y escondí mi rostro en su cuello.

—Ya veo que estás mejor de tus agujetas —me comentó risueño al oído.

—Vas a pensar que soy una anciana, pero me duelen más que esta mañana. Necesito un masaje de cuerpo entero, un vaso de leche y meterme en la cama para dormir una semana.

—Me encanta tu plan, abuelita.

—Porque tú eres un viejecito escondido en el cuerpo de un hombre joven.

—Soy lo que tú quieras que sea, amor.

Izan nos cubrió con la tabla de surf y me besó tan intensamente que por unos minutos me olvidé del dolor de mis músculos, de la llamada de Carlos y de los silbidos apreciativos de sus alumnos.

20

Rema

Madrid, 23 de noviembre

Presente

Contemplo mi reflejo en la puerta acristalada del restaurante. Mi rostro parece el de una muñeca de trapo. Sonrisa falsa, dos chapetas rojas sobre una tez pálida y un par ojos perfectamente maquillados pero completamente inexpresivos. No soy ni la sombra de la mujer que fui hace tres meses. O quizá esa mujer no era yo.

Probablemente esta es la auténtica Alexa, la que siempre ha vivido latente bajo mis sonrisas y mi guasa.

«Buf, me estoy rayando».

Abro la puerta del local y en el primer golpe de vista localizo a Carlos. Sin ser guapo ni demasiado alto ni fuerte, es un hombre que llama la atención. Supongo que esos rasgos tan raciales y masculinos le dan un toque de estrella latina del cine hollywoodiense. Al siguiente segundo, sonrío con amargura cuando me percato de que lleva puesto su traje de los jueves: el gris ceniza con la camisa de rayas azules y blancas a juego con la corba...

Espera. ¿Se ha olvidado de su corbata mostaza? Eso es raro. Y los dos botones desabrochados de la camisa tampoco encajan con un hombre de elegancia estudiada. Carlos cuida en exceso su atuendo y no por coquetería, como piensan sus compañeros de hospital. Simplemente, busca proyectar la imagen de médico serio y profesional. O eso dice. Yo estoy convencida de que se ayuda del riguroso traje formal para mantener las distancias tanto con sus pacientes como con el personal sanitario.

Como era de esperar, también ha elegido la mejor mesa del restaurante, la más íntima, cerca del gran ventanal que da a la calle y con sillón Chester. Así de sibarita es el doctor Sierra. Da igual que el reservado esté dispuesto para un mínimo de seis comensales y que nosotros seamos dos; o que el coste de la comida se eleve por el mero hecho de poder disfrutar de la luz natural en un día nublado. No le importa, porque el exigente cirujano de lo bueno siempre elige lo mejor. Él lo repite constantemente, palabras que no sé en qué lugar me dejan a mí. Se llevará un buen chasco cuando descubra por segunda vez que no cumplo sus expectativas. En fin…

Me armo de valor y camino hacia el reservado VIP con paso decidido. Carlos lee concentrado lo que intuyo que son unos historiales clínicos. Él nunca desconecta de su trabajo. «Lo primero es lo primero», solía decirme repetidamente. Supongo que para hacerme entender sutilmente el lugar que ocupamos los demás en su vida. Lo más irrisorio del asunto es que si se me ocurría echárselo en cara, siempre trataba de justificarse conmigo —o a sí mismo— con buena dosis de «automarketing»: «no puedo ser bueno en mi trabajo, debo ser el mejor»; «yo vendo seguros de vida a la gente, soy su seguro para una vida mejor». Y yo, estúpida de mí, cuando le escuchaba hablar de aquella manera sobre su trabajo, moría de amor por él. Me sentía orgullosa y privilegiada por haber conquistado a alguien tan honorable y entregado. Tiempo después, esa admiración se convirtió en desprecio. Desprecio hacia mí misma por rogarle un poco de su tiempo. Desprecio por enfadarme con él por traerse trabajo a casa y demostrarle así que yo no daba la talla. Pero debo olvidar el pasado. Se lo prometí. Carlos ya no es el que era ni yo soy la ciega de antes. Además no para de insistirme una y otra vez, desde que regresé a Madrid, que ha cambiado sus prioridades. Y juro que quiero creerle. La cuestión es si ese cambio resulta suficiente para mí.

Me planto frente a él y muestro mi mejor sonrisa, la comercial: la que años atrás vendía a los directores de los hospitales más afamados artroscopias por valor de sesenta mil euros.

—Hola, doctor Sierra. ¿Hoy tu pelo se ha peleado con la gomina? —saludo con guasa.

Carlos rápidamente se pone en pie.

—Hola, mi vida. —Me da un beso en la mejilla y me ayuda a despojarme de mi parka—. Esta mañana salí tan rápido de casa que olvidé peinarme.

—Muy mal, doctor Sierra. —Y sigo con mi guasa.

Sonríe con un leve rubor en las mejillas y afirma:

—Pensé que te gustaba más así.

No sé qué me sucede, pero repentinamente me invade una sensación de fastidio descomunal contra él.

—Mal diagnóstico, doctor. Te has equivocado. Me gustas más engominado.

Mientras me acomodo en la silla, Carlos me pasa la carta sin quitarme los ojos de encima. Escondo mi mirada de la suya y me centro en la lista de platos. Para mi desgracia, mi estómago se contrae de hambre. Eso solo significa que comeré como una bestia parda para terminar vomitándolo todo en el inodoro minutos después. Esto me sucede continuamente desde hace semanas. Por mucho apetito que tenga, al final mi cuerpo solo tolera infusiones, manzanas y pan. Sin embargo, en estos momentos me comería el cadáver de Carlos si nuestro avión se hubiera estrellado en los Andes; y, nada más imaginármelo, siento que mi estómago se encoge amenazándome con una oleada de náuseas.

—Los codos, Alexa.

—¿Qué? —Levanto la vista de la carta con expresión interrogante.

—Que retires los codos de la mesa.

—Perdón, papá. —Le sonrío con ironía y dejo caer los brazos sobre mi regazo.

Después de repasar dos veces la carta; me decido por una *bruschetta* de *antipasti,* un plato de macarrones con bechamel de primero, y cruzo los dedos para tener espacio suficiente en mi estómago y devorar el menú degustación de tartas.

En el momento en que nos sirven nuestras comandas, mi pituitaria se colapsa del rico aroma a pasta y la boca se me llena de babas. Exactamente igual que le sucedía a Evil cuando nos contemplaba a Izan y a mí colocar la carne de buey cuidadosamente en la barbacoa. Una noche, mientras yo sostenía un solomillo gigante, bajé la guardia y de un salto me arrebató la pieza de carne de la mano. «Si la entrenamos puede llegar a convertirse en la mayor carterista de la historia y nosotros nos forraríamos gracias a ella», bromeé con Izan. Él se echó a reír y miró a su can con orgullo.

—Me pregunto qué se está cociendo en tu cabeza.

La voz grave de Carlos me devuelve al mundo presente. A mi nueva realidad. Incómoda, trago mi bocado de *bruschetta* y me limpio la boca antes de contestar:

—En realidad no estaba pensando en nada concreto.

—Yo creo que sí lo hacías… —suspira—. Sonreías divertida, y no te lo tomes a mal, pero últimamente no lo haces mucho, aunque sé que te esfuerzas por parecer feliz.

Bajo la vista hacia mis macarrones, avergonzada.

—No está siendo fácil retomar mi vida, Carl.

Le escucho carraspear para después decir:

—Alexa, quiero que sepas que no apruebo tu incidente con Bárbara. Tampoco que ella te denunciara a tu jefe, pero deberías haber aprendido ya que mintiendo solo te haces daño a ti misma.

—No necesito un sermón a estas alturas, Carlos. Lo sé perfectamente.

Al fin y al cabo, ese fue el motivo de que increpara a Barbie Malibú en la cafetería. Estaba enfadada con ella, pero, sobre todo, conmigo. Enfadada por mentir a mi jefe, por haber actuado como una estúpida delante de aquella bruja, por ser como soy…

—¿Sabes a qué conclusión he llegado? —comenta de nuevo Carlos. Levanto la vista hacia él y niego con la cabeza, temerosa—. Que te resistes a madurar, que te quedaste anclada en la adolescencia y prefieres mentir a enfrentarte a los problemas.

—Si no me falla la memoria, tú no siempre has sido honesto con la gente. Engañaste a tu prometida conmigo, ¿recuerdas?

—Lo rememoro cada día, y lo peor de todo es que me regodeo en ello. Unas veces cambio de escenario y lo hacemos en mi casa, otras en mi coche, en mi despacho, en el baño de aquel restaurante… —Se mete un trozo de lasaña gigante en la boca y me observa expectante.

Las palabras que Izan me repetía en nuestro verano se cuelan en mi mente: *«Recuerda esto, chica de las olas: el océano solo quiere que juguéis juntos. Es tu miedo el que puede ahogarte»*.

—Tengo que contarte algo —anuncio con un nudo en la garganta. Carlos frunce el ceño como si supiera que lo que voy a decir no va a gustarle. Inspiro hondo y suelto la bomba—: Estoy embarazada.

Mi siempre contenido cirujano palidece. Apoya con lentitud los cubiertos en el plato y fija su mirada en mis ojos con notable incredulidad.

«La vista al frente, cariño. Siempre mira al horizonte…».

—No es una mentira, si es lo que estás pensando —digo tajante—. Ojalá fuera una invención mía, pero no… Me lo confirmaron el médico hace unos días y varios tests que compré en la farmacia.

—No es mío —dice, como si quisiera informarme de algo que yo no supiera ya.

—Claro que no lo es.

Carlos agacha la cabeza, no sé si para esconder su enfado o el dolor que le produce la noticia.

—¿De cuántas semanas estás? —pregunta sin mirarme a la cara.

—Demasiadas… —mascullo.

Observo asustada que se envara en la mesa y enfoca su mirada de nuevo en mí.

—Y durante este tiempo no diste importancia al hecho de que no menstruabas; precisamente tú, que te obsesiona un simple resfriado. No sigas mintiendo —niega con la cabeza, decepcionado—, porque cada mentira tuya se me hace más insoportable.

—Pues lo creas o no, lo pasé por alto. Tuve una especie de menstruación en septiembre. Me duró solo un día y pensé que era un pequeño trastorno hormonal debido al estrés de volver a la ciudad y reincorporarme al trabajo. También había dejado de tomarme los anticonceptivos cuando regresé a Madrid, así que me pareció normal un pequeño trastorno en mi ciclo. Lo último que se me pasó por la cabeza es que yo pudiera estar… Bueno, ya sabes.

—Embarazada. —Se frota el rostro, pesaroso, e inspira antes de formularme la pregunta que llevo rato esperando—: ¿Y sabes quién es el padre?

—Eso es lo de menos, Carl.

—No me llames Carl y dime quién coño es el padre. Es del surfista ese, ¿no? ¿O te acostaste con medio Portugal?

No levanta la voz, pero la insinuación y su gesto de asco me llevan al borde de las lágrimas.

—Da igual quién sea el padre, porque no quiero tener al bebé. Por eso necesito tu ayuda.

—¡¿De qué demonios estás hablando?! —exclama ahora con una mueca de horror en su cara.

«Rema, Álex. Rema fuerte...».

Me cuadro de hombros y sigo adelante con esta tortura. Remo sin descanso.

—Me da pánico ir a cualquier clínica, y tú conoces a un montón de ginecólogos. Estoy segura de que puedes recomendarme a alguien de confianza para...

La reacción de Carlos me pilla por sorpresa. Da un golpe en la mesa y acerca su rostro a poco más de un palmo del mío.

—Olvídalo. Soy médico, ¿recuerdas? Salvo vidas, no acabo con ellas y... —Aprieta las quijadas para luego añadir—: Debería darte vergüenza mencionármelo.

Me aparto de su rostro dolida y..., sí, también culpable. No puedo evitar sentir que decepciono a todo el mundo.

—Yo no estoy capacitada para responsabilizarme de otra vida, y tú deberías entenderlo mejor que nadie —murmullo en mi defensa.

—Si tuvieras quince años lo entendería. Pero mírate, Alexandra, ¡eres una mujer adulta! Tienes una casa y a tu padre para ayudarte si te ves mal. Puedes encontrar trabajo y sacar adelante a un hijo perfectamente, pero eso supone madurar, y ahí está el problema, que tú no quieres hacerlo. Eres una egoísta, Alexa.

—¿Y qué eres tú? —Me revuelvo como un animal acorralado—. ¿Un ser superior con potestad para decidir el destino de dos vidas? ¿La mía y la de él? ¿El que dicta dónde empieza y dónde termina la libertad de las mujeres?

—Sabes perfectamente cuál es mi postura respecto al aborto, pero en este caso...

—En este caso, ¿necesitas un informe psicológico para decidir si debes ayudar a la persona a la que supuestamente amas, doctor Sierra?

Me mira horrorizado, pero no responde a ninguna de mis acusaciones.

—Se acabó. Nunca debí pedirte ayuda y mucho menos plantearme que tú y yo podríamos darnos una oportunidad. —Arrastro la silla furiosa y me pongo en pie.

—Alexa, siéntate y no montes un numerito.

Echo un vistazo a las mesas próximas a nosotros y compruebo que, efectivamente, todos los clientes de alrededor me están observando. Y en cada mirada puedo leer sus acusaciones.

—Me parece que ya es demasiado tarde. —Recojo mi parka, el bolso y camino hacia la salida a toda prisa.

Mientras avanzo puedo escuchar el murmullo de la gente y a Carlos llamarme a gritos. Pero no me detengo. Remaré sin él.

—¡Alexa, por favor, escúchame un segundo!

Cierro la puerta del restaurante en sus narices. Él la abre y, ya en la calle, me alcanza por el hombro y me obliga a enfrentarle.

—Dame tiempo para asimilarlo, de acuerdo. Podríamos… —Estudia mi rostro mientras se muerde los labios nervioso.

—Olvida todo lo que te he contado y olvídate de mí, Carlos. En realidad debimos olvidarnos el uno del otro hace mucho tiempo.

—Escúchame. No cometas ninguna locura. Quizá esto no es tan malo… Tal vez es lo que necesitamos.

Le miro sin entender.

—Me refiero a que si me das tiempo para que me calme, el bebé no tiene por qué interferir en lo nuestro.

—¿Qué estás diciendo? —Doy un paso hacia atrás, desconcertada.

—Yo podría ser un buen padre, solo tengo que pensarlo bien…, hacerme a la idea, ¿comprendes? Tampoco quiero tomar una decisión precipitada.

Se me saltan las lágrimas. Su gesto es tan honorable y a la vez tan desesperado que me parte el corazón en dos.

—¿Por qué haces esto? ¿Por mí o por ti?

—Por los dos y porque te quiero, ¿o todavía no me crees? Por favor, danos unos días a los tres. —Señala mi barriga—. Prométemelo, por favor.

Asiento incapaz de pronunciar palabra.

—Ahora espérame aquí. Voy a pagar nuestra comida antes de que llamen a la policía. Podemos dar un paseo para calmarnos. No tenemos que hablar de este asunto si no quieres. —Me besa ligeramente los labios y entra de nuevo al restaurante.

Automáticamente, me giro y salgo corriendo en busca de un taxi.

«Y antes de lanzarte al océano no olvides estudiar siempre la marea, chica de las olas…».

21

Dios del sol

Karra (Portugal), 17 de julio

Llegó la segunda quincena de julio; y, con ella, un regimiento de turistas, en su mayoría españoles procedentes de Andalucía. De buenas a primeras, la siempre tranquila playa del Amado se convirtió en un hervidero de gente. Mañana y tarde, la recepción se colapsaba de personas demandando información sobre nuestros cursos de surf. Tuve que ampliar el número de clases y reajustar los grupos mientras las facturas para revisar se me iban acumulando en carpetas a punto de explotar. Pero no por eso mi trabajo en la escuela dejó de ser menos tedioso. Eso sí, mi estancia en Karra tomó un cariz muy diferente…

Junto a Izan, la vida era mucho más emocionante. Menos cargante. Una noche que regresábamos de cenar en un restaurante fabuloso especializado en marisco, aparcó en pleno monte y me obligó a salir de la furgoneta con los ojos cerrados. Cuando me dio permiso para mirar, abrió el portón trasero de Lucy y me encontré con una cama improvisada, luces de colores que colgaban por el techo, una nevera con dos tarrinas de helado de fresa y nata y una botella de vino de Madeira que había comprado expresamente para mí. Y digo expresamente porque Izan, como buen deportista, no era muy aficionado a tomar alcohol.

Otra noche me convenció para acampar en la playa de Bordeira. Cenamos unas *bifanas* bajo las estrellas, hicimos el amor en su saco de dormir y despertamos juntos con los primeros rayos de sol de la mañana. Fue de las experiencias más románticas que había vivido con un hombre. Por supuesto, Izan continuó impartiéndome clases de surf particulares en nuestros ratos libres; a veces, al mediodía, y otras, a última hora de la tarde, después del cierre de la escuela.

Muchos atardeceres le acompañaba a pasear a Evil por el campo. Visitamos granjas (para las que el surfero trabajaba en invierno), casas de labranza abandonadas y cuevas claustrofóbicas escondidas en plena naturaleza. También pude cumplir uno de mis sueños de la adolescencia: montármelo en un granero. Fue tan divertido y excitante como lo había imaginado: yo tumbada sobre cajones de paja con la falda arrugada a mi cintura; los rayos de sol se colaban por las ranuras entre las vigas del techo, Izan ahogaba sus gruñidos mientras me penetraba intensamente; su mano en mi boca en un intento de que nadie de los alrededores pudiera oír mis gemidos... Sí, toda una experiencia inolvidable; y el sarpullido que me provocó el roce de la paja sobre mi culo lo recordaré hasta el día de mi muerte.

Pero a lo que iba: a pesar de mi aburrido trabajo y las pocas oportunidades que ofrecía el pueblo para divertirme, al lado de Izan mi verano en Karra se acercaba mucho a unas vacaciones de ensueño. Gracias a él, me habría olvidado de mi vida en Madrid...

... si Carlos no se hubiera empeñado en llamarme insistentemente.

Después de nuestra conversación sobre el coche y la invitación que no debió llegarme nunca, empecé a recibir llamadas de él casi a diario. Haciendo acopio de un autocontrol sobrehumano, logré no caer en la trampa de responder a ninguna de ellas. Cuando parecía que se había cansado de intentarlo, comenzaron los mensajes. El primero lo recibí una tarde durante mis clases de surf con Izan.

«Hola, Alexandra. He hablado con tu jefe y me ha dicho que solicitaste una excedencia para cuidar a tu padre. Llamé a Luis y me contó que se encontraba perfectamente y que estabas de vacaciones en Portugal. ¿Mentiste a tu empresa para tomarte unos meses de descanso? Dime que no lo hiciste. No puedes ser tan irresponsable. ¿En qué andas metida? Por favor, llámame cuanto antes».

Nada más leer su mensaje sentí un picor por los brazos preocupante. Él había descubierto mi mentira. Él era muy cercano a mi jefe. Él me podía delatar como venganza por destrozar su coche. Automáticamente me puse a teclear a toda velocidad un *wasap* de vuelta.

«Fue una mentirijilla justificada. Rebeca sufría una preocupante crisis existencial y decidí acompañarla a este viaje para ayudarla. Lo hice por ella. Por favor, finge que no sabes nada o perderé mi trabajo. ¿Ok? A mi vuelta te contaré más detenidamente».

Su respuesta también fue inminente.

«No pensaba delatarte, pero es importante que hablemos. Me gustaría charlar contigo sobre esta decisión absurda que has tomado y aclarar algunos puntos sobre el asunto de la invitación de boda».

Miré perpleja la pantalla. ¿Por qué seguía erre que erre con su maldito casamiento?

«Ahora no puedo hablar. Estoy en la playa y dispongo de poca cobertura, pero prometo llamarte. Y gracias por echarme un capote, Carl. Te debo una. Un beso».

Pulsé la tecla «enviar» con la clara convicción de que no le llamaría jamás.

—¡Álex! ¿Qué haces? ¡No tenemos toda la tarde! —escuché quejarse a Izan a mi espalda.

Cerré mi WhatsApp apresuradamente y me volví hacia él. Cargado con su tabla y con gesto serio, caminaba en mi dirección.

—Cuando adoptas el papel de profesor refunfuñón estás muy sexi —le dije con coquetería, y encendí mi móvil de nuevo—. Sonríe, chico guapo, que vamos a hacernos un *selfie* con el mar de fondo. —Le abracé por la cintura y enfoqué la pantalla de mi teléfono hacia nosotros—. ¿Preparado? Tres, dos, uno…

Justo cuando sonó el clic de la cámara, Izan me mordió la mejilla.

—¡Ay, bobo! —Me liberé de sus brazos entre risas y comprobé nuestra foto.

—Uff…

—¿Por qué resoplas? ¿Tan feo he salido?

—No, pero si subo esta foto a Instagram, mis seguidores pensarán que me estoy tirando a mi monitor de surf.

—Siento decírtelo yo, pero te estás tirando a tu monitor.

Le di un codazo y me coloqué de nuevo a su lado.

—Compórtate, que voy a repetir la foto. Y nada de hacerme cochinadas, Izan. Preparados, listos…

Clic.

Me giré de espaldas al sol para ver con detalle la imagen. Se me cortó la respiración. La cámara amaba a Babysurf descaradamente. Parecía un modelo de Billabong posando para un anuncio.

—Jo, no sé si quiero publicar esta tampoco. No me apetece compartirte con las internautas —farfullé contrariada.

Izan lanzó la tabla contra la arena y se cruzó de brazos exasperado.

—¿Te queda mucho?

—Dame un segundo más, gruñón. — Apliqué un filtro molón que disimulara la rojez de mi cara y, a toda prisa, escribí el pie de foto:

Cabalgando la ola.
#Karra #jinetesdelmar #diosdelsol #Babysurf #melofo

A continuación, me eché a reír a carcajadas y subí nuestra instantánea a mi Instagram.

—Juro que me vas a volver loco —bufó—. Hace un momento farfullabas y ahora te ríes. No estaría de más que me contaras el chiste.

—Si no fueras tan *retro* y tuvieses redes sociales, lo compartiría contigo, pero como prefieres vivir en el ostracismo tecnológico, morirás sin saber de qué me río. —Me encogí de hombros y guardé el móvil en el bolso.

—La gente que vivimos en plena naturaleza no somos adictos a esos cacharros como vosotros, los topos de ciudad. Preferimos la libertad a la esclavitud de una pantalla —replicó.

«Uy, uy, uy… Se avecina una chapa de las suyas».

—Te aseguro que yo no estoy tan enganchada al móvil. Lo puedo dejar cuando quiera —respondí con guasa.

—¿Ah, no? —Levantó una ceja hacia mí, incrédulo—. Responde con sinceridad: ¿existe algo en el mundo que necesites más que tu teléfono? Porque hasta lo que yo sé, no te despegas nunca de él.

—Pues claro que hay algo que necesito más en el mundo… A ti, por ejemplo.

Abrió los ojos como platos y yo cerré los míos pesarosa. Tremenda metedura de pata la mía.

—Lo que quiero decir es que tampoco me despego de ti desde que vivo aquí. «Necesitar» en el aspecto de…

No pude terminar mi aclaración porque Sir Piercing Brosnan ya estaba bailando el *hula-hoop* en mi boca.

Esa misma tarde, Izan se había propuesto que surfeáramos alejados de la orilla. Según decía, había llegado el momento de abandonar la espuma y adentrarme en el mar. Yo me sentía reacia a correr semejante peligro, pero no quise gastar energías ni saliva para tratar de persuadirle. Después de semanas tomando clases con él, había aprendido que era mucho más fácil derribar un muro con la cabeza que convencerle para que cambiara de opinión. Así que no me quedó otra que tumbarme sobre la tabla, recitar tres *Like a prayer* de Madonna y seguirle hasta donde Cristo perdió el flotador.

—Hoy vamos a practicar el *bottom turn,* ¿estás lista?

El *bottom turn* consistía en girar la tabla justo cuando despegaba la ola y surfearla prácticamente de cara a la pared de agua. De esta manera, podía (en teoría) seguir su trayectoria a lo largo de ella y recorrer más kilómetros que si surfeaba en perpendicular a la orilla. En mi caso, no tardaría ni tres segundos en caer en el agua panza arriba.

—No estoy lista para morir ahogada, Babysurf —confesé medio en broma, medio en serio.

Izan miró al cielo en busca de paciencia para después deleitarme con una de sus bonitas frases surferas.

—Recuerda que el océano solo quiere que juguéis juntos. Es tu miedo quien puede ahogarte, no él.

—Ya, pero estoy cansada de jugar a caerme de la tabla cada dos por tres —le advertí.

—Pues si te caes, te levantas. Al fin y al cabo, el surf no es muy diferente de la vida, ¿no crees?

—Pues te advierto que a mí la vida no se me da muy bien.

—Conmigo se te da de fábula, cariño. —Sonrió con picardía y me hizo un gesto para que remara.

Me concentré en Izan para imitar cada uno de sus movimientos. Tal y como me había explicado en las clases teóricas, cambié el peso de mi cuerpo hacia la derecha, giré las caderas para surfear de cara a la ola y, un segundo después, las volví a girar en el sentido contrario. La tabla multiplicó su velocidad. Entonces sucedió algo de lo que no me había avisado. Izan abandonó su *board* de un salto para caer de pie en el morro de la mía. Aquello era lo más parecido a bailar juntos sobre el mar. Me entró la risa floja de la emoción, perdí el equilibrio y me estrellé de espaldas contra la tabla. Juro que pensé que me había roto el costillar.

«Ay, domingas de meu coração».

Para: *Alexa Vera*

De: *Carlos Sierra*

Asunto: *Charla pendiente.*

Hola, Alexa:

Perdóname si te molesta que te haya escrito al correo, pero, dado que no me has llamado ni has respondido a mis mensajes, he pensado que quizá este sea el único modo de que escuches lo que llevo días tratando de explicarte. Realmente tampoco entiendo muy bien por qué trato una y otra vez de contactar contigo, pero siento la necesidad de cerrar este capítulo para poder seguir adelante con mi vida.

Ante todo quiero que sepas que asumo mi parte de culpa en todo lo que sucedió entre nosotros. He pensado mucho sobre nuestro final. Nunca debí presionarte para ser madre, especialmente sabiendo con certeza que la maternidad no estaba dentro de tus planes. Para ser honesto, siempre lo he tenido bastante claro, pero pensé que lo harías por mí... Por nosotros. Eso no justifica que me mintieras, pero tampoco debí imponerlo como una condición para que siguiéramos juntos. De todos modos, ya es tarde para lamentaciones.

Tampoco fuiste la culpable de que nos acostáramos hace unos meses. Tienes toda la razón: yo lo deseaba tanto como tú. Actué como un cretino. Eso sí, jamás te envié una invitación para la boda. Fue idea de Bárbara. Al parecer, ella os invitó a ti y a tu jefe como agradecimiento por los años que llevamos colaborando con Smith & Son.

Aclarado cada punto, dormiré mejor, y espero que tú también. Nos vemos a tu vuelta. Sé feliz, y, tranquila, no le diré a nadie dónde andas, aunque me parece una locura lo que estás haciendo, Alexa. Si me admites un consejo, regresa a Madrid mañana mismo y no pongas en peligro tu trabajo.

Un cálido abrazo.

Carlos.

—¿Qué te sucede? —preguntó Rebeca de pronto.

—Lee, por favor. —Pasé mi portátil a Rebeca, incapaz de vocalizar una sola palabra más. Me levanté de la cama en pleno *shock* y caminé hacia mi arcón en busca de algo decente que ponerme.

Esa noche habíamos quedado con nuestros compañeros de trabajo y un grupo de alumnos de la escuela para salir de fiesta a un club muy de moda en el pueblo de Faro. Estaba de suerte, créeme. Después de leer el correo de mi ex, necesitaba como agua de mayo una buena juerga y poner el contador cerebral a cero.

—Ni se te ocurra contestarle —me advirtió Rebeca minutos después, cuando me devolvió el portátil.

—De verdad que no entiendo nada, Bec. No sé a cuento de qué me escribe ahora para disculparse. Ya ha pasado un año de…

—Yo sí, y tú también —me interrumpió—, porque de tonta no tienes un pelo. Por eso, te prohíbo terminantemente que contactes con él. A tu ex le pica un cojón y quiere que se lo rasques.

—Guau, Bec. Qué frase tuitera más buena —bromeé.

—No empieces con tus coñas para disimular.

—Yo no disimulo nada.

—A mí no me engañas, estás dando palmas con las orejas y a saber con qué más. En serio, hazme caso. Mantente alejada del puñetero móvil y de Carlos. Si no está seguro de casarse con la bruja mechada, que se lo hubiera pensado antes.

—¿Crees que tiene dudas respecto a la boda? —pregunté con simulada sorpresa.

—Ni idea, pero una persona normal no llama ni escribe a su ex semanas antes de casarse. Y otra cosa. —Levantó el dedo, amenazante—. Me parece fatal que no me dijeras que te había bombardeado con llamadas y mensajes.

—No quería preocuparte.

—¿Ves? —dijo Bec, y clavó su dedo amenazador ahora en mi frente—. No querías preocuparme porque tú sí lo estás, porque todavía conservas la esperanza de volver con él.

—No-no-no —me apresuré a responder—. Eres una mal pensada. La explicación es tan sencilla como que no le di importancia.

Me gané una de sus miradas de desconfianza.

—No. Vuelvas. A. Hablar. Con. Él. ¿Comprendido?

—Alto y claro.

Con una sensación extraña revoloteando en mi pecho, me dirigí hacia el baño para terminar de arreglarme.

Bec, Izan y yo entramos emocionados (al menos yo) en el Lush, uno de los clubs más de moda entre los surfistas del Algarve. El local constaba de tres barras y una pista central junto con un escenario para conciertos en vivo. También gozaba de una terraza con zona *chill out* repleta de tumbonas y hamacas con vistas a la playa. De las paredes, forradas en madera, colgaban láminas enmarcadas de anuncios publicitarios de los años 50 y un centenar de tablas de surf con estampados muy diferentes: hawaianos, símbolos aztecas, sirenas, dibujos de chicas *pin-up*… Para ser un club de pueblo, se merecía un quintal de *likes*.

Como bien pudimos, seguimos avanzando en dirección a la barra, donde, en teoría, nos esperaba el resto de nuestro grupo. El local estaba tan atestado de gente que nos vimos obligados a caminar en fila india: Izan iba a la cabeza, yo le seguía a varios pasos y Bec detrás, enganchada al asa de mi bolso para no perderse.

—¡¿Eres consciente de que acabamos de subir la media de edad a este bar?! —me gritó al oído.

Ignoré el pitido en mi tímpano y eché un vistazo a nuestro alrededor. Jesús… La mayoría de la clientela eran chicos y chicas en torno a la veintena, todos vestidos con ropas de marcas surferas, todos perfectamente bronceados y todos con dientes blancos relucientes.

—A lo mejor están rodando aquí un anun… anuncio del Zara Kids. —Se me trabó la voz cuando percibí las miradas apreciativas que un grupo de chicas, recién salidas del horno, lanzaban a Izan.

De pronto, me sentí tan fuera de lugar y tan sumamente ridícula por mantener una aventura con alguien al que podrían confundir con mi hermano menor que me hice del tamaño de una albondiguilla.

Seguí caminando por aquel jardín de infancia hasta que Izan nos indicó dónde se encontraban nuestros compañeros. Por suerte monitores y alumnos se habían posicionado en un hueco libre al final de la barra del local. Rico —que últimamente me trataba con un mimo exagerado— interrumpió su conversación con Marco y Catrina para darnos una cálida y exagerada bienvenida.

—Chicas… Loverboy… Bienvenidos al otro paraíso. —De pronto, me abrazó como si no me hubiera visto en siglos. También aprovechó para hacer una señal poco sutil a Izan en dirección al culo de una pelirroja situada a nuestro lado.

Le empujé sutilmente y dirigí mi atención a Loverboy.

Para mi asombro, el adorable Babysurf no se cortó un pelo y echó un rápido vistazo a la retaguardia de la chica para después sonreír con complicidad al idiota de Rico.

No me gustó aquel gesto nada de nada. De hecho, me irritó bastante. Un auténtico caballero jamás haría algo así delante de la mujer con la que se acuesta eventualmente. Por poner un ejemplo, estaba Carlos. Él nunca se fijaba en otras mujeres estando conmigo…

Y tal cual aparecieron el nombre y la imagen de mi exnovio en mi mente, recordé el correo que había leído hacía menos de una hora. Y ese recuerdo vino acompañado por segunda vez esa misma noche con un cosquilleo extraño en el estómago. Algo parecido a la ilusión, esperanza… Nostalgia por lo que tuvimos.

«¡Mierda!».

—Necesito una copa urgentemente —anuncié a Rebeca, y me fui directamente a la barra.

Mientras bebía una cerveza y fingía que escuchaba a las alumnas de la escuela contar sus aventuras en las clases, batallaba con el «reconcome» de mi mente. Rico, que había asumido, como siempre, el papel de anfitrión, no paraba de repartir chupitos a cada uno de nosotros. Cada quince minutos un diminuto vaso se materializaba por arte de magia en mi mano. «A este ritmo nadie será capaz de tenerse en pie en menos de una hora, y yo mucho menos», me advertí. Cuando el rastafari deslizó un cuarto vasito con líquido rosa por la barra en mi dirección, detecté que mis neuronas burbujeaban en alcohol desde hacía un buen rato. Recelosa, acerqué la bebida a mi nariz y antes de que pudiera plantearme si ingerir aquel mejunje o derramarlo en el suelo disimuladamente, una mano masculina apareció de la nada y alejó el chupito de mí.

Me volví sorprendida y me encontré con Izan nariz con nariz.

—¿Te quieres emborrachar? —me preguntó con su media sonrisa adorable.

—No, solo intento pasármelo bien. —«Y olvidar».

Ladeó la cabeza y estudió mi rostro.

—¿Qué te sucede? Te noto rara esta noche.

—¿Rara? Nooo, qué va... Son imaginaciones tuyas. —Forcé una sonrisa equivalente a la suya.

—Pueden ser imaginaciones mías, pero..., no sé... Desde que hemos salido del campamento no me has hecho mucho caso.

«No me has hecho mucho caso...». Pronunció aquello con tanta dulzura que me sentí todavía más culpable.

—Podríamos dormir juntos esta noche en tu cabaña. Me refiero a toda la noche —le ofrecí; en parte porque me apetecía, en parte para aliviar mi conciencia y, en su totalidad, para olvidar.

Izan me miró confundido.

—¿Ya no te preocupa que nos cacen los jefes?

(Permíteme este inciso: desde nuestra primera vez no habíamos vuelto a compartir cama. Cuando queríamos amanecer juntos, dormíamos en la playa o en la parte trasera de Lucy en medio del monte, pero en su cabaña nunca. Mi excusa siempre había sido la misma: Marisa y Tiago. No quería que nos pillaran in fraganti y tener una confrontación con los tíos de mi mejor amiga. Aunque bajo aquel argumento había otro motivo con mayor peso que nuestros jefes: me preocupaba convertir nuestra aventura en una falsa relación).

—Ah, claro, los jefes... Bueno, si aparece Tiago repentinamente, siempre me puedes esconder en el cuarto de baño —bromeé.

—Ya te lo dije cuando empezamos lo nuestro. No pienso escondernos de nadie. No es mi estilo, Alexa. —Me abrazó por la cintura y me elevó unos centímetros del suelo hasta que sus labios rozaron los míos—. Me encantaría despertarme contigo… —Me besó—. Todas las mañanas y en mi cama. —Me regaló un segundo beso—. De hecho, deberías mudarte a mi cabaña hasta que te marches.

De repente, sentí que algo me oprimía el corazón, y no era uno de sus pectorales. Angustia. Mi archienemiga, la angustia.

A aquellas alturas de nuestra no-relación, tenía bastante claro lo difícil que iba a ser para mí despedirme de él y aceptar que no volveríamos a vernos nunca más. Y luego estaba ese correo de Carlos y los sentimientos que había despertado en mí.

Puse mi mano en su boca interceptando un tercer beso.

—Prométeme que no hablaremos nunca más de si me marcharé o no. Deberíamos tomarnos este verano como el título de esa película de la que me hablaste sobre unos surferos que recorrían el mundo con sus tablas.

—*Un verano eterno.*

—Exacto. Imaginemos que este verano no terminará nunca.

—Entonces, ¿te mudarás a mi cabaña? Te prometo que hablaré con Tiago y Marisa y no pondrán ninguna pega a lo nuestro.

Quería responderle que Tiago y Marisa no eran el problema, que sencillamente no era buena idea compartir cabaña. De hecho, me parecía contraproducente, dado que trabajábamos juntos; pero en ese preciso instante vibró mi móvil. Me retiré de Izan, saqué el teléfono del bolso y descubrí que tenía otro *wasap* de mi ex.

«Te he escrito un correo electrónico. Si no quieres responderme, al menos dime que lo has recibido».

Mi contestación fue todo lo escueta que pude.

«Recibido y leído. Gracias».

Levanté la vista hacia Izan avergonzada y me encontré de lleno con esos ojos de chico soñador que tanto me gustaban.

—¿Quién era?

—Mi padre, preguntándome qué tal estaba. —Guardé mi teléfono y abracé a mi adorable Babysurf por la cintura para colar mis manos en los bolsillos traseros de sus vaqueros. Cerré los ojos y contesté a su ofrecimiento—: Sí, Izan, me mudaré contigo. —Le besé brevemente y luego añadí—: Pero solo si los jefes dan su aprobación.

22

Quiero vivirte entera

Karra (Portugal), 18 de julio

8.00 h

Cuando me desperté la mañana siguiente a nuestra noche en el Lush, me encontraba sola en la cabaña de Izan. Por aquel entonces ya no era necesario que me dejara ninguna nota. Conocía todas sus rutinas a la perfección, y la primera siempre era salir a correr al alba por el campo, en ayunas y descalzo. Según me había contado, aquella costumbre era típica de los tarahumaras, una tribu mexicana también conocida como «los pies alados», que corrían doscientos kilómetros descalzos, sin descanso, durante días y noches. Mi lado racional no lograba comprender qué placer encontraba Izan a pisar chinarros, cardos y excrementos de ganado; excepto ahorrarse el coste de una buenas zapatillas Nike, claro estaba. Sin embargo, para el chico zen todo eran beneficios. Él siempre defendía que dicha práctica favorecía la biomecánica del pie y fortalecía los ligamentos y tendones; pero además, la sensación de libertad y vitalidad que experimentaba era inigualable. Al parecer, se sentía en completa conexión con la naturaleza, al igual que le sucedía cuando surfeaba.

Después de haraganear unos minutos en la cama, aparté el edredón y me dirigí al cuarto de baño. Mi reflejo frente al espejo me provocó auténtico terror. El de Rebeca, me dije, debía de ser espeluznante, puesto que continuó la juerga con el resto del grupo cuando Izan y yo abandonamos el Lush pasadas las dos de la madrugada.

Me vestí con la ropa de la noche anterior y abandoné la cabaña de Izan con la intención de darme una ducha y comprobar el estado resacoso de mi amiga. Con mucho sigilo abrí la puerta de mi bungaló y, de puntillas, atravesé la cocina. Fue entonces cuando escuché un crujido seguido de un lloriqueo. Di dos pasos más y ahí estaba de nuevo: otro crujido y otro lloriqueo, esta vez, más audible, más desesperado… Me asusté. Mi amiga debía de sufrir una resaca monumental, porque Bec nunca lloraba. Jamás de los jamases. Cuando la escuché gimotear una tercera vez, salí corriendo hacia nuestra habitación.

—¡AAAAAAAHHHHHHH! —chillé espantada. La escena ante mis ojos no podía ser real, pero tampoco podía ser un producto de mi imaginación. Yo no era tan perversa como para recrear en mi mente algo tan… tan… ¡tan porno!

—¡Alex, qué coño haces aquí tan temprano! —me gritó a su vez Rebeca, logrando así sacarme del estupor.

«Mierda, mierda…, ¡qué horror!».

Cerré la puerta de un golpe y me tapé los ojos con la mano, como si así pudiera borrar aquella escena X de mi cabeza.

—¡Alexa! Déjanos salir —rugió más fuerte mi amiga, mientras forcejeaba con el pomo de la puerta (pomo que yo sujetaba inconscientemente con todas mis fuerzas).

—Dame un segundo, Bec —supliqué. Necesitaba tranquilizarme y actuar con normalidad urgentemente.

—¡Suelta el pomo o arranco la puerta! —escuché la voz amenazante de Cat.

Dubitativa, alejé mi mano del pomo y reculé dos pasos atrás.

—Alexa, déjame que te explique. —Rebeca levantaba las manos en son de paz.

Contemplé atónita a ambas mujeres de arriba abajo…

Y cerré los ojos con fuerza por segunda vez.

—Abre los ojos y mírame —me ordenó mi amiga.

—No pienso hablar con vosotras ni con vuestros «Hello Kittys» al aire.

—Esta tía es gilipollas —farfulló Cat.

—Yo seré gilipollas, pero tú eres una caradura que te aprovechas de mujeres borrachas.

—Mira quién fue a hablar, la asaltacunas de Karra. —Me echó a un lado de malas maneras y se encerró en el cuarto de baño.

Una vez a solas con Rebeca, no pude refrenar la pregunta que se formulaba recurrentemente en mi cabeza.

—¿Con una mujer, Bec? ¿Y con ella? ¿Has tenido que meterte en la cama con la tía más desagradable de todo Portugal?

—No seas injusta con Cat. Ni es tan mala persona como tú la pintas ni se ha aprovechado de mí, cabeza hueca. A mí también me apetecía estar con ella.

—Cómo te va a gustar esa tipa tan raspa… —musité—. No sabes lo que dices. A ti nunca te han atraído las mujeres. Todo esto es consecuencia de esa mierda de crisis existencial que no te permite pensar con claridad.

—No, Álex. Esto no es un descubrimiento de última hora. Debí contártelo hace tiempo. Cuando rompiste con Carlos y regresaste a casa, yo… Bueno, tuve algún desliz. Luego estaba César, mi rollo por WhatsApp que en realidad se llamaba Julia.

«¿Julia? ¿César? Ay, copón de la baraja…».

—¡Para, para, para! No hables más. —Me llevé la mano a la boca asombrada.

—Pero deberíamos charlar sobre este asunto.

—¿Y precisamente ahora? Llevamos media vida juntas y has esperado a que te pille revolcándote con una mujer en la cama para compartir conmigo tus gustos sexuales. ¡Qué clase de amiga eres tú! Nos conocemos desde la universidad, te he hablado de mis miserias, de mi familia… He llorado en tu hombro millones de veces por la puta mierda de persona que soy y tú me has ocultado algo tan importante como tu orientación sexual. ¿Es que no confías en mí?

—¡¡A lo mejor no te he contado nada porque haces un mundo de todo!! —explotó con ira—. Y porque solo te escuchas a ti misma. Porque da igual si estamos en la facultad, en un bar, cenando con amigos, en Madrid o en un pueblucho en Portugal. Porque Alexa siempre es el maldito asunto que tratar, y si no lo sacas tú, ya se encargan los demás: «¡qué divertida es tu amiga Alexa!», «¿sabes que Alexa tiene un novio cirujano?», « ¡oooh, pobre Alexita!, siempre está obsesionada con sus enfermedades…». Alexa por aquí y Alexa por allá. Y en septiembre, cuando volvamos a Madrid, dentro de un mes, me tocará soportar tu nuevo culebrón: Alexa y su amor entre las olas. Eres un coñazo, amiga. Un auténtico tostón.

La miré perpleja. Mi mejor amiga no me soportaba. Estaba harta de mí.

—Me detestas. Es eso, ¿verdad?

Bec se cruzó de brazos y me miró, pesarosa.

—No te detesto, Alexa, pero vivir contigo es… difícil. Lo más parecido a cargar a mis espaldas una mochila de piedras.

Si me hubiera dado un bofetón no me habría dolido tanto como escuchar aquellas duras palabras.

—Enhorabuena, porque ya no tendrás que cargar más con mi odiosa persona. —Me di media vuelta y salí corriendo de la que ya no volvería a ser jamás nuestra cabaña.

Después de discutir con Rebeca, regresé a la cabaña de Izan. Él y Evil no habían regresado de su maratón, así que me metí de nuevo en la cama, me cubrí hasta la cabeza con el edredón y me ahogué en la pena. Después de media vida juntas, mi mejor amiga me había mostrado sus cartas. NO. ME. SOPORTABA. Tampoco era de extrañar. Para Carlos yo era una persona tóxica y para mi propio padre, el gran fracaso de su vida. Durante mi adolescencia, este intentó de todas las maneras posibles corregir mis faltas de respeto ante todo y todos los que me rodeaban. Trató de controlar mi rebeldía, ganarse mi cariño y sofocar mi amargura por la vida, pero al final tiró la toalla. Y, curiosamente, cuando dejó de preocuparse por mí, resurgí de mis cenizas como un ave fénix… Algo tocada del ala, he de admitir.

Tampoco fue nada excepcional que, minutos después de discutir con Rebeca, me encontrara postrada en pleno ataque de colon irritable. Fue allí donde me encontró Izan cuando regresó de correr y fue allí donde me dejó para marcharse al trabajo. ¡Qué vergüenza! Mi adorable surfero me invitaba a mudarme a su cabaña para pasar el resto del verano juntos y yo en agradecimiento le tufaba el cuarto de baño. En fin, ese era todo el romanticismo que yo le demostraba.

Para colmo, después de vaciarme entera, sufrí una segunda oleada de síntomas casi más molestos que los anteriores y con los que, lamentablemente, estaba bastante familiarizada: tiritones, jaqueca, dolor muscular y de articulaciones, sequedad bucal y la siempre temible ansiedad.

Me pasé el día metida en la cama en un duermevela constante. Hacia las seis de la tarde, Izan, que se había encargado de avisar ese día a los jefes de que estaba enferma y no iría a trabajar, también se molestó en traer al médico del pueblo hasta el campamento para que me evaluara. «Virus intestinal», me diagnosticó aquel anciano con pintas de druida. Me recomendó dieta blanda, antitérmicos en caso de fiebre y nada más. Me hubiera gustado explicarle que la solución a mi malestar no era arroz y pescado hervido, que necesitaba urgentemente Paroxetina, pero aquello me habría supuesto dar demasiadas explicaciones delante de Izan.

Izan-Izan-Izan... Durante mis días de convalecencia supe que no olvidaría su nombre el resto de mi vida. Me cuidó con mimo y paciencia, claro que sus métodos curativos no fueron siempre de mi agrado. Me obligó a ingerir infusiones repugnantes que él mismo preparaba cociendo hierbajos en una cazuela. Se empeñó en que comiera asquerosos potitos para bebés acompañados de bebidas isotónicas dulzonas. También se ocupó de trasladar mi cama y todas mis pertenencias de mi antigua cabaña a la suya. Escuchó paciente unas dos mil veces mi discusión con Rebeca y, cuando rompí a llorar, me rodeó con sus brazos hasta que caí dormida.

Pasaron tres días hasta que logré levantarme de la cama para algo más que visitar al señor Roca. Todavía me sentía muy débil, pero Izan se empeñó en que debía mover las piernas para evitar posibles calambres musculares cuando retomara las clases de surf. Me propuso que le acompañara a la playa del Amado a última hora de la tarde; así, mientras él surfeaba, yo podría caminar por la orilla, respirar la brisa marina y aprovechar los últimos rayos de sol para recuperar algo de color en mi cara. El plan sonaba tan idílico que acepté sin rechistar.

Efectivamente, el paseo aligeró el dolor de mis piernas, no así el peso que soportaba mi conciencia. Una parte de mí seguía furiosa con Rebeca por ocultarme algo tan importante como su orientación sexual; y la otra, la Alexa dramática, se asfixiaba en la culpabilidad por haber reaccionado como una imbécil al verla a ella en la cama con la estúpida de Cat.

Lidiando con esta tormenta de sentimientos, me encaminé hacia la parte más alta de un acantilado. Una vez en la cumbre me senté sobre una roca para contemplar la inmensidad del océano. Contagiada por la espiritualidad de Izan, pensé que el Atlántico me ayudaría a decidir el próximo paso que debía dar: ¿quedarme en Karra y esperar a que Rebeca viniera a pedirme perdón? ¿O hacer las maletas y regresar a Madrid como Carlos me había aconsejado? ¿Se merecía mi supuesta amiga que yo hubiera puesto en peligro mi trabajo?

Estaba sumida en aquellos pensamientos cuando apareció Izan por el camino que subía de la playa, cargando la tabla bajo el brazo y enfundado en su traje de neopreno.

—Hola, cariño. —Me saludó con un beso y se sacudió el cabello empapado como si fuera un perro.

—¡Leñe, qué frío! —Le aparté de un suave empujón y me limpié la gotas de agua helada de mis brazos.

Sonrió divertido, apoyó la tabla en el suelo y se sentó a mi lado.

—¿No sigues surfeando? —pregunté sorprendida. Las sesiones de entrenamiento de Izan podían durar dos horas. Si le sumábamos la media hora que corría cada mañana, aquel chico tenía más energía que una central eléctrica.

—Las olas están imposibles. —Chascó la lengua—. ¿Y sabes quién tiene la culpa?

—Ni idea —respondí con poco ánimo.

—Tú eres la culpable, chica de las olas. Eres tan bonita que el Atlántico te ha visto sentada aquí y se ha vuelto loco de remate tratando de alcanzarte.

Me mordí los labios para no echarme a reír como una boba.

—Eres un amor. —Le tiré suavemente de un mechón de pelo.

—Y tú también lo eres. Por eso deberías hacer las paces con tu mejor amiga.

—No lo veo factible… —suspiré.

—Si estás sufriendo por ella, lo más razonable es que intentes arreglar vuestras diferencias cuanto antes. Además, no entiendo por qué te afectó tanto descubrirla con una mujer.

Le miré perpleja.

—¿Crees que soy homófoba? Porque me ofendes si piensas eso.

—¿Y tú estás segura de que no lo eres? A veces no somos conscientes de nuestros prejuicios hasta que no nos vemos en la situación.

—Te repito que si piensas de esa manera es que no me conoces.

—Te conozco lo suficiente para saber que tienes un gran corazón y que además eres bastante más conservadora y prejuiciosa de lo que aparentas.

—Si fuera tan conservadora como tú dices, no estaría con un hombre nueve años más joven que yo, ¿no crees?

—Veamos si no estoy en lo cierto… —Se rascó la barbita pensativo y, pasados unos segundos, dijo—: Imagina que nos conocemos en la empresa para la que trabajas en Madrid y te pido una cita. ¿Aceptarías?

Visualicé mentalmente la escena. Él con sus pintillas de *hippy* en el escritorio próximo al mío, rodeados de mis compañeras, mis jefes, cenando con médicos…

—Me cuesta imaginarte vestido con traje y unos elegantes zapatos, la verdad —contesté con un deje de burla.

—¿Ves? Te incomoda la situación en la que te he puesto y te escondes como siempre bajo tu sentido del humor. Responde con sinceridad, Alexa, que no me voy a romper.

Fruncí el ceño en busca de una respuesta honesta pero poco hiriente.

—¿Te vas a enfadar si respondo algo que no te gusta? —pregunté cautelosa. Izan negó con la cabeza—. Bien… Mmm… No. Probablemente no aceptaría una cita contigo, aunque estoy segurísima de que me quedaría con las ganas de hacerlo.

—Y probablemente claudicarías porque yo no me rendiría ante la primera negativa. Después descubrirías que soy el hombre de tu vida, seríamos felices y comeríamos helado hasta el fin de nuestros días. —Asomó su lengua entre los labios para recordarme las maravillas que podía hacer Sir Piercing Brosnan.

Solté una risa amarga.

—Siento romper tu fantasía, pero dudo mucho que fueras feliz a mi lado. Todo lo contrario. En menos de un año de convivencia saldrías huyendo a un pueblecito costero de Portugal.

—¿Por qué eres tan dura contigo? —preguntó extrañado.

—Porque soy objetiva, Izan. Ya te lo he dicho: tú no me conoces realmente.

—¿Y cómo eres realmente?

«Igual que mi madre…».

Me eché el cabello a un lado y resoplé angustiada.

—Un día me despierto con ganas de comerme el mundo y a la mañana siguiente me siento la mujer más desdichada de la faz de la tierra. Eso sin hablar de que me obsesiono con todo, con mis enfermedades o con no conseguir mis objetivos, aunque, si soy realista, tampoco me atrevo a asumir cambios en mi vida. Básicamente sobrevivo mientras me dejo llevar por la marea. Y lo peor de todo es que yo soy la primera en dinamitarme cuando voy por el buen camino, cuando lo estoy haciendo bien. Como me sucedió con Carlos. Él y yo nos entendíamos, pero de pronto… —Cerré la boca antes de meter la pata—. Mejor no hablemos de eso.

—¿Por qué? Tú siempre insistes en que ante todo somos amigos, ¿no? Así que deberíamos tener suficiente confianza para poder hablar de él.

—No sé, Izan… Estoy segura de que puedo confiar en ti, pero me da miedo decepcionarte…

Arrugó la frente contrariado. Luego, preguntó:

—¿Le fuiste infiel?

—No, claro que no. Pero casi peor… Jugué con sus sentimientos sin pararme a pensar el daño que le causaba. Él quería tener hijos. Bueno, cuando nos conocimos no parecía tener intención alguna. Siempre comentaba que una familia no entraba en sus planes porque estaba demasiado volcado a su trabajo. Sin embargo, pasaron los años y, un buen día, cambió de opinión. De pronto me dijo que necesitaba ser padre para avanzar en nuestra relación y yo… En fin, me comporté como una cobarde. No me atreví a confesarle que no puedo tener hijos.

—¿No puedes concebir?

—No exactamente… Sí puedo tenerlos, o eso creo, pero no quiero tener hijos nunca. Jamás. Me da pánico, de hecho. Ni me veo capacitada para responsabilizarme de otra vida ni tengo instinto maternal.

—Eso no es verdad, Álex. —Sonrió—. Te he visto tratar a Evil y parece tu bebé. Cuando termina de comer, le lavas el hocico; le limpias las legañas con papel higiénico por las mañanas, le das masajes entre las cejas para relajarla… Joder, ¡si ayer mismo le pusiste tu cinta del pelo entre las orejas! —Acabó carcajeándose de mí.

—No es lo mismo un perro que un hijo, Izan. Además me da igual si me entiendes o no. Estoy harta de que la sociedad condene a las mujeres que no queremos perpetuar la especie y que se respete a esos hombres que deciden no hacerlo.

—No te juzgo, solo te cuento lo que veo. Y volviendo al tema de Carlos: no te puedes culpabilizar de vuestra ruptura por que no quisieras tener hijos. No se puede obligar a nadie a dar ese paso.

—Por supuesto que él no era quién para obligarme, pero no fue honesto por mi parte comprometerme en buscar un bebé y tomar la píldora anticonceptiva a escondidas. ¿Comprendes ahora cómo me siento?

—Lo que no comprendo es cómo no fuiste sincera con tu pareja.

—No sé… Supongo que también me estaba mintiendo a mí misma, porque confiaba en que solo necesitaba tiempo para hacerme a la idea de ser madre, pero pasaban los meses y ese convencimiento no llegaba. Para colmo, cada vez que me bajaba la regla podía ver la preocupación en sus ojos; se mostraba comprensivo conmigo e incluso me ofrecía palabras de ánimo por si me estaba agobiando por no quedarme en estado. Y en aquellos momentos yo no podía sentirme más sucia y rastrera. Hasta que una noche mientras cenábamos me comentó que se haría pruebas de esperma en el hospital para ver si algo estaba fallando. Entonces fui consciente de que no tenía sentido continuar con mi mentira, que le estaba haciendo daño y… confesé. Le conté mi gran mentira. En ese mismo instante puso fin a nuestra relación, y con toda la razón del mundo.

—Todos metemos la pata empujados por el miedo, no te des tanta caña, Álex. Yo sé bastante de eso. Cuando perdí a mi madre cometí todos los errores que un niñato podía cometer. —Apartó la vista de mí como si se avergonzara de aquello y la enfocó de nuevo en su mar.

—Tú lo has dicho, eras muy joven. A esa edad es normal cometer estupideces. Yo tenía treinta y dos años, Izan.

—De todos modos, deberías perdonarte y seguir adelante con tu vida.

—No es una cuestión de perdonarme o no. Es más complicado. Yo soy complicada.

Tras un breve silencio, Izan se puso en pie y, tras contemplarme unos segundos vacilante, me ofreció su mano.

—Ven conmigo, quiero mostrarte algo.

Tiró de mí y, cuando me incorporé, coló su brazo bajo mis rodillas para cargarme como un bebé.

—¡¿Qué haces?! —exclamé temerosa.

En su cara se dibujó una sonrisilla diabólica y, sin más, salió corriendo conmigo en volandas hacia el abismo.

—¡Abrázate fuerte, chica de las olas!

—¡Noooooooooo!

Me apreté contra su cuerpo, cerré los ojos y, sin llegar a llenar mis pulmones de aire por completo, sentí que mi cuerpo impactaba violentamente contra las olas.

Mientras me hundía, mi mente no pudo resistirse a mostrarme una imagen de mi madre, pero no del día en que la perdí, sino de ella dormida plácidamente en su cama. Después de aquel breve recuerdo, apareció otro de mi padre con el rostro constreñido el día que me pilló besándome con un chico en el parque. También visualicé una instantánea de Rebeca y mía diez años más jóvenes en nuestra fiesta de graduación; a Carlos la primera noche que cenamos juntos. Y escuché la voz de Izan diciéndome las palabras más bonitas que un hombre me había dicho nunca: *«Para mí tú eres como el* Pipeline *de Hawái, una playa de olas salvajes y perfectas..., el paraíso. Quiero sentirte y vivirte cada segundo hasta que acabe el verano».*

Y de pronto, mientras mi cerebro evocaba estas imágenes fugaces, descubrí que mi vida no era una basura como yo siempre había creído. Simplemente me daba miedo sentirla como mía.

Me solté de los brazos de Izan y comencé a nadar para emerger a la superficie. Al instante noté sus manos en mis caderas y cómo me impulsaba hacia arriba con una fuerza asombrosa. Cuando salí a flote, inspiré desesperada en busca de oxígeno. Abrí los ojos y, a través de las gotas y el salitre pegado a mis pestañas, vislumbré la sonrisa dentuda de Izan.

—¿Te sientes mejor, cariño? —preguntó divertido.

Di un par de brazadas hacia él y me abracé a su cuello temblando de frío y miedo.

—Creo que ahora mismo te odio con la misma intensidad que te necesito —susurré contra su pelo.

—El mejor momento entonces para que hagamos el amor...

Minutos después de aquel terrorífico chapuzón, Izan y yo nos sentíamos y vivíamos en el interior de su vieja furgoneta.

Regresamos a nuestra cabaña y, como si estuviera poseída por una Alexa mucho mejor persona que yo, escribí a toda prisa un correo electrónico a mi padre. Le puse al tanto de mi vida en las últimas semanas y le pregunté repetidamente si se encontraba perfectamente de salud. Desde que había llegado a Karra no le había dedicado ni un solo mensaje y él, fiel a su palabra de nunca molestarme, tampoco había tratado de contactar conmigo. No se lo podía reprochar. A su manera, papá siempre se había esforzado para compensarme por sus errores y remendar la falta de mi madre en mi vida; y yo jamás se lo había agradecido. Reconozco también que esa tarde no se merecía un frío *e-mail,* sino una llamada en la que su hija se disculpaba por no haber valorado sus esfuerzos por hacerme feliz. Pero nunca he sido muy valiente, y prefería esconderme tras la pantalla. Jamás se me ha dado bien enfrentarme a mis propias emociones, y mucho menos a los sentimientos de los demás. Así que traté de compensar mi falta de consideración adjuntándole varias fotos donde aparecía surfeando sobre mi tabla, con Rebeca riendo en el porche, rodeada de los monitores de la escuela y otra muy divertida abrazada a Evil. Un reclamo absurdo e infantil. Pero confiaba en que se sentiría feliz al verme feliz a mí. Y no me equivocaba. Diez minutos después recibía su respuesta: cuatro frases donde me recordaba lo mucho que me quería, lo preciosa que era, cuánto me echaba de menos y, por supuesto, su advertencia en mayúsculas de todos los peligros que escondía el mar.

Cerré mi portátil y con energías renovadas me dirigí a la cabaña de Rebeca. Cat y ella no tuvieron un desliz la noche del Lush. Mantenían una aventura en toda regla. Llegué a esta conclusión cuando la monitora abrió la puerta apenas cubierta por un *crop top* y unas bragas, con el cabello revuelto y las mejillas color frambuesa.

—¿Y si en lugar de ser yo la que llama a la puerta soy uno de los jefes? —pregunté a bocajarro. Me había conciliado conmigo misma, pero no con aquel cardo borriquero.

La monitora sonrió con sarcasmo.

—Yo siempre puedo aludir que he venido a darme una ducha a vuestra cabaña porque se me ha roto el calentador del agua de mi casa, *por ejemplo* —añadió con retintín—. Pero tú ¿cómo vas a justificar que te das el lote con su protegido en la trastienda en horario de trabajo?

—¿Eso es una amenaza? —pregunté desafiante.

Se encogió de hombros y sonrió de nuevo.

—No es ninguna amenaza, si tú no te vas de la lengua.

Rodé los ojos.

—Jamás haría algo así, Cat. Pero no he venido a discutir contigo, que lo sepas. Ahora, ¿puedes decirle a mi amiga que necesito verla?

—Díselo tú, está en la ducha. Por cierto, ¿Izan se encuentra en su cabaña? —Asentí dubitativa—. Estupendo, voy a charlar con él. No quiero estar entre vosotras cuando os descuarticéis la una a la otra. —Se apartó de la puerta para dejarme pasar y cruzó el umbral dispuesta a conversar con mi chico así…, en «semipelotas».

—Fabuloso —farfullé.

Unos minutos después, mientras yo me comía las uñas sentada en la cama de Rebeca, esta salía del cuarto de baño envuelta en una toalla.

—¿Qué quieres? —preguntó en tono cortante, y se dirigió hacia su arcón en busca de algo de ropa.

—Perdona que te moleste, pero he venido a hablar contigo.

—Corta el rollo, Alexa. Tú sabes que nunca me molestas —refunfuñó.

—Ya no estoy tan segura, Bec.

Mi examiga caminó hacia mí todavía envuelta en la toalla y se sentó a mi lado. Respiró hondo y negó con la cabeza, antes de decir:

—No empieces a dramatizar. Somos amigas porque conectamos en muchos aspectos de nuestra personalidad y, por eso, también chocamos de vez en cuando. Siento si fui demasiado dura contigo la otra mañana, pero… ¡Joder, Álex! Reaccionaste como si te avergonzaras de mí, y eso me dolió.

—Ahora la que dramatizas eres tú, porque yo jamás me avergonzaría de ti. Sencillamente no me lo esperaba. Ponte en mi lugar. A ti también te afectaría verme con una mujer.

—Pero no me comportaría como una estúpida.

—De acuerdo, tienes razón. Tú te burlarías de mí durante semanas.

No contestó. Reflexionó sobre mi comentario y asintió pesarosa.

—Tienes razón —aceptó al fin—. Yo también actuaría como una gilipollas.

—Ok, quedamos en tablas; pero además necesito que quede claro que respeto tus gustos sean cuales sean. Lo que no entiendo es por qué me ocultaste algo así.

—Yo no te he ocultado nada. Cat es la única mujer con la que he mantenido relaciones sexuales. Me gustan los tíos, y, sí, a veces he sentido algo raro por las mujeres, y recuerdo que, borracha, besé a una tipa en un concierto; pero no sabría qué etiqueta poner a todo esto. Así que deja de montarte películas y de darle más vueltas a mi vida sentimental. Bastante me he comido la cabeza yo para llegar a esa conclusión.

—¿Me estás diciendo que no te gustan las mujeres? Ojo, Rebeca, quizá este *affaire* solo es la consecuencia de una temporada sin sexo.

—Sí, claro… Cuando no tengo lomo, de todo como —ironizó.

No pude aguantarme y me eché a reír.

—Escucha, Alexa —dijo sin perder su gesto serio—. No tengo una teoría para explicar lo mío con Cat, ni quiero estrujarme los sesos buscándola, pero ella me gusta, y eso es suficiente. Así que solo te pido que no hagas preguntas que no sé responder todavía. El tiempo decidirá. Y en cuanto a nosotras, yo también te pido disculpas por los reproches. Para mí eres como una hermana y la única persona a la que le confiaría mi vida, aunque admito que a veces se me hace difícil ser tu amiga. Tú no eres consciente, y posiblemente no eres más culpable que yo de que me haya sentido como tu Sancho Panza en millones de situaciones.

—¿Te sientes así conmigo? —pregunté sorprendida.

Bec afirmó con la cabeza, apesadumbrada.

—Piénsalo bien, Alexa. Soy la que te cuida cuando estás de bajón, la que escucha tus paranoias, a la que invitaban a las fiestas de la facultad porque así se aseguraban de que tu irías, a la que se le acercaban los tíos para poder acceder a ti… Porque, asumámoslo, eres un imán para ellos. Y en eso se ha resumido mi día a día desde que nos conocimos. Y lo peor de todo es que siempre me has dicho lo mucho que me necesitas o que me admiras por mi fuerte personalidad, cosa que me ha hecho sentir todavía peor persona cuando me enfadaba contigo. Pero, como ya te he explicado, tal vez la culpa es mía por haber alimentado esta especie de dinámica entre nosotras.

—Pero nos enrolamos en este viaje no porque yo lo deseara, recuérdalo. Hoy por hoy me estoy jugando mi trabajo por ti.

—Cierto; y, posiblemente, aceptaste acompañarme en esta aventura porque te pillé fuera de juego con el drama de la boda de Carlos; pero si no te hubiera convencido, no te habría dejado sola en Madrid. ¿Entiendes? Iba de farol, Alexa… ¡Y joder! —gruñó molesta—. Hasta ahora no lo había pensado, pero sufro un claro síndrome de Estocolmo contigo.

Por mucho que me doliera escucharla, ella tenía toda la razón. La comprendía perfectamente, porque yo también sufría una cierta dependencia hacia mi amiga. Rebeca ejercía demasiado poder e influencia sobre mí. Cada vez que tomaba una decisión, me preocupaba decepcionarla o que me reprendiera.

—¿Y qué puedo hacer para que nuestra relación cambie?

—Salir de tu cabeza de vez en cuando y mirar el mundo que te rodea, porque los demás también te necesitamos a ti. Cuando te propuse hacer este viaje, llevaba meses tan deprimida como tú, pero no te enterabas porque solo hablabas de Carlos, de lo mal que te sentías o de que no ibas a ser capaz de vivir sin él. No te paraste a observarme mientras que yo…

—Mientras que tú te preocupabas por mí constantemente —atajé—. Lo siento, Bec. Me he comportado como una auténtica egoísta.

—No digas tonterías, no eres ninguna egoísta. Tu problema es que te obsesionas tanto en que algo va mal en ti que al final no eres capaz de ver más allá de tus paranoias. No pienses tanto, Álex, o terminarás volviéndote loca.

«Eso es más fácil decirlo que hacerlo», pensé para mí.

—De acuerdo, intentaré no rayarme con mis problemas y cuidarte más. —Y la estreché entre mis brazos a riesgo de que me soltara una galleta.

—Vale, pero déjame respirar, que me estás ahogando con tus tetas —refunfuñó incómoda.

—Seguro que eso no se lo dices a ella —respondí en tono burlón.

—Ella no es tan pegajosa como tú.

La liberé del suplicio para lanzarle un beso al aire con el dedo corazón.

—Adiós, erizo.

—Adiós, Melman.

Sonreí feliz. Rebeca y yo habíamos superado la primera discusión realmente grave durante nuestros años de amistad. Y digo «grave» porque hasta ese día jamás tuvimos que sentarnos a charlar para resolver nuestros problemas.

23

Ámala locamente

Izan Oliveira

Me costaba creerlo, pero sí: Alexa se mudaba a mi cabaña. Y haríamos esas cosas que hacen las parejas de verdad: cocinar, hacer la compra, doblar sábanas, discutir por dejar el salero en la estantería equivocada o echar a suertes la colada. Me gustaba la idea de compartir esa cotidianidad con ella, aunque fuera temporal…, aunque yo supiera que en menos de dos meses guardaría su ropa en una maleta junto con sus seis pares de zuecos de colores y que no volvería a poner un pie en estas tierras.

Salvo que cambiase de opinión y lo dejara todo por mí.

Mi padre abandonó su vida por mi madre y ella se abandonó a sí misma cuando le perdió. Marisa también sacrificó su carrera de profesora por compartir la vida con Tiago. Y estamos hablando de Tiago: un tipo de carácter hosco, sin modales y con menos sensibilidad que una piedra. Supongo que amar intensamente nos altera la percepción y la objetividad respecto al otro.

La misma mañana que Alexa y yo dormimos juntos en mi cabaña después de salir hasta las tantas con nuestros compañeros, decidí poner al día a los jefes de mi relación con Alexa. Más que nada lo hice por ella, para que se relajara un poco conmigo. A mí, la verdad, me daba bastante igual cómo se lo tomaran Tiago y su esposa o las trabas que pudieran ponernos. Nunca me ha gustado dar explicaciones de mi vida a nadie; sobre todo porque yo jamás se las pido a la gente que me rodea. Pero, vaya…, por otra parte quería evitarnos a todos situaciones molestas como la que sucedió en el huerto con Marisa.

No serían ni las nueve de la mañana cuando me presenté en la casa de los jefes, una cabaña de dos plantas con buhardilla y jardín trasero rodeado por una valla que Marisa y yo habíamos pintado de rosa fucsia el invierno pasado. Nunca la sentí como un hogar, aunque mi primer año en Karra la mitad del tiempo lo pasé encerrado allí.

Puesto que ese día libraba, me inventé la excusa de que quería desayunar con ellos y que me contaran cómo iba el negocio ese verano. Marisa no se lo tragó desde el primer momento que crucé por la puerta. Me conocía lo suficiente para saber que aprovechaba mis libranzas para surfear en otras costas del litoral o ganar un dinero extra pescando percebes.

Cuando entré en el salón, Tiago parecía ensimismado con la televisión mientras devoraba unos huevos revueltos con chorizo y queso de cabra. Marisa, con expresión tensa, me sirvió el café y medio bizcocho de limón.

—Ya sabes de qué te voy a hablar, ¿verdad? —dije con la boca llena.

—Bueno, los rumores corren rápido en este pueblo…

—¿Y qué dicen esos rumores?

—Que el hijo de Adelina ha engañado a la hija menor de Constança con una española que siempre va enseñando las tetas, cuando no las bragas. Que os han visto haciéndolo en la furgoneta y en la playa; y que todos los días os besuqueáis delante de los viejos del pueblo en el centro de jubilados. No sé si me olvido de algún detalle más.

—Eso no es del todo cierto. Yo no he engañado a Elena, y tampoco hago esas cosas con Alexa a plena luz del día.

«Con alguna excepción…».

—Ah, ¿no engañaste a tu novia? Porque lo que yo vi en el huerto apuntaba a que sí lo hacías… —me recordó Marisa, segundo a segundo más irritada.

Abandoné el delicioso bizcocho en el plato y me giré en la silla para mirarla cara a cara.

—Marisa, ¿de qué va esto? Tú siempre has detestado a los chismosos del pueblo.

—Esto va de que no me gusta cómo te has comportado con Elena.

—Marisa, por favor, relájate. —Acaricié su mano para tranquilizarla—. La dejé antes de que las cosas fueran más lejos con Alexa. Y aunque ella no hubiera venido aquí a pasar el verano, estoy convencido de que mi historia con Elena tenía los días contados.

—¿Y cómo lo sabes?

—Porque lo sé. Elena y yo éramos más amigos que otra cosa. Ella estaba sola en este pueblo, yo también y, bueno…, empezamos a salir, pero entre nosotros no había auténtica química, ¿entiendes?

—Perfectamente. Y cuando tu nueva «química» se marche a Madrid volverás a estar solo. ¿O no lo has pensado?

—Tranquila, no me romperé. —Me bebí de un trago el café y dejé la taza en la mesa con cuidado. A continuación, me decidí a abordar el tema por el que me encontraba allí—. Sé que esto no te hará feliz, pero he pedido a Alexa que se mude a mi cabaña. Te lo comento no porque te esté pidiendo permiso. Tan solo quiero que lo sepas por mí antes de que te enteres por otros.

—¿Qué cabaña? Estamos con aforo completo —intervino Tiago, completamente perdido de nuestra conversación.

Marisa me hizo un gesto para que mantuviera la boca cerrada y luego se dirigió a su marido.

—Ninguna cabaña, cariño. Tú sigue viendo la tele, que Izan y yo charlaremos en la cocina.

Me levanté de la mesa y la seguí con poco ánimo.

—Dime qué sentido tiene que se mude contigo —me increpó en cuanto cerró la puerta.

—¿Y por qué no vamos a hacerlo? Estamos todo el día juntos.

—Porque vas a pasarlo peor cuando se marche, Izan.

—Deja de tratarme como a un crío. Sé perfectamente lo que me hago.

—Lo siento, pero no puedo evitar preocuparme por ti. Tu padre siempre fue un niño grande y tú te pareces demasiado a él. ¿Por qué crees que su familia terminó por darle la espalda?

Abrí los ojos pasmado. Aquel comentario estaba fuera de lugar, y, además, Marisa sabía mejor que nadie que «me apestaba» hablar de mi familia paterna. Ellos siempre nos odiaron a mi madre y a mí; nos tachaban de gitanos con desprecio, así que… murieron para nosotros el mismo día que falleció mi padre.

—No me interesa esa historia —advertí a mi jefa, y me encaminé hacia la puerta de la cocina para largarme cuanto antes.

—Pues debería, porque es parte de tu historia también. Debes entender que tu padre no lo hizo bien con ellos. Se vino a Portugal persiguiendo a tu madre y se olvidó de sus responsabilidades con su familia. Tu abuela estaba enferma, tu abuelo en paro y tus tíos eran pequeños. Él era el mayor y los abandonó. No se responsabilizó de sus obligaciones como hijo y hermano.

—Mis padres estaban muy enamorados.

—Sí, Izan, pero te repito que podía haber sopesado una decisión menos radical como…

—¿De qué vas ahora? Tú también dejaste a tu familia —la interrumpí.

—Eso no viene al caso, y mis padres no tenían ni la mitad de problemas que tus abuelos. Y tu madre…

—¡Y qué pinta ahora aquí mi madre!

—Pues que tu madre tampoco actuó con sensatez respecto a ti, Izan. Cuando tu padre murió, debió regresar aquí, con su familia, para criarte en un lugar seguro y no obligarte a vagabundear con ella. Por eso has pasado por tanto, cielo. Si ella se hubiera instalado en Karra, tu vida habría sido muy distinta. Pero nunca actuó con madurez.

—¡BASTA! —Alcé la voz.

Marisa se quedó congelada. ¿Qué demonios me pasaba? Yo no…

—Lo siento, Marisa, perdóname. No he debido gritarte —me apresuré a decir.

—*Meu filho…*, te perdono, pero ¿ves cómo has reaccionado? Tú ya no eres así…

—¡¿Alguien va a tener la decencia de contarme qué está pasando?!—tronó Tiago desde la puerta de la cocina.

Marisa apartó la mirada de mi rostro y dirigió una sonrisa tranquilizadora a su marido. Tranquilidad que, por otra parte, no mostraban sus ojos.

—¿Vas ayudarme con él o se lo digo yo? —le pregunté, cada vez más avergonzado.

Pareció pensárselo unos segundos, pero al fin contestó:

—Déjame que sea yo quien hable con mi marido. Ahora márchate, Izan; y hazme caso: no cometas ninguna estupidez con esa mujer.

Asentí atorado y me encaminé a la puerta sin despedirme de Tiago.

Justo cuando cruzaba la valla, escuché a mi jefe maldiciendo a gritos. Eché a correr…

24

El beso

Karra (Portugal), 20 de agosto

19.30 h

—¿Así?

—¡Ooooooh, síii! ¡Sí! ¡Sí! Así-así-así-así... ¡Más rápido! ¡Más-más-más!

Izan sonrió fascinado.

—Mmm... ¡Dios mío! —jadeé.

—¡Ja, ja, ja! Me estoy poniendo celoso de esta cosa.

Esa cosa era Flipper, mi pequeño amigo a pilas. Y, por la cara de satisfacción de Izan, algo me decía que aquellos dos se harían grandes colegas. ¿Que cómo se conocieron?

Rebobinemos...

Esa noche Marisa había invitado a todo el personal de la escuela a su fiesta de cumpleaños. Yo estaba hecha un flan. Era la primera vez que Babysurf y yo posaríamos como amigos íntimos delante de nuestros jefes. Según Izan, los tíos de Rebeca no habían puesto ninguna pega a nuestra aventurilla cuando les habló de nosotros. Sin embargo, ni me hizo feliz que lo supieran ni respiré aliviada; todo lo contrario, cada vez que interactuaba con ellos me sentía más incómoda. Probablemente, se debía a la formalidad inusual con la que me trataban. En las pocas ocasiones en que había charlado con Tiago y su mujer —por motivos de trabajo exclusivamente—, ambos se habían mostrado tan correctos conmigo que se delataban.

Debido al desasosiego que me provocaba asistir a la fiesta, me pasé por el forro todos los carteles ecologistas colgados en los árboles del campamento y me preparé un baño relajante de aceite y esencias. Me sumergí en el agua, cerré los ojos y puse en práctica unos ejercicios mentales que Izan me había enseñado en ese empeño por acercarme al mundo de la meditación trascendental. Angelito mío…, cuánta fe derrochaba en mí.

Fue en ese momento de pleno nirvana cuando cierta cabeza rubia asomó por la cortinilla de la bañera.

—¿Sabes cuántos litros de agua le estás costando al ecosistema? —A la cabecita rubia le estaban saliendo cuernos y rabo.

Abrí un ojo en dirección a Izan y bostecé exageradamente antes de responderle.

—Ya he prometido al planeta que le compensaré sin encender el aire acondicionado durante dos veranos.

—¿Tienes aire acondicionado en tu piso? —preguntó alarmado.

Babysurf podía ser dulce y tierno como un pan de leche, pero si entraba en modo ecologista…, buah, se convertía en un auténtico peñazo.

—No me agobies y pásame la mascarilla para el cabello, por favor. —Con fingida desgana señalé mi neceser.

Y allí fue, en la vorágine de mi maleta de productos, donde mis dos amantes se estrecharon las manos.

En cuanto reconocí el zumbido parecido al de un abejorro, sentí que mis mejillas echaban a arder, cosa que me irritó bastante. Jamás de los jamases me había avergonzado de mí misma por echar mano de un *dildo* para procurarme placer. ¿Y por qué me incomodaba admitir delante de Izan que lo utilizaba? La respuesta se resumía a dos dígitos: el dos y el cuatro. Un chico de su edad fácilmente podría pensar que recurría a los consoladores porque me sentía desconsolada. Y yo no había buscado consuelo sexual en un hombre meses atrás porque ni lo necesitaba ni me daba la real gana. (Por cierto, la palabra «consolador» debería ser desterrada del diccionario).

—¿Esto es lo que creo que es? —Izan preguntó con una sonrisa divertida mientras jugaba a los malabares con mi pequeño Flipper.

—Ajá. Es un delfín rosa —farfullé, y escondí mi rostro bajo el agua.

Al segundo, sentí sus largos dedos alrededor de mi brazo derecho y un suave tirón que me obligaba a emerger.

—¿Y tu delfín rosa sabe nadar? —volvió a preguntar.

—Sí, tiene varios títulos de buceo.

—Vaya…, tipo listo —asintió, con los labios fruncidos para no romper a reír; y yo me ruboricé por segunda vez.

—Puesto que ya he resuelto todas tus dudas, ¿podrías pasarme la mascarilla? —Aquella conversación debía llegar a su fin.

—¿Sabes que es la primera vez que veo un chisme de estos?

Levanté una ceja, incrédula.

—Me refiero a que no lo he visto en vivo y en directo. En las pelis porno sí —acuñó.

—No me lo digas: te encanta el cine X de los 70 con mujeres de pelo afro arriba y abajo y vibradores estilo choricero —comenté con guasa.

De pronto, percibí cómo toda la sangre de su cuerpo se había concentrado en sus orejas.

—¡Oh, dios mío! ¿¡De qué planeta vienes tú!? —Estallé en carcajadas—. Dime que no estoy en lo cierto, Izan. ¡JA, JA, JA!

—Ríete lo que quieras, pero, ahora que lo dices, tú me recuerdas un montón a Linda Lovelace.

Abrí la boca sorprendida por su descaro.

—¿Ves? Ahora me la estás recordando. —Señaló mi boca.

—¡Serás cerdo! —Entre risas, empuñé mi esponja empapada en agua y apunté hacia su cara—. Retira lo que has dicho o te la estampo en la nariz.

Su mano atrapó mi muñeca, sus labios mi boca y, cuando cerré los ojos para dejarme llevar por esos besos suyos tan dulzones, escuché la llamada salvaje de mi «delfín».

«Buzzzzz, buzzzz, buzzzzz…».

Y así fue como gocé de la mejor experiencia acuática de la historia. El surf podía molar mucho, pero nada comparado con Izan arrodillado en la bañera al mando de mi pequeño vibrador. Y si, para más inri, el dios del sol seguía poniendo esa carita tan sexi mientras lo hacía bailar entre mis muslos, yo me…

—Me voy a correr solo con mirarte —confesó con la respiración agitada.

«¡Chispas! Tres marcas de… de…¡leeeche!».

Sentí cómo mis muslos y abdomen se tensaban, mi vagina se contraía en espasmos y…

—¿Te gusta? —ronroneó.

No hizo falta que le respondiera. En el mismo segundo que Izan formulaba su pregunta, mi cuerpo se arqueaba sobre el agua impulsado por un sonoro orgasmo…

Virgen santa, para ser tan poco tecnológico, manejaba a Flipper realmente bien.

—Álex, no te duermas —le escuché decir mientras yo flotaba en el agua.

Saqué mi mano entre los litros de espuma de jabón y con un ligero movimiento de dedo índice le sugerí que no me molestara.

—Vamos, cariño, no me puedes dejar así.

Atisbé por el rabillo del ojo el bulto bajo su bañador y me eché a reír.

«El que no llora no mama, Babysurf».

—Yo pensaba que los *hippies* erais muy altruistas y hacíais buenas obras sin necesidad de recibir nada a cambio —dije con malicia.

Inclinó su cabeza hacia un lado y, con una dulce sonrisa de medio lado, respondió:

—El amor es querer ser amado, no lo olvides nunca.

Sus palabras habían sonado tan dulces en mis oídos que no fui capaz de seguir con mi juego travieso. ¿Me estaba «enmoñeciendo» por momentos? Puede que sí o puede que mi cuerpo se muriese de ganas por fundirse con él y comerle a besos.

Me puse en pie en la bañera y, cubierta de espuma, me abracé a su cuello.

—Eres adorable, Izan Oliveira —susurré.

—Y tú una chica mala. —Me rodeó con sus fuertes brazos las caderas y me sacó del agua.

—Toalla, Babysurf —le advertí entre risas. Intercambiar breves órdenes nos ponía mucho a ambos.

—No la necesitas. —Me sentó en el borde del lavabo y se bajó el bañador a toda prisa.

—Condones —pronuncié mi segunda orden.

De pronto, noté cómo su cuerpo se tensaba y que fruncía el ceño contrariado.

—¿Qué te sucede?

—Joder —bufó, ahora cabreado—. Los condones, Alexa.

Recordé pesarosa que el día anterior habíamos agotado la última caja. Puesto que en Karra no había farmacias ni supermercados y «el verano estaba siendo muy intenso conmigo», palabras textuales de Izan, este había bromeado con comprar todas las existencias de profilácticos de los pueblos de alrededor.

—¡Mierda! Se nos ha olvidado reponer —farfullé tan molesta como él.

—Da igual, podemos pasarlo bien de otras formas. —Suspiró y clavó su vista en mi boca.

Me quedé callada unos segundos pensativa. Podíamos seguir con el plan inicial sin correr riesgos. O eso esperaba... Empujé con mis pies sus caderas hacia mí y con voz coqueta le cuchicheé al oído:

—Tomo la píldora, ¿recuerdas?

Izan me miró sorprendido y, tras unos segundos, vislumbré cómo una amplia sonrisa se le dibujaba poco a poco en la cara.

—No me lo habías dicho nunca, creo..., pero acabas de hacerme un hombre muy feliz. —Y sin perder más el tiempo, me sostuvo de las caderas y se hundió de un solo empujón dentro de mí.

Aquella tarde el sexo con Izan fue completamente diferente. Mucho más electrizante y salvaje. En lugar de tomárselo con la calma que acostumbraba, decidió hacerme el amor allí mismo, sobre el lavabo en aquel minúsculo baño. La impetuosidad y vehemencia con la que empujaba sus caderas me resultaban dolorosamente excitantes. Y cuanto más salvaje se me mostraba, todo mi cuerpo y los gemidos de mi garganta más le apremiaban.

—No pares... Más fuerte, Izan ... Más... —le rogué una y otra vez.

Decidido a cumplir mis deseos, aceleró el ritmo y la intensidad de sus embestidas, sin ser consciente de que su potente erección y la fuerza con la que sus dedos se clavaban en mi culo me procuraban intensas ráfagas de placer mezcladas con ese delicioso dolor del sexo sin edulcorantes. Uno que a mí me gustaba especialmente.

—Me encanta... Sigue, sigue...

Jadeante, arqueé la espalda y colé mi mano bajo su nuca en una invitación clara para que lamiera mis senos. Izan, que se hundía en mí bajo un frenesí loco, atrapó uno de ellos entre sus labios para después besarlo suavemente. A continuación sentí el roce de sus dientes sobre mi piel, el duro metal de su *piercing* y cómo después lo succionaba con fuerza. Mi orgasmo fue inmediato. Noté que mi vagina se estrechaba en torno a su pene con vibrantes espasmos mientras me embestía una última vez y eyaculaba intensamente.

—Dios, cariño, eres la loba feroz —dijo jadeante, y se limpió con el antebrazo el sudor de su frente.

Levanté una ceja alucinada.

—¿Yo? Perdóname, Babysurf, pero no soy la única bestia aquí. Además, te voy a castigar como descubra que me has hecho un chupetón. —Señalé mi pecho enrojecido.

Y tras mi advertencia, sucedió la peor de las catástrofes en el mundo de Izan: el lavabo se tambaleó hacia un lado y un chorro de agua salió disparado de una tubería contra el techo del cuarto de baño.

—¡Maldita sea! —espetó al mismo tiempo que sostenía con todas sus fuerzas el lavabo conmigo encima—. Baja con cuidado y ayúdame a cortar el agua.

Sé que estaba fatal por mi parte burlarme de él y mucho más echarme a reír, pero…

—¡Ja, ja, ja! Ay, Izan, hemos roto un lavabo de un polvazo.

—Alexa, deja la coña y sujeta el lavabo.

Desternillada, me bajé de mi trono tambaleante y lo agarré con las manos para que no se venciera para un lado. Mientras yo me moría de risa, Izan, con el pito colgando por fuera del bañador y el chorro de agua golpeando su cara, tiraba de la toalla colgada en el perchero para taponar la fuga.

—¿Sabes cuánto le ha costado tu arrebato de pasión al planeta, surfero? —le vacilé, y, a continuación, se me escapó otra carcajada.

Me miró de reojo y sonrió para sí.

—En lugar de vacilarme, deberías plantearte cómo vas a castigarme.

Bajé la vista a mi pecho y contemplé el moratón con una mueca de horror.

«Quien con niños se acuesta meado se levanta», dije para mí.

Después de que Izan arreglara la tubería, nos vestimos a toda prisa para acudir puntuales al cumpleaños de Marisa.

—Buenas noches. —La anfitriona nos abrió la puerta con una dulce sonrisa.

Sonrisa que desapareció en cuanto reparó en nuestras manos entrelazadas.

—Te hemos traído un detalle. —Sonrojada, liberé mi mano de la de Izan y le entregué nuestro regalo: una pamela de rayas negras y blancas que habíamos comprado en uno de los puestos *hippies* de la playa.

Marisa echó un rápido vistazo al interior de bolsa y nos dio las gracias con una sonrisa tan poco genuina como posiblemente la mía.

Cuando entramos en la casa, no pude disimular mi disgusto al descubrir que Rebeca todavía no había llegado. Necesitaba una cara amiga para sobrellevar las dos horas que debía soportar las miradas curiosas de los cotillas del pueblo y la fría cordialidad de nuestros jefes. Sin embargo, Bec, que nunca ha gozado del don de la puntualidad, apareció quince minutos tarde y, tras un fugaz saludo, observé patidifusa que se metía en la cocina para ayudar a su tía. Poco después supe que su chica, una mujer mucho más inteligente que yo, no tenía intención de acudir a la fiesta; algo que debí haberme planteado también.

Me pasé la mayor parte de la velada pululando de grupo en grupo de invitados y tratando de traducir sus conversaciones en portugués. Mi objetivo no era otro que evitar a Izan y así no incomodar a los jefes. A su vez, Marisa también simulaba ignorarme mientras atendía a sus invitados. Sin embargo, Tiago, con el que apenas había cruzado dos palabras desde que había puesto un pie en su casa, me lanzaba miradas disconformes cada vez que se cruzaba conmigo: la mayoría dedicadas a mi corto vestido de *crochet*. Inevitablemente, aquella situación tan desagradable empezó a irritarme poco a poco. La postura de los tíos de Rebeca respecto a mi relación con Izan me resultaba exagerada e incoherente. Por una parte, podía comprender sus reticencias a que dos empleados de su negocio se vieran involucrados sentimentalmente, pero yo estaba de paso por allí. Por lo tanto, no entendía por qué hacían un drama de ello. Tampoco Tiago y Marisa eran los padres de Izan; y ya puesta a sacarle punta a todo, Marisa, en apariencia, daba el aspecto de ser una mujer moderna y liberal. ¿Me condenaba por ser más mayor que su «protegido»? Leñe, yo no tenía la edad de Madonna, aunque empezaba a entender su gusto por los amantes jóvenes.

Me dirigí al baño varias veces con la única intención de escapar de la fiesta. En cada una de mis «visitas-excusa» al excusado me quedaba un rato contemplando una tabla de surf que colgaba de la pared del pasillo. Era de tamaño más corto que las *surfboards* de la escuela y acababa en cola de golondrina. Pero el punto se lo daba la pintura que cubría la madera: una réplica bastante fiel a *El beso* de Gustav Klimt. Yo amaba ese cuadro.

—¿Te gusta? —escuché a Izan a mi espalda.

—Me encanta —reconocí.

—Está dibujada a mano y con rotuladores Posca.

—¿Con rotuladores? No me lo creo —dije sorprendida.

—Muchos surfistas compran las tablas en blanco para poder decorarlas según sus gustos. Además son más baratas. De hecho, algunos también nos fabricamos las nuestras con madera de árbol de Paulownia porque resulta menos contaminante.

—¿Y este modelo es de Paulownia?

—No, está fabricada con poliuretano. —Caminó hacia mí y rodeó mi cintura con los brazos—. ¿Por qué tengo la sensación de que se repite la misma historia?

—¿Qué historia?

—Que huyes de mí.

—Hace tiempo que dejé de huir de ti.

—Chicos, ¿qué hacéis aquí que no estáis cenando con el resto de invitados?

Izan miró al techo molesto y yo me giré más tiesa que un palo en dirección a Marisa. Nuestra jefa nos contemplaba al final del pasillo mientras sostenía una bandeja llena de vasos.

Me deshice de los brazos de Izan y caminé apresurada hacia ella para ayudarla.

—Estaba admirando esta tabla tan bonita. ¿Es de Tiago?

Ella lanzó una mirada dubitativa a Izan. Después, volvió su atención hacia mí.

—No, pertenece a Izan. —Esta vez sonrió de verdad. Una sonrisa tierna que se mantuvo en su rostro cuando añadió—: La pintó él mismo, y me costó un triunfo que me dejara colgarla en casa para que todo el mundo pudiera admirarla.

Se me desencajó la mandíbula.

—¿Tú? —Le clavé el dedo en el pecho, incrédula. Izan asintió sonrojado—. ¿Y por qué no me has dicho que pintas tan fabulosamente bien? Y ahora que lo pienso..., ¿por qué no te he visto pintar ni una sola vez? —me corregí.

—Porque últimamente, cuando no estoy impartiendo clases a una alumna algo perezosa, me dedico a arreglar lavabos. —Se rascó la barba en un intento de disimular una sonrisilla granuja y mis mejillas se alumbraron como faros.

—Y esas tablas que escondes bajo tu cama ¿también son obras tuyas? —pregunté para salir del paso.

Asintió.

—Izan, podrías dedicarte a vender tablas personalizadas por internet —comenté asombrada por la idea tan brillante que se me acababa de ocurrir—. Solo necesitas una web donde exponer tus trabajos con una pasarela de pago y un correo electrónico donde recibir los encargos. Plantéatelo, porque estoy segura de que te harás de oro.

—Yo no sueño con hacerme de oro, Alexa —respondió en un tono de voz extraño.

—Pero es un trabajo bonito con el que podrías ganar dinero. Ten en cuenta que no vas a estar toda la vida ejerciendo de monitor de surf.

—¿Por qué no?

—Porque no es un trabajo a largo plazo, Izan. No es serio.

En el instante en que dije aquello, sabía que había metido la pata hasta el fondo. A Izan le cambió automáticamente el gesto mientras que Marisa pasaba la vista del surfero a mí y de vuelta al surfero con gesto preocupado.

—Lo siento, no quería decir eso —me apresuré a disculparme con ambos—. De hecho, no soy quién para dar consejos.

Se hizo un silencio tenso durante un par de segundos... eternos. Después, Izan suspiró resignado.

—Relájate, no me he ofendido.

—¿Seguro? Te juro que no era mi intención.

—Lo sé.

Todavía más incómoda que de lo que me había sentido durante toda la fiesta, retiré la bandeja de las manos de Marisa y me disculpé con ellos con la excusa de buscar algo que beber. (La ponchera entera, por ejemplo).

A medida que avanzaba la noche, mi sensación de malestar en aquella fiesta iba en aumento; por no hablar de mi conciencia, que no dejaba de reprocharme el comentario tan desafortunado que había dirigido a Izan. Me convencí a mí misma de que debía dejar de flagelarme y tratar de mostrarme divertida y sociable con los invitados de Marisa. Pero entonces llamaron al timbre insistentemente. La anfitriona salió corriendo, y pocos minutos después apareció por el salón un matrimonio de mediana edad con su adorable hija de melena parisina… Sí, hablo de Elena. Fue verla y mi renacido humor cayó en picado. La exnovia acababa de poner la guinda al pastel.

Rebeca debió de leerme el pensamiento, porque no tardó en acercarse a evaluar mi estado de ánimo.

—¿Qué tal te lo estás pasando?

—Chupi, ¿no me ves? —respondí sarcástica, mientras observaba cómo mis jefes saludaban a la ex de Izan con un tierno abrazo.

—Según me contó Catrina, los padres de la chica son amigos de mis tíos de toda la vida. Algo así como parte de la familia —me explicó al oído con la mirada puesta en la misma escena de la que yo no quitaba ojo.

Sin pronunciar media palabra más sobre el asunto, me di la vuelta y me encaminé hacia la cocina. Acababa de descubrir el motivo por el que los tíos de Rebeca no toleraban la idea de que Izan y yo estuviéramos juntos. Me había entrometido entre la relación de este con Elena, un noviazgo que, al parecer, era mucho más serio de lo que yo pensaba. Aunque, si soy honesta, jamás me planteé siquiera que aquella relación lo fuera.

—No hace falta que hagas eso. Puedo encargarme yo después —comentó Marisa cuando entró en la cocina y me descubrió fregando los platos.

—No me importa. Así me entretengo.

La jefa dejó varias latas de cerveza y refrescos vacías en la encimera y me observó en silencio. Simulé ignorar su escrutinio y me concentré en aclarar hasta la más mínima gota de espuma de la loza.

—Alexa, tenemos que hablar.

Me sequé las manos con un trapo de cocina y cerré el grifo. Lo último que me apetecía en ese momento era recibir una charla de alguien que me prejuzgaba sin conocerme.

—Sé qué te molesta vernos juntos, y también tengo asumido que te disgusta mi presencia, así que no te ofendas, pero podemos ahorrarnos esta conversación.

—Te equivocas, Alexa. Yo no tengo nada en contra de ti. Pero él sí me preocupa.

—¿Por qué? ¿Es por mi edad?

—En parte sí y en parte no… Tú eres una mujer muy atractiva y, sobre todo, muy interesante para un chico como Izan, que vive en un pueblo. Me preocupa que te canses de él, le hagas daño o que…

—Eso no va a suceder —la interrumpí—. Para mí, la amistad de Izan está por encima de lo que tenemos.

Nos contemplamos fijamente unos segundos antes de que Marisa retirara su mirada hacia el suelo agobiada. No entendía nada. Izan no era ningún niño, ni un estúpido. Sin embargo, el gesto preocupado de Marisa era tan auténtico que me hizo sentir mal conmigo misma.

—Quieres que rompa con él para que vuelva con Elena —afirmé con un nudo en la garganta.

—No, yo no soy quién para entrometerme en su vida. Pero sí quiero pedirte una cosa: que seas honesta con él. Izan ha logrado estabilizarse aquí y disfrutar con lo que hace. No le fue fácil centrarse después de que muriera su madre. Hazme caso, Alexa, tú no le conoces bien, pero el chico siempre ha sido muy sensible y ha sufrido; si lo vuestro va demasiado lejos…

—No irá más allá de lo que tenemos, y él lo tiene tan claro como lo tengo yo —dije con rotundidad.

—Bien…, entonces supongo que puedo dormir tranquila.

—Claro. Ahora, si me disculpas, creo que me voy a casa. Estoy cansada y mañana madrugo.

Marisa me dio las gracias y yo me apresuré a salir de la cocina. La fiesta había terminado para mí.

Busqué a Izan entre los invitados para avisarle de que regresaba a nuestra cabaña. Nadie lo había visto, así que me acerqué a Rebeca y le pedí que le diera el mensaje por mí.

Fue entonces, nada más salir por la puerta, cuando le encontré. Para mi desconcierto, no estaba solo. El «adorable» surfero charlaba con su «adorable» exnovia al otro lado de la valla de la casa. Los dos se habían sentado en un banco de madera bajo la tenue luz de un farolillo, uno enfrente del otro, rodilla con rodilla.

En fin, masoquista que es una, me quedé allí de pie contemplando aquella escena tan romántica. De pronto, vi cómo Elena se cubría la cara con ambas manos y él le apartaba el cabello con la misma dulzura con la que solía retirar mi flequillo para besarme en la frente. Cerré los ojos conteniendo la respiración. ¿Qué se suponía que debía hacer en situaciones como esta? ¿Me acercaba a ellos simulando despreocupación y les cortaba todo el rollo? ¿O me quedaba a la espera para ver hasta dónde pensaban llegar? De verdad que no tenía ni idea de cuál era el protocolo en situaciones de aquel tipo. Al fin y al cabo, Izan y yo solo manteníamos una aventura y aquella chica había sido su novia formal durante mucho tiempo. Quizá en aquella escena realmente quien sobraba era yo.

Decidí desaparecer de allí y fingir que no había visto nada. Era lo mejor para ambos. Rodeé la casa hasta llegar a la parte de atrás, salté la valla y me dirigí hasta nuestra cabaña por un camino alternativo para evitar cruzarme con ellos.

No más de diez minutos después, escuché la puerta de nuestro bungaló; y, por unos segundos, detecté que mi angustia se convertía en alivio por saber que había regresado junto a mí. Luego, ese alivio fue sustituido por una sensación de profunda decepción al caer en la cuenta de que el habilidoso Babysurf podía llevar a una mujer al séptimo cielo en lo que tardaba en sacar a Sir Piercing Brosnan de su cueva. En fin, que estaba hecha un manojo de dudas y sentimientos contrapuestos.

Cuando Izan encendió la luz de la lamparita, cerré los ojos y simulé que dormía profundamente. En silencio, se metió en la cama, rodeó mi cintura y pegó su torso helado contra mi espalda. No le aparté, pero su roce me incomodaba tanto que todos los músculos de mi cuerpo se tensaron como cables de alta tensión.

—¿Duermes? —susurró contra mi pelo.

—Sí.

—No suenas a dormida.

—Pues lo estoy. —Y bostecé de forma exagerada.

—¿Por qué te has ido sin esperarme?

—Tenía sueño y no te encontraba por ninguna parte.

—Estaba hablando con Elena fuera de la cabaña, ¿no nos viste?

—Sí —confesé.

—¿Estás molesta? —preguntó con un hilo de voz.

—No, Izan. —Apreté suavemente su mano de modo tranquilizador—. Sois amigos y yo…, bueno, estoy de paso.

—No digas eso. Tú eres mi verano eterno. —Sus labios se apoyaron en mi cuello. Depositó en él un beso, luego otro detrás de mi oreja, coló su nariz entre mi cabello…

—Izan, esta noche no, por favor. Estoy muy cansada.

—No te estoy seduciendo para tener sexo. Simplemente me gusta dormir con el sabor de tu piel en mi boca, nada más.

Cuando le escuché decir aquello, mi mente evocó las palabras que Marisa me había dirigido en la cocina: «… podrías hacerle daño».

Me di la vuelta en la cama y le estreché entre mis brazos.

25

MUY, PERO QUE MUY DIVERTIDO

KARRA (PORTUGAL), 23 DE AGOSTO

Desde el mostrador de la escuela, enfocaba con mis prismáticos en dirección a la playa tratando de localizar a Izan.

—¡GUAUUUU! ¡Será perra! —exclamé asombrada.

No podía ser cierto lo que veían mis ojos. Evil cabalgaba ola tras ola sentada en el morro de la tabla mientras su dueño, de pie desde la cola, hacía virar el *surfboard* con gran maestría. Contemplarlos era el espectáculo más fascinante que había visto en mi vida. Y un baño de realidad para mí, puesto que yo no era ni la mitad de buena surfista que una pitbull de seis meses.

Cuando Evil y su dueño alcanzaron la orilla, cuatro chicos de unos diez años y una pequeña de cinco salieron corriendo a su encuentro. Gritaban y aplaudían entusiasmados con el espectáculo que les había ofrecido su profesor. Entendí entonces por qué Izan se había empeñado esa mañana en traernos a Evil a la playa: quería ganarse la confianza de sus jóvenes alumnos. La cachorrilla también parecía estar pasándoselo pipa. Saltó de la tabla y comenzó a jugar con los minisurfistas como una más de la pandilla: les daba lametazos en la cara, hocicazos en el culo y luego salía zumbando hacia el agua animándolos a que la atraparan. A esas alturas de verano no me cabía ninguna duda de que echaría de menos a Evil casi tanto como a Izan. Aquel bichejo se había ganado mi cariño por completo. La noche anterior hubo una fuerte tormenta de verano en toda la costa del Algarve y, cuando me desperté por la mañana, Evil roncaba pegada a mí, con su hocico escondido en mi cuello. Lo más sorprendente es que yo también me abrazaba a ella como si fuera un osito. Desde luego, mi primer pensamiento fue darle un tirón de orejas por subirse a la cama, pero seguidamente recordé que de niña las tormentas también me daban pavor. La noche posterior a la muerte de mi madre llovía a cántaros. Cada vez que el cielo tronaba, mi habitación se alumbraba debido a los relámpagos y coincidiendo con el gemido de pena y llanto de mi padre. Escuchar llorar a un hombre que siempre había mostrado gran entereza ante la vida me partía el corazón. Sin embargo, no me atrevía a salir de mi habitación y consolarle. Simplemente me abracé a mi muñeco de peluche sintiéndome terriblemente culpable.

—Hola, Alexa.

Me retiré los prismáticos de la cara y me encontré al pie del mostrador con la única persona que podía torcerme aquel día tan maravilloso.

—Buenas tardes, Elena. ¿En qué puedo ayudarte? —Sonreí incómoda.

—*Preciso de uma t-shirt de monitor* —respondió tensa.

La miré extrañada. Yo era la encargada de asignar los profesores a cada grupo de alumnos, y no recordaba haberla llamado para cubrir el puesto de nadie. De hecho, no tenía ni idea de que ella fuera monitora de surf.

Como si me hubiera leído el pensamiento, Elena respondió a mi cuestión.

—*O Izan telefonou-me* para decirme que *ele precisava da minha ajuda para dar aulas a um grupo de crianças.*

—¿Izan se puso en contacto contigo para que le echaras una mano en las clases?

Elena asintió muy seria. La miré más perpleja aún mientras en mi mente trataba de encontrar una explicación lógica al comportamiento de Izan. ¿Por qué cojones él no me había informado de que necesitaba un ayudante? ¿Y por qué había llamado a Elena para solicitar sus servicios, si disponíamos de otros monitores *freelance* que trabajaban ocasionalmente para la escuela?

Nada más formularme aquellas dos cuestiones, fui consciente de mi grave error. Según la normativa de la escuela, por cada grupo de seis menores debían impartir la clase dos profesores como mínimo y, estúpida de mí, había adjudicado a Izan la clase de surf infantil sin procurarle un ayudante. «También podía habérmelo recordado él», me dije a mí misma. Excepto que tuviera un interés especial por impartir las clases con la dulce Elena. En ese caso…

«Mierda, mierda y mierda».

Yo era idiota. Y Marisa tenía una percepción de Izan mucho más alejada de la realidad que yo. El surfero no era el chico inocente que ella creía. Prueba de ello era que me había ocultado su conversación con Elena, o esa increíble aventura que me había contado Rico tiempo atrás sobre su escapada con un grupo de danesas.

Disimulé mi malestar y me encaminé a la trastienda para buscar una maldita camiseta. Estaba furiosa a la enésima potencia. Furiosa con Izan por engañarme. Furiosa con Elena por ser tan ridículamente bonita. Y furiosa conmigo por sentirme furiosa.

—Espero que sea de tu talla —comenté de mala gana de vuelta al mostrador.

—*Muito obrigada.* —La chica me dio así las gracias y, sin reparos, se quitó el vestido de flores para ponerse la camiseta. Aproveché la ocasión para echar un vistazo disimuladamente a su cuerpo, que, tal y como yo imaginaba, era pequeñito, armónico y terso.

—¿Qué estudias en la universidad? —le pregunté en un intento de disimular mi malestar.

—Biología marina.

Y además de mona y proporcionada, la chica también era inteligente.

—Ah, qué interesante —asentí—. ¿Y cuándo dices que empiezas las clases?

Mi tono sonó tan borde que fue imposible que ella no captara el doble sentido de mi pregunta. Y la mala baba que ella gastó después en su respuesta tampoco llevaba a dudas de que no era tan dulce como yo creía.

—Te crees especial porque estás con él, porque Izan consigue hacer sentir eso a las mujeres con las que está. —Abrí la boca atónita. Además de hablar español mejor que yo, su tono de voz, aliñado con el cantarín acento portugués, sonaba asquerosamente petulante—. Pero baja de la nube, Alexa —prosiguió—. Durante nuestra relación se han cruzado muchas chicas, y él siempre ha vuelto conmigo. Esta vez no será distinto. —Recogió su tabla del suelo y se encaminó hacia la playa moviendo su culillo raquítico.

Mientras la observaba alejarse, mi furia se multiplicó por quince.

No me despegué de los prismáticos el resto de la jornada. Espié a Izan y a su no tan dulce exnovia durante horas, como una auténtica psicópata. Jamás me había sentido tan celosa en mi vida. Ni siquiera Carlos había despertado mis celos nunca.

Cuando descubrí que mi ex iba a casarse con Bárbara, me dolió más la idea de perderlo que el hecho de que pudiera amar a otra mujer más que a mí. Suena presuntuoso, pero me había convencido de que esto no era así; que Barbie Malibú, su prometida, le había manipulado para hacerle creer que la quería porque debía de estar enamorada de él desde los tiempos de la universidad. De hecho, tuve una decena de pruebas de ello ante mis ojos y en formato *e-mail* que daban coherencia a mis argumentos.

Sip, descubrí que mi exnovio y aquella bruja intercambiaban numerosos correos. Y juro que yo no era de esas que fisgaban en la cuenta o el móvil de su pareja. Pero aquel día, mi portátil no arrancaba, y necesitaba comprarme un vestido que había fichado en Miss Selfridge para una cena de empresa. Entré en el despacho de Carlos, encendí su ordenador, que se mantenía en reposo, y me encontré con su Gmail abierto de par en par y gritándome: «¡Oye, Alexa, barra libre de correos, sírvete tú misma, curiosona!».

Traté de resistirme, pero me llamó tanto la atención que todos los correos de su bandeja de entrada pertenecieran a la misma persona, a Bárbara, que…

Sí, lo admito. Pequé e iba a ir al infierno de los *hackers* frikis.

Abrí el primer mensaje avergonzada. Después de leerlo, todas mis alertas comenzaron a sonar en mi cabeza con tanta fuerza que me olvidé de mi falta de ética para zambullirme en un correo tras otro. «Hay mujeres que no saben valorar al hombre que tienen a su lado», le decía aquella ratona respondiendo a un previo mensaje de Carlos. Y es que gracias a esas conversaciones también descubrí que Bárbara se había convertido en el paño de lágrimas de mi infeliz novio. En cada correo, Carlos se quejaba de mis cambios de humor, mi apatía, mis salidas nocturnas hasta altas horas de la madrugada y, por supuesto, de la frustración de que yo no me quedara embarazada. Ella, como amiga fiel desde tiempos remotos, le ofrecía sus consejos, pero aprovechaba para apostillar lo mucho que le apreciaba, cómo le comprendía y lo ingrata que era yo. ¿Conclusión a la que llegué después de nuestra ruptura? Que la perfecta Barbie Malibú había sabido aprovechar su baza para jugar excelentemente sus cartas.

Por irracional que resulte también, mientras revisaba aquellos correos nunca pensé que tuvieran un lío a mis espaldas. Ni siquiera lo pensé después de que él me confesara que se iba a casar con ella. Mi ex siempre había demostrado una moralidad ejemplar; toda una virtud de la que él mismo alardeaba continuamente. Una prueba de ello fueron sus reproches y sentimientos de repulsión hacia mí cuando nos acostamos meses antes de su boda. Para Carlos, yo era la verdadera culpable de su desliz, la única capaz de dinamitar su integridad y valores éticos.

Yo era tóxica.

Por si te lo preguntas, jamás le confesé que tenía constancia de aquellas conversaciones por *e-mail* con Bárbara. ¿Quién era yo para reprocharle nada? En ninguno de sus correos insinuaba algún sentimiento hacia ella; y por otro lado, yo le había escondido una mentira mucho más deleznable: mi nula intención de quedarme embarazada. Quizá cometí un grave error al callarme. Tal vez en el mismo instante que descubrí aquellos correos debí abrir la tapa del contenedor y volcar toda la basura que escondíamos desde hacía meses. Pero con Carlos siempre me faltaba valor para enfrentarme a él por miedo a poner en peligro nuestra relación.

La tarde que hablé con Elena después de descubrir que Izan se había puesto en contacto con ella, me encontraba en una encrucijada semejante a la de Carlos y Bárbara. Una parte de mí estaba indignada con Izan por engañarme y por la humillación que me había hecho sentir la listilla de su exnovia. Mientras que la otra, la cobarde, me repetía una y otra vez que me olvidase de ello y disfrutara de mi aventura de verano. Al final me decidí, como siempre, por la segunda opción.

Como de costumbre, a las seis de la tarde cerré la escuela y me dirigí al aparcamiento de la playa donde me esperaba Izan. Como de costumbre también, le di un beso en los labios y ocupé mi asiento en la furgoneta. Pero como excepción a nuestra rutina, no fui capaz de intercambiar una sola palabra con él. Para mi sorpresa, Izan tampoco demostraba mucho interés por darme cháchara. Se limitaba a canturrear la canción que sonaba en la radio y seguir el ritmo con los dedos sobre el volante. Su silencio me ponía más nerviosa e incómoda segundo a segundo.

Me di la vuelta en mi asiento para echar un vistazo a Evil, que dormía profundamente en la parte de atrás de Lucy. Posiblemente su sesión de surf le había drenado todas sus fuerzas, igual que me sucedía a mí cuando regresaba al campamento después de una clase. Fue en ese momento que comprobaba el estado físico de la pequeña cuando el incauto de su dueño frenó bruscamente la furgoneta, metió la marcha atrás y pisó a fondo el acelerador.

—¡¿Por qué haces estas cosas?! —espeté furiosa, mientras me aseguraba de que Evil llevaba el cinturón puesto.

Izan no me respondió. Volvió a frenar, giró el volante bruscamente y se incorporó derrapando a un camino que salía a la izquierda de la carretera.

—¡Contéstame, Izan!

Silencio.

—¡Mierda! Al menos dime dónde narices vamos.

—A jugar, chica de las olas. Vamos a divertirnos un rato. —Soltó una risilla traviesa y pisó a fondo el acelerador.

Un par de kilómetros después de tomar el desvío, Izan detenía su furgoneta en medio del camino. Asomé la cabeza por la ventanilla en busca de un cartel o alguna señal que me ayudara a orientarme respecto al pueblo. No encontré nada, salvo campos de cultivos, una pequeña granja y la sierra de Karra a lo lejos.

—Hoy estás de suerte, cariño. Vas a conducir a Lucy —dijo golpeando el volante.

—¿Y por qué? —pregunté con suspicacia. Desde nuestro momento *fast & furious sex,* jamás me había ofrecido conducir de nuevo su furgoneta.

—Ahora lo descubrirás. —Abandonó su asiento y se encaminó hacia el portón trasero.

Unos segundos después, apareció por mi ventanilla cargando un rollo de cuerda. Observé intrigada cómo ataba un extremo de la soga a mi puerta para después trepar con la agilidad de un mono hacia el techo de la furgoneta.

De pronto, movida por un claro presentimiento, abrí la puerta de Lucy y salí al camino como un cohete.

—¡Dime qué demonios haces subido allí arriba! —vociferé tan fuerte que Evil asomó su hocico entre las cortinas.

Izan sonrió en respuesta y me lanzó la cuerda a los pies.

—¿Puedes anudar con fuerza este otro extremo en la puerta del conductor?

—Si no me dices qué estás tramando, no muevo ni un dedo, Izan.

—Ok, ya lo hago yo entonces... No vaya a ser que se te rompa una de esas uñas con florecitas que llevas.

Saltó al suelo, recogió la cuerda y anudó el otro extremo en la manija de su puerta. Y en un pispás se encontraba de nuevo en el techo de Lucy, subido en la tabla de surf anclada en la vaca y tirando de la soga como si fuera un jinete.

«¿No estará pensando en...?».

—¡Oh, no! ¡¡Estás loco!! —exclamé cuando adiviné sus intenciones.

—Relájate, cariño. He surfeado en carretera miles de veces. Ahora, solo queda que tú me demuestres que sabes conducir —apuntó guasón.

—¡Y un cuerno! No pienso participar en tu muerte. Pero, pero... —Me llevé las manos a la cabeza, incapaz de pronunciar palabra. Aquello que se proponía hacer era una auténtica temeridad.

—Ey, no te agobies, Álex. Te juro que está controlado. Tú solo concéntrate en conducir y toca el claxon para avisarme de que vas a frenar.

—¡No! ¡No! ¡Y no!

Se carcajeó.

—Eres una cobarde, cariño.

—¡Y tú un insensato! Aparentas ser un tipo tranquilo, reflexivo, no bebes, haces deporte, vas de tipo maduro, pero todo es pose.

—Al menos yo soy feliz con quién soy y cómo vivo. Tú no puedes decir lo mismo. Tú, Alexa, eres incapaz de disfrutar de los pequeños momentos o de admirar la belleza de lo que te rodea. No te gusta tu vida en Madrid, no te gusta Karra, ni tu trabajo, y lo peor de todo: tampoco te gustas tú. Debe de ser muy triste sentirse continuamente insatisfecha, ¿no?

—Vaya… Eso es lo que piensas de mí, ¿no? Una mujer insatisfecha. Pues añádele a la lista que soy una mema por creer que te conocía un poquito.

—Me conoces perfectamente porque yo soy así, no tengo dobleces, pero tú, cariño… —Chascó la lengua—. Tu cabeza está llena de nudos. Pero fíjate que confío ciegamente en que eres estupenda. Ahora mismo te lo estoy demostrando al dejarte al mando de la nave. Ahora dime, ¿tú confías en mí?

Justo en ese momento recordé mi conversación con Elena. Le lancé una mirada que podría haberle prendido fuego a poquito que me hubiera esforzado y, en respuesta, el muy canalla me regaló una sonrisa de chulito piscinas.

—¡Grrrr! ¡Muy bien! Mátate si quieres. Quizá no te venga mal un susto. —Me subí al asiento del conductor y cerré la furgoneta con tanto ímpetu que la pobre Evil emitió un aullido de miedo.

Me volví hacia ella y traté de tranquilizarla:

—No temas, Evil. Si te quedas huérfana, yo me ocuparé de ti.

Minutos después protagonizaba una de las escenas más escalofriantes de mi vida. Izan gritaba a pleno pulmón subido en el techo de Lucy mientras yo conducía a treinta kilómetros por hora por aquel camino de tierra. Me dolía la espalda de aguantar la tensión y el corazón me latía tan rápido que pensé que rebotaba entre pulmón y pulmón. Por los altavoces roídos de la vieja Lucy sonaba a todo volumen el famoso *Fun, fun, fun* de los Beach Boys y Evil, sentada ahora a mi lado, asomaba la cabeza por la ventana contemplando el paisaje. El surf en carretera podía ser la mar de divertido y emocionante para Izan, pero yo no era capaz de disfrutar ni de relajarme. Prueba de ello, las gotas de sudor que se deslizaban como ríos por mi frente. Sin intención de soltar el volante, me sacudí el flequillo para evitar que me cayeran a los ojos, con tan mala suerte que, durante esa milésima de segundo que apartaba la vista del camino, una bola de pelo gris se cruzó a toda velocidad frente a la furgoneta.

—¡Oh, no! —grité a la vez que frenaba en seco; y, para mi horror, pude contemplar también cómo el cuerpo de Izan volaba por los aires para caer a un metro de distancia contra la tierra—.

¡¡Nooooooo!! —chillé de nuevo; apagué el motor y salí a toda prisa de la Volkswagen para socorrerle. Cuando le alcancé, el surfero yacía boca abajo sobre la tierra y no se movía. Me agaché a su lado y sacudí suavemente su hombro—. Izan, dime algo. ¡Dime que estás bien! ¡Responde!

Temblando, le aparté el cabello de la cara y acerqué mis dedos a su cuello para comprobar el pulso.

—¡Ay, dios! No debí frenar sin avisarte. Soy un desastre...

De repente, Izan rompió a reír mientras me rodeaba con sus fuertes brazos por la cintura y me empotraba contra su cuerpo.

—No te has olvidado de tirar del freno de mano, ¿verdad? —dijo con socarronería.

—¡Eres despreciable! —estallé furiosa—. ¡Un desconsiderado y un...! ¡Un niñato!

Muerto de risa, el maldito Babysurf me empujó con su cuerpo de acero para hacernos rodar por el camino de tierra. Y cuanto yo más gritaba y le insultaba, él más se carcajeaba. Sentí los raspones en mis piernas por la tierra, la gravilla clavarse en mi espalda, el polvo pegarse en mi cara...

—¡Para, bestia! ¡Para de una vez! —chillé una vez más.

Cuando le salió del pito hacerme caso, sepultó mi cuerpo bajo el suyo y me besó tan apasionadamente que ahogó mis gritos, mi furia y la poca cordura que me quedaba.

Digo esto porque mi respuesta a su beso fue tan inesperada como irracional. Tiré de su cabello con fuerza para apartarle de mí y, cuando lo conseguí, enrosqué mis brazos en su cuello y estampé mis labios contra los suyos en otro beso salvaje.

—Reconócelo: el peligro y la adrenalina te excitan más que a mí —murmuró cuando liberé sus labios.

No supe qué contestar. Tampoco quería pensar en aquello. Así que sostuve su rostro entre mis manos y continué besándole con la misma impetuosidad.

Increíble...

Izan era de gomaespuma. Había caído como un muñeco de trapo desde lo alto de una furgoneta y solo había sufrido unos cuantos rasguños en las palmas de las manos y en las rodillas.

—Es más importante saber caer que tratar de no caerte —me explicaba una hora después, mientras nos duchábamos en su cabaña—. Te dejas llevar por la fuerza de la inercia, flexionas las rodillas y colocas la barbilla en el pecho para protegerte el cuello.

Yo le escuchaba atenta sin hacer comentario alguno. Seguía en estado de *shock* por la secuencia de acontecimientos que había vivido esa tarde. La verdad es que estaba hecha un lío. No comprendía que Izan se jugase la vida por un momento de diversión; y mucho menos que yo me hubiera excitado minutos después cuando en el fondo quería abofetearle por asustarme y por ocultarme la llamada que había hecho a su exnovia.

—¿Qué piensas? —Derramó el gel en sus manos y empezó a extenderlo por mi cuerpo.

No respondí. Le aparté las manos y continué lavándome yo.

—¿Por qué no admites que estás cabreada conmigo desde que salimos del trabajo? Te recuerdo que tú y yo somos ante todo amigos y hablamos sin problemas sobre cualquier tema —añadió después con semblante serio.

—Eso no lo tengo tan claro, Izan. Si tanta confianza tenemos el uno con el otro, ¿por qué no me avisaste de que necesitabas un monitor de apoyo y llamaste a Elena?

—Quería ahorrarte trabajo.

—Ya, muy amable por tu parte —contesté sarcástica, y le arrebaté el champú de las manos.

Izan me sujetó por los hombros para detenerme. Luego, dijo:

—De acuerdo, admito que no tuve el valor de proponerte que la llamaras tú, pero te juro que el motivo era evitarte un mal trago. Elena necesita un empleo para ayudar a sus padres con los gastos de la universidad. Entiende que en esta zona no llueven las ofertas de trabajo, y ella contaba con trabajar en una de las vacantes que quedaban libres en la escuela, pero cuando habló con Marisa a finales de abril ya os había ofrecido un puesto a Rebeca y a ti.

Aunque su exnovia me había tocado las narices aquella tarde, ser consciente de su situación me hizo sentir culpable. Le había robado el empleo y después el novio. Jooodeeerrr.

—Lo siento realmente por ella, pero… —Me detuve unos segundos antes de abordar otro asunto que me agobiaba—. Uff, detesto hablar de estas cosas. Las «matrimoniadas» me agobian —confesé.

—Porque eso supone admitir tus sentimientos hacia mí, y vivir con los ojos cerrados te resulta más fácil, ¿verdad?

—Te equivocas.

—Entonces, ¿cuál es el problema?

—Ella me dijo que no era la primera vez que la engañabas con otra mujer y que luego volvías siempre a su lado. —Izan abrió la boca para decir algo, pero levanté mi mano para que me permitiera continuar—. Si descubres que has cometido un error al romper con Elena para estar conmigo o que la sigues queriendo, no me engañes, Izan. Prefiero que seas sincero conmigo y rompas nuestra relación. Una parte de mí lo puede entender perfectamente. Al fin y al cabo, yo estoy aquí temporalmente y, cuando regrese a Madrid, tu vida seguirá en este pueblo con la gente de siempre. Es casi normal que…, bueno…, volváis a acercaros.

Cuando terminé de explicarme, pude apreciar en su gesto cierta decepción.

—¿Por qué me miras así? —le pregunté cautelosa.

—Porque no puedes hablar en serio. No puedes decirme que entiendes perfectamente que rompa contigo por estar con otra mujer. ¡Álex, por favor, escúchate! —exclamó irritado—. Está claro que no te importo nada. Eso es lo que me estás tratando de decir, ¿no? Soy un pasatiempo para ti y crees que tú lo eres para mí. De puta madre… —Cerró el grifo del agua bruscamente y salió de la ducha a toda prisa.

—No te enfades, Babysurf. —Me envolví en una toalla y salí tras él.

—¡No me llames así, joder!

—Claro…, perdona. Pero quiero que sepas que me importas mucho. Si te he reconocido que me molesta simplemente veros impartiendo clases juntos, puedes estar seguro de que tampoco me hace ilusión que vuelvas con ella; pero entiendo que esto no es más que un verano en nuestras vidas, y cuando se termine, tú seguirás con tus clases, corriendo descalzo, surfeando, y yo estaré a mil kilómetros de aquí. Soy realista, Izan. Por eso, lo único que te pido es que mientras estemos juntos no me engañes.

Izan enmarcó mi cara entre sus manos y me miró con un brillo repentino en sus ojos.

—Podemos ser un verano eterno, tú misma lo dijiste aquella noche en el Lush.

—¿Qué quieres decir?

—Que yo tampoco soporto la idea de que un día te marches, conozcas a otro hombre y compartas el resto de tu vida con él. Cariño, podríamos seguir juntos. —Liberó mi rostro para colocar una mano sobre mi pecho y otra en el suyo—. La distancia no es importante si estamos unidos aquí, y, por muchos kilómetros que nos separen, yo jamás te engañaría con otra mujer.

Abrí la boca, pero la volví a cerrar. Aquella proposición no me la esperaba. ¿Qué demonios le pasaba a Izan aquella tarde? ¿Se había vuelto loco de remate?

—Danos una oportunidad —insistió.

Mi corazón empezó a latir a toda velocidad. Me costaba respirar.

—Izan, yo…

—No es tan imposible, cariño —se apresuró a decir—. Durante el invierno puedo escaparme a Madrid algún que otro fin de semana o pasar las Navidades contigo. Y con tu trabajo, tú te puedes permitir comprar un billete de avión hasta Lisboa de cuando en cuando. Yo podría reunirme allí contigo. Si lo piensas bien, en realidad solo nos separa una hora de vuelo.

Le miré todavía desconcertada… y, por qué no admitirlo: terriblemente asustada.

—Lo siento, pero… —Negué con la cabeza.

—Pero no tengo ninguna posibilidad para convencerte —sentenció por mí. Caminó hacia la cama, donde descansaba su ropa, y comenzó a vestirse a toda prisa con el cuerpo empapado en el agua de la ducha.

—Por favor, tranquilízate. Me duele que te enfades conmigo. —Me acerqué a él y acaricié su espalda. Se retiró molesto. Pasé por alto su desprecio, porque necesitaba con todo mi corazón hacerle entrar en razón para volver a sentirnos bien juntos—. Siento si te ha decepcionado mi respuesta, pero tengo treinta y tres años y sé cómo funcionan las relaciones a distancia. —Retomé nuestra conversación—. ¿Crees de verdad que podemos mantener la llama encendida a mil kilómetros de distancia, Izan? Eso es una fantasía. Ahora estás convencido de ello porque me tienes aquí, junto a ti; pero cuando pasemos un mes tras otro separados, cuando veas a una pareja besándose, cenando juntos o simplemente caminando de la mano por la playa, lamentarás haberte comprometido con una mujer a la que solo ves unos cuantos días al año. Y un buen día abrirás los ojos y te darás cuenta de que has perdido el tiempo conmigo, que nuestra relación es insuficiente.

—¿Insuficiente para ti o para mí? —Me enfrentó con gesto severo.

—Para ambos, pero en tu caso será todavía más duro y complicado atarte a una persona que no está a tu lado. Piénsalo, Izan. Eres joven, atractivo y muy cariñoso. Necesitas los afectos más que yo. A veces me da la sensación de que estás enamorado del amor, y por eso mismo no es justo que te conformes con una relación coja, porque eso es lo que tendremos, una relación incapaz de sostenerse con el paso del tiempo.

—En tu discurso veo claramente que no te has planteado la cuestión más importante, Álex.

—¿A qué cuestión te refieres?

—Si merece la pena intentarlo, si merece la pena correr el riesgo. Obviamente, para ti no merezco nada. Así que olvida todo lo que he dicho. Ahora me voy a dar una vuelta. —Con un silbido llamó a Evil y abandonó la cabaña.

Una vez a solas me derrumbé en la cama. Odiaba hacerle daño, pero me sentía en la obligación de ser honesta con él. No solo porque se lo prometí a Marisa, también por mí. Lo nuestro no funcionaría alejados. Tampoco entendía cómo él podía planteárselo. Mi instinto me decía que se me estaba escapando algo respecto a Izan, y no sabía el qué. Era imposible que un chico como él quisiera mantener una relación a distancia. O creer que podía serme fiel. O mentía descaradamente o…, tal y como yo sospechaba, era un enamorado del amor.

26

Mi amor salvaje

Izan Oliveira

Mi madre siempre decía que amar era un viaje a través del mundo del otro y que con el tiempo los amantes lograban crear su propia dimensión: un pequeño planeta personal fuera de órbita, donde podían hablar sin palabras, verse sin mirarse y sentirse sin necesidad del piel con piel.

Después de semanas conviviendo día y noche con la chica de las olas, llegué a creer que podríamos alcanzar ese grado de conexión algún día. Ella parecía realmente feliz a mi lado. Se reía con cualquier bobada que yo soltaba por la boca, por muy poca gracia que tuviera. No se cansaba de repetirme lo guapo que era, aunque su objetivo no fuera otro que sacarme los colores. Cuando lo conseguía, me aplastaba los mofletes con sus suaves manos y me besaba una y otra vez tronchada de risa. Dormía abrazada a mí, leía con la cabeza apoyada en mi regazo y solía entrelazar sus brazos a mi cintura mientras observaba cómo yo preparaba la cena, enceraba las tablas o me recortaba la barba. ¿Qué hombre en mi lugar no se habría sentido verdaderamente amado? ¿Quién no se jugaría el todo o nada por ella?

Ese fue el motivo por el que le propuse mantener nuestra relación más allá del tiempo y la distancia. De ahí que me doliera más su bendición para que volviese con Elena que el hecho de que ella me hubiera rechazado. Por primera vez, Alexa me hizo sentir insignificante. Algo así como un juguete prestado. Para colmo, me lo quiso vender como un acto de generosidad; e, inocente de mí, la creí. No…, estoy mintiendo: mi inocencia fue más allá porque llegué a pensar que bajo sus palabras trataba de protegerse de todos los sentimientos que yo despertaba en ella. El caso es que esa tarde después de surfear en la furgoneta, tuvimos nuestras primera discusión seria desde que estábamos juntos.

Esa tarde abandoné mi cabaña más furioso de lo que había estado nunca con una mujer y no regresé hasta que cayó por completo el sol. Mientras corría junto a Evil por el monte de Karra, no paraba de preguntarme qué pasos debía dar para demostrar a Alexa que me necesitaba tanto como yo a ella.

A mi regreso, la chica de las olas yacía en la cama tal y como yo la había dejado, envuelta en la toalla de baño, con el cabello revuelto y el gesto apenado. Cuando entré en la habitación me miró entristecida, pero no pronunció una sola palabra. Se acurrucó más aún sobre el colchón y cerró los ojos. Por mi parte, tampoco hubo un «hola» o un «perdóname» por haberla puesto en lo que debió de ser una trampa mortal para ella. Me quité la ropa en silencio y me tumbé muy despacio sobre su cálido y sensual cuerpo. Cuando abrió los párpados, pude ver lo que ya me esperaba: culpabilidad. Alexa caminaba por la vida con el saco de la culpa a cuestas.

Inspiré su aroma y le sonreí con ternura. Quería transmitirle con aquel gesto que todo estaba bien entre nosotros, que no pasaba nada, que continuaríamos igual que siempre hasta que ella regresara a su vida. Alexa, afortunadamente, me devolvió la sonrisa, aliviada. Sin esperar más, la besé. Fue un beso resoluto, tentador y cargado de esperanza. Cuando separamos nuestros labios para seguir besándonos con nuestra mirada, Alexa entrelazó sus manos con las mías, antes de compartir conmigo un mínimo retazo de sí misma.

—Izan, me gustaría recordar esto que tenemos con una sonrisa. Por favor, no lo estropeemos. Yo no guardo muchos recuerdos bonitos en la vida.

Y los míos brillaban como espejismos entre aguas turbias, pero no se lo dije. Quería seguir siendo el hombre optimista y seguro de sí mismo que ella había mitificado.

Esa noche, mientras hacíamos el amor, me dejé el alma en cada caricia, en cada beso y en cada palabra bonita que le dedicaba. Anhelaba con todas mis fuerzas hacerla feliz y que se sintiera verdaderamente amada. Deseaba ser para ella lo mismo que el mar era para mí: un amante fiel, una cura y la liberación. Hasta que ese deseo llegó a convertirse en un desafío para mí, una obsesión cegadora que no me permitía ver el peligro que corría... Un peligro constante de ahogarme más y más en la marea tormentosa que escondía Alexa.

27

Luz

Madrid, 26 de noviembre

Presente

Desde que quedé a comer con Carlos no he vuelto a pisar la calle. De eso hace ya tres días. Me encerré en casa, apagué los teléfonos y me metí en la cama. Solo me levanto para ir al cuarto de baño o a la cocina a comer cualquier cosa que mitigue mis náuseas.

No dejo de darle vueltas a la proposición que él me hizo en la puerta del restaurante. No cabe duda de que su ofrecimiento como padre de mi bebé ha sido un acto de generosidad inigualable. También una muestra incondicional de su amor por mí, aunque no puedo evitar pensar que Carlos está jugando su baza para que vuelva a su lado.

Todo esto que me está pasando es desconcertante y triste. Muy pero que muy triste. Porque quiero a Carlos, pero no lo suficiente como para compartir de nuevo mi vida con él. Porque pretende querer a un hijo que no es suyo mientras que yo, que soy su madre, no albergo ningún afecto hacia el bebé. Y porque, a pesar de mi falta de apego, no tengo el valor suficiente para interrumpir el embarazo. Hay algo dentro de mí —que no sé etiquetar ni explicar— que me impide poner punto y final a esta situación; y ese algo no es culpa ni remordimiento. Es un hilo de esperanza, algo parecido al brillo tímido de la llama de una vela que indica el sendero que debo seguir. Un sendero que, por otra parte, no parece tan angosto como yo siempre he pensado que es. Tal vez mi *coach* tiene razón cuando dice que solo yo puedo construir mi camino piedra tras piedra para ser feliz.

Me levanto de la cama y, con las piernas agarrotadas, camino hacia el baño. Necesito sumergirme de pies a cabeza en agua y fingir que puedo flotar, porque la verdad es que cada minuto que pasa siento que me ahogo un poco más. Si Izan estuviera a mi lado ahora mismo, no me quedaría más remedio que confesarle mi falta de energía y voluntad para seguir remando. Él se burlaría de mí y luego me lanzaría contra las olas desde un acantilado.

El acantilado…

Sonreiría con ese recuerdo, pero no puedo.

Abro el grifo y, sentada en la taza del váter, observo caer el agua. En estos días de encierro voluntario he descubierto que un baño me ayuda a sobrellevar mejor las náuseas y los mareos. No entiendo cómo las mujeres pueden decir que el embarazo es la experiencia más maravillosa de sus vidas. Para mí es casi peor que la locura. Me paso el día orinando, cuando no vomitando o eructando. Sufro ataques de hambre voraz y un asco irremediable hacia la comida. Si me tumbo en la cama, se me tapona por completo la nariz. Si me levanto bruscamente, me mareo. Por no mencionar la horrible sensación de agotamiento físico constante. Mi cuerpo ya no parece que me pertenezca. Ni mi cuerpo ni mi vida.

Me incorporo quejosa del inodoro y, con la misma apatía que vivo, voy despojándome torpemente de mi ropa. Una vez desnuda, y sin poder evitarlo, tropiezo con mi reflejo en el espejo de la mampara. Estoy demacrada y ojerosa. Como una figura hueca de cartón… Exactamente igual que mi madre cuando se pasaba días metida en la cama.

Aparto su imagen de mi mente y con cuidado entro en la bañera. El efecto relajante del agua caliente sobre mis músculos agarrotados es inmediato. Respiro hondo, cierro los ojos e imagino poco a poco cómo mi mente abandona mi cuerpo. Es un truco que me enseñó Izan para iniciarme en la meditación. Te visualizas a ti misma escapando de las ataduras de la piel, sobrevuelas las calles, los edificios, el cielo, pero siempre sin perder de vista ese punto exacto donde se encuentra tu cuerpo inerte. «Para no perderte de ti misma», me diría Izan.

Me observo ahora desde el firmamento sumergida en la bañera de mi pequeño piso, con los ojos cerrados y la cabeza apoyada en la loza. Y le veo a él, dentro de mí, como una lucecita pálida en mi vientre emitiendo señales intermitentes.

«¿Qué voy a hacer contigo, bebé? No confío en que pueda cuidarte como es debido. Mi madre no lo hizo conmigo. Y tu padre…, bueno… Él me odia, ¿sabes? A ti no, de eso estoy cien por cien segura. Si supiera de tu existencia, te amaría más que a nada en el mundo. Remaría fuerte para sacarte adelante. Pero seamos realistas: no está mejor preparado que yo para hacerse cargo de ti. Tiene veinticuatro años, un trabajo humilde y vive en un bungaló en medio del campo. Con su sueldo no tiene ni para pagar tus pañales. No puedo cargarle con una responsabilidad para la que no está preparado, ni truncar su futuro…».

»Con Carlos no te faltará cariño, educación, buenos colegios… Y a unas malas, en el supuesto caso de que yo no pudiera ocuparme de ti, el buen doctor seguiría cuidándote. Él es hombre de palabra. Y puede que yo vuelva a enamorarme de él. Y si no lo consigo, cerraré los ojos. Tu padre me dijo una vez que vivir con los ojos cerrados era más fácil. Creo que se equivocaba…».

Tal cual recuerdo aquel comentario de Izan, me siento en la bañera y paso una mano por mi vientre. Me detengo horrorizada. Una mancha rosada flota en el agua. Alarmada, me pongo en pie y tiro de la toalla que cuelga en el perchero. Me seco entre los muslos y compruebo el tejido. Estoy sangrando.

—No, no, no, no… —repito asustada.

Mi corazón se acelera y la pena me golpea con fuerza en el centro de mi vientre. Es el desconsuelo de la pérdida. Reconozco este sentimiento de vacío, frustración y el dolor que te dobla en dos.

—Lo siento mucho, bebé. Dios, o lo que sea que está allá arriba, sabe que lo siento…

Sin perder tiempo en secarme, salgo corriendo hacia mi habitación. Enciendo mi móvil y entre tiritones y llantos espero a que él descuelgue:

—¿Alexandra?

—¡Papá! ¡Oh, papá! Te necesito. Ven a mi casa lo antes posible, papá, por favor. Es muy urgente. Me encuentro mal. Necesito acudir a un hospital, pero me da miedo ir sola.

—Tranquila, hija, en diez minutos estoy en tu casa.

Cuelgo y abro el armario apresuradamente. Me visto sin prestar atención en qué me pongo y me acurruco en la cama abrazada a mi vientre.

«Rema, bebé… Rema con todas tus fuerzas con la vista siempre puesta en el horizonte».

28

Me contagias

De camino a Peniche (Portugal), 14 de septiembre

13.00 h

Izan y yo viajábamos a Peniche, un pueblo costero al norte de Lisboa a más de cuatrocientos kilómetros de Karra. Un trayecto de poco más de cuatro horas si conducías un coche de este siglo y por autovía. Sin embargo, mi relajado Babysurf, el que nunca tenía prisa por nada, planificó una ruta alternativa por carreteras secundarias para que yo pudiera empaparme de la belleza paisajística del interior de Portugal. ¿Tiempo estimado para llegar a nuestro destino? Siete largas horas.

El viaje tampoco estaba resultando tan divertido y encantador como él me lo había pintado. ¿El motivo? Izan y... solo Izan. Desde que abandonamos Karra, apenas me dirigía la palabra. Además parecía inusualmente nervioso: apretaba las quijadas de manera intermitente, resoplaba sin motivo alguno y, en cada cambio de marcha, pensé que arrancaría la palanca. Lo normal y esperado dadas las circunstancias. Al día siguiente, Izan iba a participar en su primer campeonato profesional de surf y no había entrenado nada más que un par de horas diarias durante las dos últimas semanas. Cualquiera en su pellejo estaría hecho un flan, pero el cabezota de Babysurf se negaba a reconocerlo.

—Vamos, Izan, no te hagas el durito y confiesa que estás un pelín histérico —insistí una vez más.

No respondió. Mantuvo la vista en la carretera y continuó canturreando *And I love her*, una balada de los Beatles que podía ser muy romántica, pero que a mí me recordaba a esas cancioncillas que tocaban los tunos de mi universidad.

—Ok. ¿No me hablas? Pues tú te lo has buscado. —Robé su iPod del salpicadero y lo apagué sin más.

—Ey, enciende la música. —Frunció el ceño, molesto.

—No lo haré hasta que admitas que estás nervioso.

—No lo admito porque no es cierto. Ahora devuélveme el iPod, por favor.

—De eso nada, monada.

Consternado, giró su rostro en mi dirección y aproveché que me miraba para guardar el reproductor dentro de mi escote.

—¿Y tú dices que tienes treinta y tres años? —farfulló con gesto incrédulo.

—¿Y tú no puedes asumir delante de tu chica que estás asustado? Porque el rollo de aparentar ser un machote no te pega nada.

—¿Y a ti nadie te ha dicho que eres una pelma?

—Seré pesada, pero es que no te entiendo, Izan. Yo me pongo en tu lugar y estaría apretando el esfínter a riesgo de un desgarro. —Mi declaración era completamente sincera.

—Me estás asustando, chica de las olas —dijo con media sonrisa en los labios.

—Pues cágate de miedo, pero es cierto. Cuando mi jefe me elige para hacer una presentación ante cientos de médicos sobre los nuevos productos que lanzamos al mercado, me paso las horas previas soltando lastre en la taza del baño. Exponerme me genera tanto estrés que me descompongo. En una ocasión me subí a la báscula un par de horas después de terminar mi conferencia y había adelgazado kilo y medio. ¿Qué te parece? ¿Es fuerte o no es fuerte?

—Mucho, pero digo yo: ¿es necesario que compartas tus ataques diarreicos conmigo? —apostilló a puntito de echarse a reír.

—Uuuy, qué fino se ha vuelto mi Tarzán —dije con retintín—. No sé por qué te escandalizas, si después de mi supuesta gastroenteritis mi colon no esconde secretos para ti. Y para tu información, cuando una pareja puede compartir sus secretos de cuarto de baño sin sentirse incómoda, es síntoma de que ha alcanzado un grado máximo de intimidad.

—Pues adelante, me muero de ganas de que me narres las locas aventuras de tu colon, ¡ja, ja, ja! —Y, por fin, le escuché reír.

—¡¿Ves?! —exclamé triunfal—. Tomárselo con humor es el mejor antídoto contra el miedo.

—Dios, Álex —bufó—. Te repito que no estoy asustado. Simplemente me siento raro con esta historia de competir. El surf forma parte de mí, y al entrar en este espectáculo, siento como si me estuviera prostituyendo, ¿comprendes?

—Sí, claro, lo entiendo perfectamente —dije con tono reflexivo, aunque en el fondo pensara que Izan exageraba demasiado.

—Da igual, ya no hay vuelta atrás. —Exhaló un suspiro triste y, sin perder de vista la carretera, extendió la mano hacia mí—. Ahora, si no te importa, cuéntame más historias de cuarto de baño o devuélveme el iPod.

Le observé unos segundos mientras le entregaba su reproductor. Ese «ya no hay vuelta atrás» pronunciado con un tono de auténtica resignación me preocupaba un poco. Hasta ese momento no me había planteado que quizá no había sido tan buena idea convencer a Izan para que se inscribiera al campeonato. «Tiago...», dije para mí. El astuto de mi jefe me la había jugado.

Una mañana el tío de Rebeca se pasó por la escuela para comprobar el material deteriorado y hacer un nuevo encargo a su distribuidor. Antes de marcharse me pidió que entregara a Izan un folleto sobre la convocatoria de un torneo organizado por la federación portuguesa.

—No sabía que compitiera profesionalmente —reflexioné en voz alta mientras leía el panfleto.

—No lo hace, y es una lástima —respondió Tiago, a punto de encenderse un cigarrillo—. Todos los años le insisto para que participe, pero siempre lo pospone para el verano siguiente. Y créeme, tiene suficiente talento para ganar o, como mínimo, para llegar a finales.

Mis conocimientos sobre surf eran muy limitados, pero, después de observar a cientos de surfistas en la playa del Amado a diario, estaba de acuerdo con Tiago: Izan superaba a la media tanto en técnica como en valentía.

—Tal vez no se siente seguro de sí mismo —teoricé.

—Puede ser. O puede también que tanta espiritualidad que le inculcó su madre le haya apolillado el cerebro. —Dio una calada profunda a su pitillo y expulsó lentamente el humo, meditando.

—No estoy de acuerdo contigo, jefe. Y creo que tampoco deberías hablar así de su madre.

—Tienes razón, pero ¿no te parece extraño que un chico de su edad no tenga inquietudes?

Cuando abrí la boca dispuesta a defender a Izan, descubrí que en mi cabeza no encontraba ningún argumento para refutar la teoría de Tiago. A decir verdad, Izan jamás me había hablado de sus proyectos de futuro ni de que sintiera un interés profesional o personal por algo que no fuera surfear. Tampoco anhelaba vivir en algún otro lugar que no fuera Karra o viajar a Hawái, la cuna del surf. Y en este punto —en la ligereza con la que se tomaba la vida y el paso del tiempo— me recordaba demasiado a mí cuando tenía su edad. Un error, porque un buen día el chico zen miraría el calendario y descubriría que no había hecho nada importante en la vida. Cuando vivía con Carlos, él me reprochaba esto mismo cada vez que yo confesaba no tener ningún interés especial por ascender en Smith & Son o cambiar de empleo.

—Tienes razón, competir puede abrirle puertas en el ámbito profesional —tuve que admitirle al jefe.

—Exacto, Alexa. Y tú, mejor que nadie, puedes convencerle para que se presente este año. A ti te hará más caso que a mí…, ya me comprendes. —Y por si yo era cortita de mente, se contoneó frente a mí de manera seductora.

—No lo veo, Tiago… —dudé—. Aunque Izan y yo seamos amigos, no sé si quiero inmiscuirme en sus decisiones.

—No es una cuestión de inmiscuirse o no, el chico solo necesita que alguien le reenfoque. Tú eres más madura, y seguro que sabes cómo ponerle en perspectiva. Y como regalo de la casa, el bueno de tu jefe te compensará con dos días libres para que puedas acompañarle. ¿Qué me dices?

Sopesé unos segundos su oferta. Pasar un fin de semana a solas con Izan y escaquearme de mis labores en la escuela sonaba realmente bien…

—De acuerdo, hablaré con él, pero no prometo nada.

Esa misma noche, mientras Izan preparaba nuestra cena, dejé caer al lado de la tabla donde picaba la verdura el folleto con toda la información sobre el campeonato. Izan paró de picar, miró de reojo los papeles y volvió a sus labores.

Aparté el folleto y me crucé de brazos esperando que dijera algo.

—Te los ha dado el jefe, ¿verdad? —preguntó segundos más tarde.

—Sí y, después de hablar con Tiago, yo también estoy de acuerdo con él en que deberías participar.

—¿Desde cuándo os lleváis tan bien?

La verdad es que mi relación con el tío de Rebeca era nula, pero después de mi conversación con su mujer en la fiesta de su cumpleaños se mostraba bastante más amistoso conmigo: se paraba a charlar cuando nos cruzábamos por el campamento, me preguntaba si estaba cómoda en mi puesto de trabajo... Eso sí, jamás mencionaba el nombre de Izan en nuestras conversaciones, salvo ese día que me habló del campeonato.

—Yo nunca me he llevado mal con Tiago y Marisa, pero olvidémonos de ellos y centrémonos en lo importante. —Sacudí el folleto delante de sus ojos—. Piénsalo bien, Izan, será una experiencia divertida. Algo que contar a tus amigos. Además, no sé por qué te niegas a participar, si a ti te encanta un buen desafío. Tú mismo lo dijiste el primer día que desayunamos juntos antes de ir a trabajar, ¿o ya no te acuerdas?

Antes de responder, Izan dejó el cuchillo en la tabla de madera y se giró hacia mí con gesto paciente.

—Alexa, no necesito participar en una competición para divertirme. Soy muy feliz surfeando a mi bola cada día. Y respecto a tu pregunta..., sí, me gustan los desafíos, pero esa necesidad está más que cubierta contigo, cariño.

Nos quedamos en silencio los dos: él sonreía de oreja a oreja, mientras yo trataba de descifrar si su comentario escondía un doble sentido o si estaba de coña.

—Muy bien —repliqué muy digna—. Ya veo que esta conversación te la bufa bastante. —Me di media vuelta y me largué de la cabaña para avisar a Evil de que la cena estaba lista.

Ni por asomo me iba a rendir.

Un par de días después, mientras me ayudaba a encerar varias tablas en la trastienda, decidí volver a la carga. Pero esta vez cambié de táctica.

—Sé que no quieres oír hablar del campeonato, pero sigo pensando que es una pena que desperdicies esta oportunidad.

—Yo no busco oportunidades.

—Pues deberías, porque tienes muchísimo talento y, además, no eres consciente de algo mucho más importante: que los años pasan para todos, Izan. —Lo sé, lo sé..., soné un poco redicha.

Izan levantó la vista hacia mí conteniendo la risa.

—¿Qué estás tratando de decirme, abuelita?

—Pues lo que quiero hacerte entender, Babysurf, es que a tu edad uno no es consciente del paso del tiempo, y mucho menos si nunca lleva reloj en la muñeca, como es tu caso. Eso sí, un buen día te pasará como a Rebeca y a mí: consultarás el calendario, descubrirás que has cruzado la barrera de los treinta y que no te sientes orgulloso de nada de lo que has hecho en toda una década. Y todo porque vivías en las nubes.

—Cuando llegue ese día, me tomaré un *break* en mi vida y viajaré hasta Madrid para pasar un verano a tu lado. —Me guiñó un ojo y se echó a reír.

—O haces caso a la voz de la experiencia. —Me señalé a mí misma, por si albergaba alguna duda de a qué mujer sabia me refería. Continué—: Imagina que participas en el campeonato, un cazatalentos se queda impresionado con tu manera de surfear y te busca un *sponsor* para competir. Diez años después estarás tan forrado que no te acordarás de esa vieja amiga que vive en Madrid.

—Eso del cazatalentos solo pasa en las películas, y no hay dinero suficiente en el mundo para que yo me olvide de ti, que te quede claro.

Me sonrojé por el halago y él siguió dale que te pego con la cera.

—De acuerdo. Es probable que esté pecando de fantasiosa, pero, a unas malas, te puede contratar como monitor una escuela de prestigio y ganar el doble de dinero por hacer el mismo trabajo que haces aquí.

—Ya sé por dónde vas... —Suspiró—. Pero ¿no has pensado que quizá aquí tengo todo con lo que quiero vivir? Mi furgoneta, el mar y un trabajo que me gusta. Y ahora, por si fuera poco, la mujer más fascinante del mundo duerme cada noche a mi lado. ¿No te parece suficiente para ser feliz?

No me dio la oportunidad para responder. Dejó caer la pastilla de cera al suelo, me rodeó con sus brazos y me besó tan apasionadamente que me olvidé del campeonato.

Y de los tres alumnos que llevaban quince minutos esperando en la recepción por sus tablas recién enceradas.

Aquella tarde en la trastienda, pensé que por segunda vez había fracasado en mi objetivo de convencer a Izan; pero dos días después, cuando me levanté de la cama para ir a trabajar, me encontré la inscripción en uno de mis zuecos, rellena de su puño y letra y con una nota donde me pedía que se la entregase a Tiago.

Lo había conseguido. Por primera vez había logrado hacer cambiar de parecer al cabezota de Izan. Sin embargo, durante nuestra conversación de camino a Peniche, tuve la certeza de que se arrepentía de su decisión. Y juro que me planteé mandar al cuerno el torneo y ofrecerle la posibilidad de dar media vuelta, pero mi sexto sentido me decía que cometía un grave error. Izan era tan genuino y brillante que podía deslumbrar al mundo. Solo necesitaba saborear la miel del éxito para librarse de prejuicios y ese rollo patatero sobre prostituir su amor por el surf.

De nuevo le contemplé en silencio mientras me debatía qué hacer o qué decir para tranquilizarle. Él, de regreso a ese estado taciturno que le acompañaba desde que había amanecido, jugaba con su iPod con un ojo puesto en la carretera. Unos segundos después, dejaba el reproductor en el salpicadero y un *riff* de guitarra repetitivo comenzaba a sonar por los altavoces de la furgoneta.

«Necesitas sosegarte, *baby,* no bromeo…», cantaba una voz masculina y vibrante. «Muy en el fondo, cariño, lo necesitas… Te voy a dar mi amor… Quiero muchísimo amor».

Sonreí con picardía. La letra no hablaba precisamente de amor romántico, sino de sexo salvaje capaz de liberar tu cuerpo y tu mente de preocupaciones para después sumergirte en un idílico estado de paz absoluta. Movida por un impulso irracional, o por la sugerente canción, me desabroché el cinturón y me aproximé hacia el asiento de Izan.

—¿Álex? —preguntó extrañado al verme escalar entre mi asiento y el suyo.

—No se te ocurra decir nada y mira al frente —le ordené apurada, y me arrodillé en el suelo de la furgoneta.

—¿Se puede saber qué…?

La pregunta se quedó en el aire cuando sintió mis manos deslizándose por sus muslos. Bajó la vista hacia mí y rompió a reír.

—¡JA, JA, JA! ¡Te has vuelto loca!

Ya lo estaba antes de conocerle, la verdad, pero todo apuntaba a que mi locura exploraba nuevos horizontes.

—Pensé que te gustaba divertirte, Izan Oliveira —susurré, y acaricié sensualmente su entrepierna. (Entre nosotras, me cagaba de miedo).

—Siempre quiero divertirme contigo, chica de las olas. No deberías ni preguntar. —Y acompañó sus palabras con un sugerente movimiento de caderas.

Con los nervios a flor de piel, tiré hacia abajo de la cinturilla de su bañador. Su pene salió disparado hacia arriba, cosa que en la tranquilidad de nuestro hogar —y no conduciendo una chatarra con ruedas a cien kilómetros de velocidad— me hubiera provocado un ataque de risa; pero el miedo al peligro y lo desconcertante de mi actitud habían enterrado mi sentido del humor.

«Ya es tarde para echarse atrás», me advertí a mí misma. Cerré los ojos, como si de aquella manera pudiera olvidarme de la velocidad, y deslicé mi lengua sobre su glande lentamente.

—¡OOOOH, MIEEERRRDAAA! ¡Ja, ja…! —se carcajeó.

La risa se le cortó abruptamente porque un segundo después yo le amaba con mi boca con tanta intensidad como Lucy aceleraba por la carretera. Y con cada acometida de mi boca, con cada gemido ronco que escapaba de su garganta, la excitación y el morbo borraron poco a poco el miedo de mi cabeza. Mi deseo comenzó a burbujear entre mis muslos y mi vagina se contrajo movida por los celos que sentía de mi boca. Llegó un momento en que estaba tan caliente que ni me planteé detener mi juego cuando escuché el claxon estrepitoso de un camión a la altura de nuestra furgoneta; o cuando una ráfaga de viento, provocada por el adelantamiento, levantó la falda de mi vestido y el conductor se dejaba las cuerdas vocales para dedicarnos palabras de ánimo y silbidos.

Y como no podía ser de otra manera, pasó…

… lo que tenía que pasar.

Sin considerar la velocidad a la que viajábamos, el chico no-tan-zen pisó el pedal del freno. Un instante estaba a mis labores y al siguiente me golpeaba la cabeza contra el volante. Con todas mis fuerzas, yo trataba de alcanzar mi asiento, pero resultaba complicado si Lucy no dejaba de bandearse de un lado a otro por la carretera. Me di por vencida y, todavía de rodillas en el suelo, me abracé con todas mis fuerzas a la cintura de Izan. Mientras tanto yo gritaba y gritaba histérica..., eso sí, en mi mente; porque en el mundo real mi glotis se había cerrado y no podía respirar. Fue entonces cuando sentí un segundo frenazo; y con él, el traqueteo violento de las llantas golpeando los reflectores de la carretera. Me asustó como el infierno el chirrido de los neumáticos y el posterior ruido de la gravilla contra la chapa. Oí un petardazo procedente del tubo de escape, conté mentalmente los segundos que me quedaban de vida y, cuando llegaba a diez, noté perfectamente en cada uno de mis huesos cómo Lucy se detenía en seco.

—Hostias, qué cerca hemos estado... —suspiró Izan aliviado, y apagó el motor.

Temerosa, alejé mi rostro de su abdomen y miré a través de la ventanilla. Afortunadamente, no habíamos aterrizado en un río de lodo ni en un campo de malvas a la sombra de un ciprés. Y sobre todo, seguíamos con vida..., salvo que las puertas del infierno se encontraran en medio de un trigal, cosa que dudaba mucho, dado lo fácilmente que prende el trigo.

Sentí los dedos de Izan mesando mi cabello y su respiración agitada.

—Cariño, ¿te encuentras bien? ¿Te has hecho daño? —preguntó al ver que yo miraba a todas partes incapaz de articular palabra.

Con el corazón en la garganta, llevé la vista hacia él. Su mirada era vidriosa y su rostro parecía acalorado. Cualquiera diría que aquel insensato acababa de tener un orgasmo...

Aparté su mano de mi cabello y le encaré furiosa:

—Dime en qué coño estabas pensando para frenar a cien kilómetros por hora.

—En desviarme por un camino para que ningún camionero te viera el culo —replicó ofendido. Luego añadió—: Y no íbamos a más de ochenta, así que no te rayes, porque desde el minuto uno he tenido la furgoneta bajo control.

—¡¿Dices control?! —exclamé irritada, e hice un gesto con las manos para que echara un vistazo a nuestro alrededor—. ¡Nos hemos salido de la carretera, Izan! En mi tierra, eso se llama perder el control de un vehículo. Así que deja ese rollo de tipo tranquilo y sosegado, porque tienes un punto de fuga peor que el de mi culo, chaval. Eres un imprudente y un descerebrado.

—¿Te atreves a llamarme a mí descerebrado? ¿En serio, Alexa? Tú has propiciado esta situación.

—Perdóname, pero yo no he sido la que ha pisado el pedal del freno.

—No, claro que no, pero debes reconocer que te excitan el peligro y la adrenalina tanto como a mí.

—No me hagas reír. Te puedo asegurar que matarme no me pone nada. —Solté una risilla falsa.

—¿Seguro?

Abrí la boca anonadada. ¿Qué se supone que insinuaba?

—No te hagas la tonta y respóndeme.

—Pues… ¡claro que no! Eres tú el que me contagias.

Durante unos segundos nos aguantamos la mirada en silencio. Mis ojos brillaban rojos de ira. Los suyos, de un azul intenso, contemplaban mi boca. Percibí cómo se humedecía los labios con descaro y bajaba la vista despacio hacia su entrepierna. Seguí el camino de sus ojos y…

—Oh…, dios —murmuré incrédula. Nuestro altercado con la furgoneta no le había enfriado ni lo más mínimo. Pero lo más chocante del asunto es que solo con verle tan excitado, noté que el latido de mi corazón se aceleraba y el deseo bullía por segunda vez bajo mis bragas. Un cosquilleo demasiado tentador para obviarlo…

—¿Ves, cariño? Estás ardiendo como yo.

Y tras poner en palabras lo que yo trataba de negarme, se abalanzó sobre mí para sentarme sobre él a horcajadas.

—Lo nuestro me está empezando a asustar, quiero que seas consciente de ello —pronuncié con voz atropellada mientras elevaba mi trasero para que pudiera quitarme las bragas—. Esto es una locura, Izan —le advertí a la vez que afianzaba mis rodillas sobre su asiento a cada lado de sus muslos—. Deberían encerrarnos, y a ser posible en la misma habitación acolchada. —Aplasté mis labios contra los suyos y muy lentamente fui descendiendo sobre su pelvis hasta sentirle completamente dentro de mí.

—Hola de nuevo…, mi chica de las olas —jadeó en el instante que me penetraba.

—Hola otra vez, Babysurf. —Suspiré de placer y comencé a mecerme sobre sus caderas.

Y mientras le cabalgaba lenta y profundamente bajo el sonido relajante del trigo movido por el viento y el gracioso piar de los pájaros, sentí que me invadía una extraña sensación de paz. Como si todo estuviera bien conmigo y todo lo anterior en mi vida ya no me importara un comino. No era más que una fantasía producto del sexo —bien lo sabía yo—, pero en aquel momento se sentía tan real que no pude evitar compartir con él mis sentimientos:

—Dios, qué feliz soy contigo.

Al escucharme decir aquello, Izan sonrió satisfecho. Me estrechó entre sus brazos, y atrapó sus labios con los míos. Siguió besándome hasta que nuestros cuerpos se fundieron ávidamente y pusieron el punto y final a nuestro impulsivo deseo por el otro.

Minutos después, cuando dormitaba sobre su hombro y él acariciaba mi cabello, Izan no dudó en compartir conmigo otra confesión.

—No te has marchado aún y ya te echo de menos.

Eso fue lo que dijo. Algo que podía sonar a tópico, pero que pronunciado en ese tono profundo y desesperado me puso en alerta máxima. Me incorporé levemente y estudié su rostro. Parecía abrumado… y yo no sabía qué decir.

—¿Tú no te sientes así? —me preguntó con voz queda.

—Yo prefiero no pensarlo, Izan —murmuré.

—Claro…, para ti es más fácil vivir a ciegas —comentó con amargura.

—No es eso, sencillamente prefiero disfrutar de los días que nos quedan juntos. —Pasé mis dedos por su barbita rubia y sonreí con tristeza—. Te llamaré a diario, te lo prometo.

—Y yo prometo llevar el móvil conmigo a todas partes…, y encendido.

Asentí nerviosa y volví mi rostro hacia la ventanilla. De pronto, una sombra en el espejo retrovisor captó mi atención. Enfoqué la vista y…

—¡Oh, no! —Volví mi rostro hacia Izan, asustada, y comencé a abrocharme los botones de mi vestido a toda prisa.

—¿Qué sucede?

—Corre, ayúdame —gimoteé temblando.

Con toda la tranquilidad del mundo, el chico zen se incorporó en el asiento para echar un vistazo fuera de la furgoneta.

—Dime que he sufrido una alucinación… Dímelo, por favor —rogué temerosa.

Chascó la lengua y negó con la cabeza resignado.

—Cariño…, te lo dije aquella tarde en el huerto y te lo vuelvo a repetir ahora: posees el don de la invocación.

29

Invocación

En algún trigal de Portugal, 14 de septiembre

14.00 h

Ranking de los hechos más humillantes en la vida de Alexandra Vera. (¡Atención!, el *Top* 3 te pondrá el culo del revés):

Top 1. Mi madre abrazada a mí en medio de un centro comercial en pleno ataque de pánico. Yo tenía nueve años.

Top 2. Sentada a medianoche sobre una montaña de maletas esperando un taxi. Carlos me había echado de su vida. Bajé la vista a mis pies y descubrí que llevaba puestas las zapatillas de andar por casa. Hasta ese momento no había derramado ni una lágrima (raro).

Top 3. La guardia portuguesa cacheándome a medio vestir; y por medio vestir, léase también: sin bragas.

¡Ojo!, que podría seguir con la extensa lista de *tops,* pero esto no es un artículo de BuzzFeed.com. Es mi vida, pese a quien pese. A decir verdad, a la única que le pesaba cien toneladas era a mí.

En fin, vamos al tema.

Cuando los dos guardias alcanzaron nuestra furgoneta, Izan y yo nos encontrábamos en plena discusión acalorada. El muy cabezota se había empeñado en subirse el bañador, que todavía colgaba en sus tobillos, sin importarle nada que mi cabeza se estrellara contra el techo de la furgoneta cada vez que él levantaba el culo.

—¡¿Quieres dejar de moverte de una puñetera vez?! —le reprendí, mientras luchaba con los diminutos botones de mi vestido.

—¿Y por qué no terminas de vestirte en tu asiento? —Señaló a mi «Bella Durmiente» al desnudo; y añadió muy serio—: Y no olvides tus bragas.

Alarmada, escudriñé nerviosa la furgoneta.

—¡Oh, dios mío! —Me llevé las manos a la cabeza—. ¡No las veo, Izan! ¡No las veo!

—No te pongas nerviosa y mira debajo de los asientos.

Nerviosa no; al borde de la histeria me lancé en plancha al suelo.

—¡Auuuch! ¡Mierrrrda! Mis huevos... Álex..., quita el pie de...

Volví mi rostro hacia él preocupada y...

—¡Aaaaahhhhh! —chillé horrorizada.

Dos policías nos contemplaban absortos al otro lado de la furgoneta; y no estoy hablando de unos «maderos» del montón. Estos eran los hombres uniformados más feos y mal encarados que yo había visto en mis treinta y tres años de vida.

—*Saiam do carro com as mãos na cabeça!* —ordenó uno de ellos, el de las cejas ratoneras (por si te lo preguntas, el más agraciado de la pareja).

Izan y yo asentimos enérgicamente y, rojos como tomates, salimos echando leches de la furgoneta.

Para mi desconcierto, la policía nos obligó a colocar las manos contra la furgoneta y separar las piernas para cachearnos como en las pelis americanas. La situación tenía su gracia, porque había que ser muy estúpido para suponer que bajo mi minivestido o el bañador de Izan escondíamos las recortadas. Pero no iba a ser yo la que discutiera los procedimientos de las autoridades portuguesas. El caso es que después de manosearnos a toda prisa, el compañero de «Ratatouille», un tipo de constitución gruesa con el rostro amoratado y una verruga peluda en el centro de su frente, comenzaba a lanzarnos una pregunta tras otra. Preguntas que solo Izan contestaba, porque entre mi ansiedad y la rapidez con la que el poli cíclope hablaba, no entendía ni una jodida palabra. Pero sí fui capaz de traducir las respuestas de Izan, y maldita la hora en que lo hice... ¿A cuento de qué le confesaba que nos estábamos enrollando en la furgoneta? Juro que a veces su honestidad me sacaba de quicio.

—De paso chívale que no llevo bragas —farfullé cabreada.

No hizo falta. Un minuto después, Ratatouille me las entregaba en mano junto a una bolsita transparente con marihuana. Sentí un leve mareo y me apoyé en la puerta de Lucy.

—*De quem é isto?* —preguntó el poli ratonero en tono rudo.

—*É meu* —reconoció Izan al instante.

El poli me quitó la bolsa de hierba y se encaminó a decir algo a su compañero, que no dejaba de apuntar en su libreta.

De repente, sentí que la sangre me ascendía hacia la cabeza como la lava de un volcán, y si no soltaba mi ira por la boca, mi cerebro iba a reventar.

—¿Por qué demonios guardas hierba en la furgoneta? —reprendí a Izan en voz baja e irritada.

Este levantó las cejas asombrado, pero no dijo nada.

—No pongas caritas y contéstame —insistí.

—¿Ya has olvidado para quién la compré?

Cuando escuché su respuesta, sentí un sudor frío que me recorría la espalda. Esta vez la había pifiado pero bien… Yo, Alexandra Vera, licenciada en Derecho y excelente ciudadana, me iba de cabeza a la cárcel; y, ni más ni menos, que acusada de tráfico de drogas en un país extranjero. Las autoridades portuguesas no me permitirían regresar a España hasta que no se llevara a cabo la vista ante el juez, que podía retrasarse setenta y dos horas, una semana o… ¡a saber! No tenía ni pajolera idea de cómo funcionaba la ley en aquel país. Para más remate, no me iba a quedar otro remedio que avisar a mi jefe de Smith & Son de que no me incorporaría a mi puesto de trabajo en la fecha prevista y, a mi vuelta, como era lógico, me despediría. Y todo porque meses atrás quise hacerme la guay con Izan y le propuse que fumáramos hierba. Sin mencionar que un minuto antes me lo estaba montado en plena carretera con él, a riesgo de sufrir un accidente con otro vehículo.

«Mierda, mierda y mierda».

—Creo que debería llamar a la embajada española —balbuceé a Izan.

Miró al cielo, suspiró hondo y, a continuación, dijo:

—Déjame a mí.

Con los nervios a flor de piel y el corazón en la garganta, observé a Izan caminar con paso dejado hacia los policías. Desde aquella distancia y debido a ese tono de voz sosegado del surfero, no era capaz de traducir ni una frase suelta, pero sí podía percibir perfectamente la expresión severa de los agentes o cómo el poli cíclope llamaba a alguien con su móvil.

Cerré los ojos, apoyé las manos en las rodillas y traté de relajarme. Me conocía lo suficientemente bien para prever que si seguía hiperventilando de aquella manera terminaría despanzurrada en el suelo. Así que traté de olvidarme de la situación aterradora que estaba viviendo y me concentré en inspirar y exhalar hondo varias veces. Cuando noté que el latido cardiaco se ralentizaba y la sensación de mareo desaparecía, levanté la vista al frente.

Lo que vieron mis ojos no tenía ni pies ni cabeza. Aquellos dos orcos uniformados, los mismos que minutos antes nos miraban a Izan y a mí perdonándonos la vida, ahora charlaban con el surfero como si fueran amigos de toda la vida. Parpadeé incrédula y volví a enfocar la vista hacia ellos. Esta vez el agente cíclope devolvía nuestra documentación a Izan y le despedía con una palmadita en la espalda. Un segundo después, los agentes regresaban tan campantes a su *jeep* y un Babysurf con gesto funesto caminaba en mi dirección. El mundo se había vuelto loco y esta vez no podía echar la culpa a los iones del ambiente.

—No me digas que nos dejan libres —susurré a Izan como si los policías estuvieran todavía con nosotros.

—Sí, ahora date prisa y entra en la furgoneta. —Me echó a un lado y abrió la puerta del conductor.

—¿Pero cómo los has convencido? —Le sostuve del brazo para detenerle.

Izan resopló molesto y contestó:

—No ha sido mérito mío. Se lo debes al jefe. Ahora, ¿vas a subir de una vez a la furgoneta o estás invocando a otra pareja de polis para que te arresten?

Alarmada por que pudiera darse esa posibilidad, recogí mis bragas, que yacían en el suelo, y corrí alrededor de Lucy para ocupar mi asiento.

Ya de vuelta en la carretera, logré que Izan me confesara cuál había sido su táctica para librarse del arresto.

—No estaba seguro de si colaría, pero me dije que por intentarlo no perdía nada. Así que les comenté que yo trabajaba para el dueño de Paraíso Surf Camp y que tú eras un familiar cercano de su esposa española. Al principio no me creyeron, pero les insistí para que le llamaran por teléfono.

—¿Me estás diciendo que el cafre de Tiago logró convencer a ese policía con cara de asesino? —pregunté con desdén—. Y, por cierto, ¿por qué pensaste que él podía convencerlos? ¿Y por qué no dudaron en llamarle?

—Lo creas o no, el jefe es casi una eminencia en estas tierras. Todo bicho viviente le conoce.

Durante el viaje Izan me fue desvelando aspectos de la vida del tío de Rebeca que yo desconocía y de los que, posiblemente, su propia sobrina tampoco estaba al tanto.

Al parecer, Tiago, con sus pintas de pueblerino y modales cuestionables, era querido y respetado por la gente más influyente de la zona del Algarve. Funcionaba muy bien económicamente, puesto que el campamento escuela era uno de muchos otros negocios que llevaba. Hasta lo que Izan sabía, Tiago arrendaba casas despropiadas que reformaba para después anunciarlas en webs de turismo, poseía terrenos de cultivo y era dueño junto con otro par de socios de tres hostales. También donaba dinero anualmente a los ayuntamientos de los pueblos lindantes con Karra e invertía en proyectos municipales urbanísticos. El tío de mi amiga aseguraba que su única intención era crear puestos de trabajo, pero, según deducía Izan, de esta forma también se libraba de que las autoridades no metieran las narices en sus empresas. De ahí que nuestro jefe lograra convencer a dos polis de librar de los cargos a su empleado y a su supuesta sobrina con una simple llamada telefónica.

—La gente de por aquí le debe mucho, incluido yo —admitió el propio Izan—. El único inconveniente es que Tiago no es idiota y sabe muy bien cobrarse los favores.

Cuando le escuché decir aquello con un notable tono de resignación, sentí un escalofrío recorrerme el cuerpo. Había logrado salvarme de un accidente con la furgoneta, me había librado de ir a la cárcel y no perdería mi trabajo en Smith & Son, pero tenía la sensación de haber firmado un pacto con el diablo. Miré mis cuidadas uñas con pena. Algo me decía que me iba a pasar el resto de mis días en Karra trabajando horas extra encerando tablas.

Llegamos a Peniche cerca de las ocho de la noche. El pequeño hotel rural, que yo misma había reservado días antes por internet, era tan encantador y acogedor como mostraba su web. Se encontraba situado a las afueras del pueblo, asentado en la falda de una montaña y rodeado de olivos. Su estética, más acorde con las casas de campo del norte de Inglaterra que con la arquitectura de la costa portuguesa, me evocó recuerdos de mi madre, aquellas pocas veces que me leía cuentos antes de dormir, todos ellos versiones de grandes clásicos de la literatura infantil mal editados y con ilustraciones penosas. «Tesoros de mi infancia», los llamaba ella; y en gran medida también se habían convertido en los tesoros de la mía, dado que eran los únicos recuerdos materiales que conservaba de mi madre junto a poco más que un par de fotos.

La habitación que había reservado para pasar la noche se encontraba situada en la segunda y última planta del hotel. Disponía de una pequeña chimenea junto a una librería repleta de literatura contemporánea en diferentes idiomas; un armario para guardar la ropa y otro más pequeño que escondía una cocina en miniatura. Pero sin duda, el encanto de la estancia era el amplio ventanal del techo abuhardillado a través del cual podíamos contemplar las estrellas desde la cama.

—¿Te gusta? —pregunté a Izan, que estudiaba la habitación tan minuciosamente como yo.

—Más que eso. —Dio dos zancadas y se lanzó en plancha sobre la cama; una de verdad: amplia, con colchón grueso, dos pares de almohadas y un mullido edredón de plumas. Nada que ver con los «cutre-catres» de nuestra cabaña—. Vamos a dormir de coña, Álex; si es que te dejo dormir —me advirtió, ahora rodando de un extremo a otro del colchón. Calculó mal la frenada y cayó de morros contra la alfombra.

—¡Izan! ¡Ja, ja, ja! —Estallé en carcajadas—. ¿Te has hecho daño?

Cuando me acerqué a comprobar su estado, seguía despanzurrado en la alfombra y sonreía de oreja a oreja.

—Podría acostumbrarme a este tipo de lujos, chica de las olas —afirmó con mofa.

—¿Lujo? Esta habitación es muy mona, pero créeme, no se acerca ni de lejos a una *suite* presidencial de un hotel de prestigio.

—¿No te parece que esto es un lujo? —preguntó asombrado, y se puso en pie para echar un nuevo vistazo a la estancia. Luego añadió—: Si el único hotel que conocieses fuera una vieja furgoneta, estoy seguro de que esto te parecería un palacio. —Dio dos pasos hacia atrás y de nuevo se lanzó a la cama en plancha.

Después de probar la resistencia del somier, Izan decidió inspeccionar el cuarto de baño: abrió los grifos de la ducha para volver a cerrarlos, olió los jabones, se pasó las toallas por la cara y frunció el ceño al aparato del aire acondicionado. Parecía tan fascinado que le propuse abandonar la habitación y hacer una excursión por todo el hotel. Con toda su cara se coló en una de las habitaciones contiguas, que en ese momento estaban limpiando, registró los armarios de la sala de juegos para niños en la planta baja, se calzó un par de botas de agua rosa que adornaban la entrada del hotel y, con ellas puestas, se preparó un chocolate caliente en la máquina expendedora de café.

El clima en la costa portuguesa había refrescado con la llegada de septiembre, pero esa noche no hacía demasiado frío ni viento, así que decidimos cenar en la terraza del salón del hotel al aire libre y bajo la luz de la luna. Sin embargo, preferimos subirnos el postre —dos copas de tres bolas de helado— a nuestra habitación y tomarlo como solíamos hacer en muchas ocasiones en la intimidad de nuestra cabaña: sentados uno enfrente del otro sobre la cama, al estilo indio, y completamente desnudos. Cuando terminamos la última cucharada de helado y debido al ajetreo del viaje, caímos redondos sobre el colchón. Y al igual que cada noche desde que compartíamos techo, en poco más de tres minutos, Izan dormía profundamente abrazado a mí y con la nariz enterrada en mi cabello. Mientras tanto, yo me relajaba acariciando su brazo, que se ceñía a mi cintura mientras esperaba a Morfeo. Fue justamente esa noche cuando caí en la cuenta de eso mismo: de nuestra rutina. Durante mis casi cinco meses en Karra yo había construido nuevos hábitos en torno a Izan. Recordé también lo duro que se me hizo romper todas esas costumbres que compartía con Carlos después de separarnos; y no pude evitar preguntarme si me sucedería lo mismo cuando regresara a Madrid. «Solo espero —dije para mí antes de caer en coma profundo— que mis experiencias pasadas me sirvan de algo».

Peniche (Portugal), 15 de septiembre

8.00 h

A primera hora de la mañana, llegamos a la playa donde se celebraba el torneo. A pesar de que era consciente de todo el turismo que movía el mundo del surf, nunca imaginé que un campeonato no profesional de un deporte minoritario pudiera atraer a tantísimo público. Cientos de personas habían acampado próximas a la orilla ataviadas de cortavientos, sombrillas y neveras con bebida. Varias carpas y tiendas de campaña, así como banderas de diferentes *sponsors,* se alineaban en la arena para dar acogida a los participantes. La organización del torneo había habilitado una pista de *skate* donde un grupo de chicos dejaban atónitos a los espectadores más jóvenes con peligrosas acrobacias. Cometas de colores sobrevolaban el cielo, música *punksurfera* de fondo, fotógrafos, cámaras, periodistas, un marea de gente yendo y viniendo por todas partes, todos guapos, todos bronceados, todos «estupendérrimos»... En fin, solo faltaban un par de hermanas Jenner-Kardashian para darle un toque de glamour al cuadro.

Acompañé a Izan hacia el *stand* de la organización donde debía presentar su documentación. Una vez que recogió su camiseta, me despedí de él con un beso de buena suerte y me concentré en la complicada tarea de encontrar un sitio libre para ver la competición. Después de dar vueltas y vueltas, recurrí a mi sonrisa comercial aderezada con unos dulces ojitos de Bambi para que un grupo de cinco tipos, más o menos de mi edad, cerrasen su círculo y me dejaran sentarme a su lado. Coloqué mi bolso entre las piernas, saqué mis prismáticos y busqué a Izan entre los concursantes.

No fue muy difícil localizarlo. Entre todos los hombres musculados vestidos de neopreno, Izan llamaba la atención; y no solo por su melena dorada salvaje y la camiseta de licra verde fluorescente, también porque era el único que no andaba corriendo como un caballo de rejoneo por la playa. El chico zen no parecía interesado en calentar sus músculos. Se había sentado en su habitual postura de indio y, completamente inmóvil, estudiaba el oleaje.

Aburrida de esperar a que comenzara el espectáculo, pregunté a mis nuevos amigos por el protocolo que se seguía en las competiciones de surf. Según me explicaron (o yo pude entender con mi nivel básico de portugués), los concursantes competían de cuatro en cuatro en rondas eliminatorias que duraban entre veinte y treinta minutos. Un cuadro de jueces se encargaba de puntuar a los concursantes dentro de un baremo de cero a diez y basándose en el grado de dificultad, la velocidad y la fuerza de la ola. Solo los dos participantes con mayor puntuación se clasificaban para la ronda siguiente.

Cuando el locutor anunció el inicio de la competición, Izan corría junto a tres surfistas hacia el mar con sus tablas bajo el brazo. Se lanzaron al agua y comenzaron a remar en uve hasta alcanzar la línea de olas; olas tremendas que parecían izarse hacia el cielo como gigantes dispuestos a luchar.

El primero en saltar sobre su tabla fue un participante con la cabeza rapada cuya técnica pintaba ser muy buena. Al menos, a mí me lo pareció. Sin embargo, cuando evalué a los otros dos contrarios de Izan, fui absolutamente consciente de que el surf que yo había contemplado en la playa del Amado no era nada comparado con el espectáculo que iba presenciar. Sentí una pequeña desazón recorriéndome el cuerpo. Los surfistas no eran meros aficionados. Izan tampoco, pero él no había aprendido a surfear antes que a caminar como contaban las estrellas del surf en las revistas que circulaban por la escuela.

Sin embargo y para mi tranquilidad, esa mañana Izan se crecía minuto a minuto. No jugaba con las olas como solía hacer en Amado: yo diría que trataba de dominarlas. Se elevaba sobre la pared de agua con furia para hundirse en un tubo y aparecer en la cola segundos después con un asombroso zigzag.

Tal y como yo suponía, ronda tras ronda, fue conquistando al poderoso Atlántico, al público y, lo más importante, al cuadro de jueces.

Cuatro horas después, justo antes del mediodía, Izan entraba en semifinales. Mientras mi Tarzán de las olas remaba, pude apreciar a través de los prismáticos que su rostro denotaba cansancio. Fue en ese momento cuando mi móvil empezó a sonar. Lo extraje de mi bolso y observé contrariada el número de Carlos en mi pantalla. Hice memoria y recordé que la última vez que habíamos hablado por WhatsApp fue la noche que salí con Izan y mis compañeros de la escuela al club Lush de Faro. Automáticamente mi cerebro evocó la fecha de su boda: 15 de septiembre, el mismo día que se celebraba el campeonato. Y lo más sorprendente: yo, obsesiva a más no poder, lo había olvidado.

Por unos segundos, me quedé paralizada con el móvil sonando en mi mano sin saber muy bien si debía contestar o no.

De pronto, un grito de lamento del público captó mi atención. Aparté la vista del teléfono para dirigirla a la competición.

—¡Noooo! —chillé, cuando atisbé a Izan a lo lejos siendo arrastrado violentamente metros y metros en dirección a la orilla.

Y aunque era consciente de la irracionalidad de mis sentimientos, no pude evitar sentirme invadida por la culpa: como si la llamada de Carlos o mi falta de atención en la competición hubieran provocado la caída de Izan.

Lancé agobiada mi móvil al bolso y me llevé los prismáticos de nuevo a la cara. En ese momento, Izan se ponía en pie en el agua, pero no parecía tener intención de volver a la competición. Se desanudó la cinta de su tobillo con ira y, cabizbajo, se encaminó hacia la orilla.

«El surf es como la vida, Alexa. Tantas veces te caigas, tantas veces te levantas». Recordé las miles de veces que me repetía esas mismas palabras cuando yo entrenaba. Entonces ¡¿por qué él tiraba la toalla?! La única explicación razonable que encontraba era que Izan se hubiera lesionado.

Sin despedirme de mis nuevos amigos, recogí mi bolso de la arena y salí corriendo hacia las tiendas reservadas para los participantes. Esquivé sombrillas, salté neveras y pisé algún que otro cuerpo tumbado en la arena. Mientras tanto, mi móvil no paraba de sonar en el bolso una y otra vez, y otra… y otra más. Cuando por fin alcancé la caseta de Izan, vi decepcionada que este caminaba envuelto en una toalla en dirección hacia nuestra furgoneta.

Ni siquiera se había molestado en buscarme por el público. Saqué el móvil del bolso, lo apagué definitivamente y, con el poco aliento que me quedaba, seguí corriendo detrás de Izan.

En cuanto abrí la puerta de Lucy y mi mirada se cruzó con la del surfero, pude reconocer en sus ojos un sentimiento que jamás había percibido en él, pero que yo conocía demasiado bien…

La culpa.

—¿Pensabas marcharte sin mí? —pregunté resollando debido al esfuerzo de correr por la arena.

Izan negó molesto y fijó la vista al frente.

—¿Te has lesionado?

—No, estoy bien —aseguró.

—¿Entonces, Izan?

—Entonces nada, déjalo. —Giró la llave del contacto y arrancó la furgoneta.

—Pero no tiene ningún sentido que hayas abandonado sin esperar a la puntuación. Tú siempre me dices que no me rinda, que si me caigo…

—Alexa —me interrumpió con tono cortante—. De todas formas, no iba a ganar. Así que he preferido no perder ni un minuto más en este circo y aprovechar el resto del día contigo. Eso es más importante que un estúpido torneo. ¿Ahora me haces el favor de subir a la furgoneta?

En lugar de sentirme halagada por sus palabras, asentí con tristeza y ocupé mi asiento en silencio.

Izan y yo dedicamos el resto del día a hacer turismo por Peniche. Paseamos por el casco antiguo, visitamos una antigua fortaleza que en el siglo XVII fue una antigua cárcel y viajamos en barco a la isla de Berlengas, una reserva natural a diez kilómetros del pueblo. A pesar de que no volví a mencionar el campeonato, el chico zen —ese que siempre mostraba una actitud calmada y positiva ante la vida— parecía estar sumido en una batalla campal consigo mismo. Apenas intervenía en nuestra conversación, y sus ojos, de un azul cristalino, parecían enturbiados por la preocupación. «Lucha con la frustración que acarrea el fracaso», le justificaba ante mí misma mientras le observaba deambular a mi lado entre las calles del pueblo. Más tarde descubrí que ese no era el sentimiento que atormentaba a Izan.

Antes del anochecer recogimos nuestras maletas del hotel para iniciar el camino de regreso a la rutina de nuestras vidas en Karra, rutina que me había acompañado durante cinco meses y que la vorágine de la gran ciudad borraría de mi memoria en cuestión de días.

Adiós, estado de relajación. Adiós, café a sorbitos. Adiós, siestas en la playa…

Adiós, Babysurf.

—Izan… —suspiré su nombre sin darme cuenta de que hablaba en voz alta.

—Álex…—dijo él, imitando mi suspiro.

Sorprendida por aquel repentino cambio de humor, giré mi rostro hacia él. Babysurf, con una leve sonrisa en los labios, observaba concentrado el espejo retrovisor buscando un hueco en el tráfico para poder incorporarse a la carretera.

—Quiero que sepas que he disfrutado mucho de este fin de semana y que estoy orgullosísima de ti. Para mí eres el mismísimo Kelly Osbourne.

—Querrás decir Slater, Kelly Slater.

—Da igual cómo se llame. Lo que quiero transmitirte es positividad. No entiendo de surf, pero estoy convencida de que una decimocuarta posición es un triunfo en alguien que compite por primera vez. Seguro que el año que viene llegas a finales.

—Cariño, déjalo estar. —Arrugó la nariz incómodo, un gesto que también hacía Evil continuamente.

—¿Por qué no quieres hablar del tema? Los comienzos siempre son difíciles.

—Lo sé, pero en mi caso no es un comienzo de nada.

—¿Qué quieres decir?

—Que no voy a competir más. Ya te dije que esto no va conmigo. —Nos incorporamos a la carretera de un acelerón y echó mano a su iPod.

—Ya veo… —suspiré desanimada—. En el fondo, nunca debí insistirte para que te presentaras.

—Tú no tienes la culpa. Soy yo, que… —Titubeó unos segundos y añadió—: Deseaba demostrarte que valgo la pena, y mira cómo me ha salido la jugada.

Guardé silencio tratando de procesar sus palabras. Su confesión me dejó helada. Después de cinco meses conviviendo a diario, ¿pensaba que yo le despreciaba? ¿Esa era la percepción que tenía de mí?

—No sé cómo puedes decir eso, Izan. Supe que merecías la pena desde el primer día que hablé contigo —admití molesta.

—Eso no es cierto, Alexa. Jamás lo reconocerás porque temes herirme, pero en el fondo me menosprecias.

—¿Yo? Te equivocas. Me encanta cómo eres.

—¿Estás segura? Imagina que en lugar de monitor de surf soy arquitecto, o un médico reputado, como tu exnovio. ¿Rechazarías mi proposición de continuar juntos a pesar de la distancia?

Bajé la vista a mi regazo avergonzada. No sabía qué respuesta darle. Fui honesta cuando le dije que no creía en las relaciones a distancia. Cierto era que si Izan hubiera tenido un trabajo serio, nos habríamos podido plantear un futuro. Pero en Madrid no hay mar, y él amaba el surf. Por otra parte, estaba ese pequeño inconveniente de nuestra diferencia de edad... Cuando yo tuviera cincuenta años, y estuviera arrugada y menopáusica, Izan se encontraría en plena crisis de los cuarenta. Y tampoco debía olvidarme de mi manera de ser... En aquellos momentos me sentía feliz junto a Izan, pero ¿seguiría sintiéndome así tres meses o tres años después?

Me aferré a mi primera teoría, la menos dolorosa.

—No tendríamos futuro, cielo. Ya te lo dije, las relaciones a distancia no van conmigo.

—Lo sé... —Asintió con expresión adusta y siguió conduciendo sin abrir más la boca.

Durante las primeras horas de trayecto no volvió a dirigirme la palabra por más que yo intentaba iniciar cualquier tipo de conversación para aligerar nuestra tensión silenciosa. Al final, llegué a la conclusión de que Izan, consciente o no, me estaba castigando por ser sincera con él. Pero lo más preocupante era la sensación de pérdida y dolor que yo sentía por haberle decepcionado. Porque yo SÍ le había decepcionado a él. Eso me llevó a pensar en una palabra —o, más bien, en un estado— que hasta ese momento no me había planteado.

Amor.

«Enamorada es mucho decir», me advertí a mí misma antes de empezar a rayarme. Yo era mucho de rayarme... Sin embargo, ni mi propia advertencia pudo mitigar la sensación de desasosiego que me recorría el cuerpo solo con habérmelo planteado.

Esa comezón no era otra cosa que miedo. Sentía miedo a nuestra despedida, terror por si le echaba demasiado de menos y... pánico. Un pánico repentino por tener que enfrentarme a mi vida en Madrid. Por mucho que había evitado pensar en que llegaba a la recta final de mis días en Karra junto a Izan, mis esfuerzos no me habían servido de nada.

El sonido del intermitente captó en ese preciso momento toda mi atención. Miré a Izan preocupada y comprobé que giraba el volante para desviarse por una de esas carreteras comarcales que tanto le gustaban.

—Dijiste que el trayecto de vuelta lo haríamos por autovía —le recordé quejosa.

—Y así será, pero antes quiero divertirme un rato.

Me dejé caer hacia atrás en el asiento y cerré los ojos resignada. Necesitaba prepararme mentalmente para lo que se me venía encima.

Aparcamos al final de un camino de piedras que llevaba a una cala. Salimos de la furgoneta y nos quedamos absortos ante el juego de luces que emitían las olas bajo los últimos rayos de sol.

—No es Bordeira, pero es bonita —admití contemplando el paisaje. Luego, me abracé a su cintura y confesé algo que le pondría de buen humor—: Creo que por tu culpa me estoy enamorando del Atlántico.

Acarició mi cabello y bajó la vista hacia mi rostro.

—¿No vas a echar de menos todo esto?

Aclaré mi voz y me decidí a responder con la verdad:

—Sí, claro que voy a echar de menos el pueblo y el mar, pero sobre todo te echaré de menos a ti. Y no tanto por lo que tenemos ahora como por cómo eres. En el fondo me gustaría ser como tú, pero... —Negué con la cabeza, pesarosa—. Yo soy distinta, y mi vida también es muy diferente a la tuya.

Cubrió mi boca con su mano, acercó sus labios a mi oído y susurró:

—¿Te atreves a bañarte desnuda conmigo?

Levanté las cejas sorprendida, pero no pude evitar sonreír.

—Te has propuesto que nos detengan este fin de semana, ¿verdad? —bromeé contra sus dedos.

—Confío plenamente en que no invocarás a las Fuerzas Armadas.

Me eché a reír y aparté su manaza de mi cara.

—Bueno, ¿aceptas o no? —insistió por segunda vez.

Me encogí de hombros. Para lo que me quedaba en el convento…, una locura más para mi *ranking* veraniego.

En cuanto mis pies tocaron el agua helada, sentí que la piel se me erizaba y cómo un escalofrío me recorría todo el cuerpo. Aquella zona de la costa debía de tener línea directa con la Antártida, y, créeme, no exageraba.

—¡Me cago en todo lo que se menea! —exclamé cuando una ola se estrelló en mi entrepierna. Di un salto y me abracé a Izan.

Este me rodeó con sus brazos y me obligó a hundirme en el agua hasta la cintura.

—Ñe-ñe-ñe… Aaaaaiiiiins —rebufé. Mis pechos estaba a punto de convertirse en dos icebergs.

Izan soltó una carcajada y acercó su boca a mi rostro.

—Bésame y entrarás en calor.

Tiritando, me pegué como una lapa a su torso y enredé mis dedos entre su pelo. Llevé su boca hasta la mía y la saboreé lentamente con mi lengua mientras mi cuerpo no dejaba de temblar.

—Eres tan hermosa que dejaría atrás el océano por ti —susurró entre mis besos.

—Que no te oiga el Atlántico o se pondrá celoso. —Sonreí y le regalé un dulce pico en los labios.

De pronto noté sus manos enmarcando mi rostro y cómo me apartaba el cabello para mirarme a los ojos.

—Álex, estoy hablando en serio.

—No… te entiendo. —Tirité de frío y… miedo.

—Que lo dejaría todo por ti.

Abrí los ojos y los volví a cerrar pesarosa. Era imposible que ahora se hubiera planteado abandonar su vida por estar conmigo. Y sí…, al final había comprendido que él, joven y lleno de ideales románticos, me propusiera una relación a distancia, pero… esto se escapaba de toda lógica. De pronto, me vi invadida por la misma sensación de desasosiego y pena que había experimentado minutos antes en la furgoneta.

—¿No dices nada? —me preguntó con voz queda.

Negué con la cabeza, porque no quería herirle de nuevo, pero necesitaba protegerle de mí.

—Me equivoqué cuando te dije que todo lo que tenía aquí era suficiente—continuó diciendo—. Ahora sé que nada será suficiente después de haberte conocido. Te quiero a ti y solo a ti, ¿comprendes?

Tras oír su confesión, sentí que una emoción más potente que el miedo se apoderaba de mí para llenar ese vacío que otro hombre había dejado en mi corazón desde meses atrás. Esa sensación revoloteó por mi corazón y empujó todas las palabras para que salieran a borbotones por mi boca.

—Claro que te comprendo, porque yo siento exactamente lo mismo por ti, aunque me dé pánico reconocerlo… Y aunque sepa con toda certeza que este sentimiento es otra locura de las mías…

Y tal cual dije aquello, también experimenté cómo el peso de la culpabilidad caía sobre mi cabeza.

Asustada, me abracé a él y escondí mi rostro en su cuello. Permití que me cargara en brazos hasta la furgoneta para después hacer el amor, como muchas otras veces lo habíamos hecho en la parte de atrás de Lucy rodeados de tablas de surf, cortinas psicodélicas y el sonido de fondo de las olas. Solo que en esta ocasión *sentí* y *viví* a Izan de una manera diferente.

Esa tarde, en aquella pequeña cala, me permití ir más allá del deseo y del puro placer.

Ese atardecer me permití amarle con el corazón…

30

Excusas

Karra (Portugal), 20 de septiembre

De regreso al campamento, justifiqué mis lágrimas con la excusa de que me había dejado llevar por la emoción del momento. Y sí. Esa última parte era completamente cierta: yo amaba a Izan Oliveira tanto como él a mí, pero no estaba siendo completamente sincera.

Lloré aquella tarde, después de hacer el amor en su furgoneta, por miedo a las consecuencias que me traería mi declaración. Le había confesado mis sentimientos, y eso solo presagiaba un mal final para los dos.

Mi mayor temor se hizo real a la mañana siguiente. Yo no había dormido en toda la noche y, cuando Izan se levantó al alba para salir a correr, me encontró en pijama, cubierta por una manta y sentada en las escaleras del porche con la vista perdida en el amanecer.

Silenciosamente se sentó a mi lado, se arrebujó contra mi cuerpo y nos cubrió a ambos con la manta. Acercó su boca a mi mejilla y susurró:

—Buenos días, chica de las olas.

Le sonreí con ternura.

—Buenos días, Babysurf.

Durante unos segundos nos vimos arrollados por un tenso silencio. Él me observaba intrigado y yo… En fin… Yo esquivaba su mirada posando la mía en cualquier lugar salvo en su rostro: en mis dedos temblorosos, escondidos bajo la manta, en los pajarillos que revoloteaban, en la nerviosa Evil, que buscaba concentrada el inodoro perfecto para liberar su vejiga…

—¿Por qué te has levantado tan pronto? —Sentí los dedos de Izan acariciando mi mejilla.

Inspiré hondo y solté el aire en un suspiro.

—Dentro de poco más de una semana todo esto habrá desaparecido para mí, Izan.

Noté cómo su cuerpo se tensaba por un milisegundo bajo la manta y que luego volvía a relajarse. A continuación, acarició mi cabello y llevó suavemente mi cabeza hacia su hombro.

—Quédate, Alexa. Quédate conmigo.

Sus palabras, aunque suaves y calmadas, penetraron en mi mente como un remolino violento. Me asusté.

—No me pidas eso, por favor. Sabes que es imposible. —Cerré los ojos para contener las lágrimas.

—¿Por qué? No eres feliz en Madrid. Él se va a casar con otra mujer, tu trabajo no te gusta y a tu padre puedes visitarlo de vez en cuando. ¿Qué te impide empezar una nueva vida a mi lado?

«Yo», contesté en mi cabeza. Debía tomar las riendas de mi vida de una vez por todas. Necesitaba centrarme en mi profesión, marcarme objetivos para dejar de vender placas y tornillos a cirujanos, tener ambiciones, ser dueña de mi propia vivienda, ir sola al cine sin avergonzarme por mi soltería... Debía madurar; y dentro del concepto «madurar» no encajaba mantener una relación con un surfero de veinticuatro años en una aldea de Portugal, por mucho que le quisiera.

—Tampoco sería feliz aquí. Esto... no es para mí —contesté apurada—. Necesito centrarme un poco. Ya no soy una niña, lo siento... Te juro que lo siento mucho, Izan.

Por unos segundos tuve la sensación de que el mundo a nuestro alrededor se pulverizaba... Que acababa de poner fin a lo que teníamos.

Sentí que Izan se movía inquieto bajo la manta y se apartaba de mí.

—Ponte en mi lugar, Izan. —Sostuve su brazo para que no se marchara—. Yo soy de ciudad, y aquí terminaría agobiándome. Ni siquiera este trabajo me aporta algo más que estar cerca de ti. Yo también necesito crecer personal y profesionalmente.

—Entonces me iré contigo. Buscaré un empleo en Madrid y viviremos juntos.

Palidecí.

—Eso sería un error, porque tu vida es el surf.

—¿No escuchaste nada de lo que te dije anoche, Alexa? Desde que llegaste has arrasado con todo lo que era importante para mí. Ya nada me importa excepto tú. Suena estúpido, pero soy feliz despertándome a tu lado cada mañana o sabiendo que estás en la escuela observándome desde la playa. Sueño contigo dormido y despierto, cocino pensando en qué te gusta y qué no; incluso cuando surfeo, las olas del mar me recuerdan a ti. Entiendo que tengas metas en tu vida y que no quieras dejarlo todo por un tipo como yo. Pero llévame contigo, porque mi única meta eres tú.

—Izan, yo…

—No, Alexa. No digas nada ahora y piénsalo durante estos días que nos quedan juntos. Pero cuenta con que seremos felices, de eso estoy seguro.

Abrí la boca para decirle que se equivocaba por completo, que hablaban su juventud y el romanticismo; pero, sobre todo, quería explicarle que para poder amar tienes que estar bien contigo mismo, y yo no lo estaba. Algo en mí fallaba desde siempre. Sin embargo, no pude sincerarme con él. Vi la esperanza en su rostro, un cariño inmensurable hacia mí y…, por segunda vez en la vida, mentí al hombre que amaba.

—De acuerdo, lo pensaré.

Cuando me estrechó entre sus brazos, mientras sus labios revoloteaban felices sobre los míos, la losa de la culpa me aplastó hasta el fondo.

KARRA (PORTUGAL), 24 DE SEPTIEMBRE

A cuatro días de abandonar Portugal, cuatro desde que regresamos de Peniche, yo no había dado una respuesta a Izan. Él tampoco había vuelto a sacar el tema. De hecho, todas las tardes, cuando terminábamos nuestra jornada laboral, me llevaba de regreso al campamento y desaparecía durante horas con cualquier excusa: ayudar a Tiago con alguna gestión del campamento, salir a pescar percebes con los pescadores del pueblo, romperse la crisma en *longboard*… Resultaba más que obvio que quería darme espacio para pensar; un gesto muy honorable que yo detestaba con todo mi ser, porque en esas horas de soledad, sin él a mi lado, me ahogaba en un mar de dudas.

Había momentos en los que me planteaba que lo nuestro podía funcionar, que él era bueno para mí, que traería algo de luz a mi vida aburrida en Madrid; y que solo él podría reenfocarme cuando mis obsesiones y paranoias se apoderasen de mí. Y cuando ya tenía decidido aceptar su propuesta, mi mente se llenaba de interferencias para mostrarme diversas instantáneas de un futuro mucho más realista: imágenes de un Izan infeliz por abandonar su vida por mí; un Izan tirado todo el día en el sofá porque no encontraba trabajo en Madrid; un Izan irritado que me echaba en cara el sacrificio que había hecho por salvar nuestra relación.

Curiosamente, mi angustia se templaba cuando escuchaba la puerta de la cabaña abrirse a medianoche y él irrumpía en la silenciosa habitación para abalanzarse sobre mí en la cama. Me besaba, me hacía cosquillas, me mordía, me susurraba lo mucho que me quería y yo le estrechaba entre mis brazos mientras le suplicaba que hiciéramos el amor. Y cuando nos amábamos con esa pasión desbordante, mi corazón volvía a traicionarme y terminaba confesándole una y otra vez cuánto le quería…, porque él era lo mejor que me había pasado en la vida.

Durante esos días, también evité a Rebeca. Temía que si cruzaba más de tres palabras con ella descubriría que algo iba mal con mi aventurilla veraniega. Con poco que me insistiera, sabía que yo terminaría contándole que él quería venirse a vivir conmigo porque yo había sido tan estúpida de confesarle que estaba enamorada de él. Entonces, podía imaginarme claramente su cuerpo diminuto convulsionando hasta transformarse en un Demogorgon y aplastando toda su furia sobre mi persona. Los «ya te lo dije», «mira que te avisé» y «eres un desastre», en aquellos momentos, me sobraban.

Llegué a desear con todas mis fuerzas caer enferma. Despertar una mañana con uno de esos síntomas fantasmas que yo somatizaba para escapar de Karra a toda prisa y que un especialista tratara de averiguar qué virus extraño se había apoderado de mí. Pero mi psique me traicionó cuando yo más la necesitaba.

También pensé en inventarme que mi padre estaba gravemente enfermo, que había sido hospitalizado y que mi obligación como hija era visitarle lo antes posible. Pero Izan se habría ofrecido a acompañarme, de eso estaba segura.

En pocas palabras: moría por buscar un agujero, por pequeño que fuera, para escapar de aquella situación angustiosa. Y, al parecer, de tanto desearlo al final se cumplió.

Izan había salido esa tarde con Tiago camino de Lisboa para reunirse con una agencia de publicidad. Gracias a la participación del primero en el campeonato, el jefe de comunicación de una importante marca de surf se había puesto en contacto con nuestro jefe para ofrecerse como *sponsor* de la escuela. Como las noches anteriores, no era capaz de dormir. Cada vez que cerraba los ojos, mi mente entraba en un debate incesante sobre mi futuro con Izan. Después de dos horas dando vueltas en la cama, aparté las sábanas, saqué mi portátil de su funda y me encaminé hacia la cocina. Necesitaba engañar a mi mente con cualquier estímulo «distractor». Descargué todas mis fotos del móvil al disco duro del ordenador con la idea de subir alguna que otra a mis redes sociales. Fue entonces cuando sonó mi Messenger. Lo abrí y me encontré con un mensaje inesperado.

Carlos Sierra.
Hola, Alexandra: perdona si te molesto de nuevo, pero te he visto conectada y no he podido resistirme. Ya he pillado que me has sacado de tu vida y que no tienes intención de devolverme mis correos ni mis wasaps, pero necesito hablar contigo de algo muy importante... y muy difícil para mí.

Clavé la vista en la pantalla y lo releí de nuevo. No me encontraba en el mejor momento para hablar con mi ex, pero...

Antes de que decidiera si responder o ignorar su mensaje, Carlos me volvió a escribir.

He cancelado la boda... Y ni más ni menos que a cinco días de la ceremonia, pero no deseaba casarme con ella. No podía engañarla ni engañarme a mí mismo para el resto de mi vida. Ella me llamó desgraciado, me abofeteó, y también me ha amenazado con llevarme a juicio. ¿Se puede denunciar a alguien por no querer ca-

sarse contigo? Tú debes de saber más de esto que yo, pero creo que sí, que puede hacerlo. Obviamente, le he causado daños y perjuicios. Ha perdido dinero por mi culpa y «la dignidad», como no se cansa de repetirme. En el fondo creo que tiene razón y que debería hacerme cargo de todos los gastos en la boda, sin necesidad de que me lleve ante un juez.

Aquella noticia me dejó patidifusa; tanto, que, sin tener muy claro qué iba a escribirle, mis dedos se apoyaron en el teclado dispuestos a contestar por mí.

Un nuevo silbido me anunciaba que Carlos había escrito un tercer mensaje.

Han pasado cosas desde que te marchaste. O, mejor dicho, he descubierto cosas que me han hecho recapacitar sobre mi vida. La primera es que jamás he superado lo nuestro, que sigues metida en mi cabeza por mucho que te haya odiado. La segunda, que no soy mejor que tú: me engañaste y yo la engañé a ella. Y la tercera, la más dolorosa, es que no puedo ser padre, Alexa. La vida se ha burlado de nosotros o me ha castigado por condenarte, pero hace cosa de un mes descubrí que no puedo tener hijos. Al menos por ahora.

Me llevé las manos a la boca. Aquello no podía ser cierto, y tampoco se merecía que le sucediese a él, que soñaba con formar una familia. Debía de estar destrozado, me dije; y sin pensármelo dos veces, tecleé rápidamente:

Dame un segundo, voy a llamarte.

Antes de que pudiera levantarme de la silla en busca de mi móvil, sonó mi Skype. Acepté la videollamada sin ser consciente de que, después de meses sin ver a Carlos, me encontraría enfrente del hombre que más había amado y que más daño me había procurado.

—Hola, Alexandra. Estás... diferente. Muy morenita. —Sonrió tímidamente.

—¿Cómo es que no puedes tener hijos? —pregunté sin andarme por las ramas. No estaba para cumplidos.

Carlos resopló hacia un lado antes de mirar de nuevo hacia la cámara.

—Hace poco sufrí una infección de orina que no dejaba de remitir ni con antibióticos y pedí que me hicieran una ecografía. Fue así, un poco por casualidad, como descubrieron que sufro una malformación genética. No dispongo de conductos deferentes.

Guardé silencio recapitulando toda la información que acababa de compartir conmigo. Después de reflexionar, me atreví a decir:

—Pero… eso no significa que no puedas fecundar, me refiero a que puedes producir espermatozoides, ¿no?

—Lo sabré cuando me someta a un espermograma.

—Ya —asentí apenada—. Lo siento de veras. Ha debido de ser duro para ti.

—Un revés de la vida —dijo amargamente.

—No está todo perdido, Carlos.

—¿Tú crees? —Me contempló unos segundos en silencio a la espera de… ¿De qué? ¿Qué esperaba que le dijera?

Inspiré hondo y decidí poner punto y final a aquella conversación.

—Bueno, ya me contarás con más detalle a mi regreso.

—¿No quieres hablar del motivo por el que cancelé la boda?

—No…, lo siento. Yo no…

—Pues deberías, Alexandra, porque tú tienes mucho que ver. Esto de mi infertilidad vino después. No quiero que pienses que la cancelé al saber que yo no podía ser padre. Mis dudas respecto a mi relación con Bárbara surgieron mucho antes, justo cuando descubrí que te habías marchado. Días después vi en tu Instagram su foto. Sentí que te perdía definitivamente, que no te volvería a ver jamás y…, bueno, me dolió tanto que…

—Perdona, ¿qué foto?

—La de ese chico rubio que te estaba abrazando en la playa. Al principio me dije que era imposible lo que yo estaba pensando, porque era muy joven para ti; pero tal y como te miraba, tu sonrisa, apoyada en su hombro… Y luego el resto de las fotos que has ido publicando me lo han dejado bastante claro.

—Él solo es mi profesor de surf —me apresuré a decir.

—Da igual quién sea, porque a partir de ese momento empecé a obsesionarme con que si no era él, sería otro, y que yo no podía dejar de pensar en ti incluso a un paso de casarme con otra mujer. Recordé nuestra última noche y me odié por echarte de nuevo de mi vida cuando en el fondo te deseaba tanto como tú a mí. Y luego tu silencio, todas estas semanas sin responder mis llamadas ni mensajes… —Se frotó la cara angustiado y después clavó la vista en la cámara antes de decir—: Alexandra, he dejado a Bárbara porque no la amaba, porque, ya sea trabajando a mi lado o aunque te encuentres a mil kilómetros de mí, seguiré deseándote como la primera noche que pasamos juntos.

Cuando terminó de hablar cerré los ojos, incapaz de mirarle. Repasé sus palabras una y otra vez. Aquella conversación parecía demasiado irreal…, como si Carlos hubiera escuchado todos mis deseos y todas las conversaciones con las que yo fantaseaba después de que rompiéramos y las estuviera reproduciendo en ese momento.

—Di algo —murmuró.

—No sé qué decir.

—Me basta con que me digas que no me has olvidado.

¿Le había olvidado? No, pero quizá nunca se dejaba de querer completamente a la persona que una vez habías amado.

—¿Qué buscas de mí, Carlos?

—Quiero saber si vas a volver, si podrás perdonarme y, sobre todo, si me darás una segunda oportunidad.

Cuando escuché esas dos palabras, «segunda» y «oportunidad», sentí que mi mundo, ese que llevaba un año del revés, se enderezaba y que toda mi vida recobraba sentido. Me reafirmé entonces de que mi sitio estaba en Madrid, en mi vida de siempre; y que Carlos era, sin duda, ese «siempre». O lo fue. Y tampoco pude evitar pensar que si mi exnovio me hubiese perdonado mucho antes, yo no habría viajado nunca a Portugal ni me habría involucrado con un hombre como Izan. Tampoco habría cometido la locura de abandonar mi trabajo para vivir en una aldea… Porque ¿a qué demonios había estado jugando durante todo el verano?

Así que vi la escapatoria: una grieta por la que deslizarme y huir. Una oportunidad para empezar de nuevo.

—No, claro que no te he olvidado, pero tienes que darme tiempo para aclarar mi cabeza. El lunes vuelvo a Madrid y, si quieres, podemos hablar. Pero tienes que saber que yo…

Un golpe seco resonó a mi espalda. Me giré asustada y me encontré con Izan, que me observaba con el rostro contraído de dolor. A sus pies, en el suelo, había una tabla de surf.

—Alexandra, ¿qué ha sido eso? ¡¡Alexandra!! ¿Estás bien? —escuché la voz preocupada de Carlos.

—Espera, puedo explicarte… —me dirigí a Izan, y rápidamente cerré la tapa del portátil.

Izan no dijo nada, pero sus ojos soñadores hablaban de desilusión, dolor y odio. Di un paso hacia él, pero me mostró las palmas de sus manos, su advertencia para que no me acercara más.

—No es lo que crees. Te lo juro, yo no le quiero. —Levanté mi mano para agarrar su brazo, pero me esquivó con gesto de asco—. Por favor, siéntate y te lo cuento todo —le rogué.

—¿Desde cuándo me engañas con él?

—No te he engañado.

—Júrame que no has mantenido contacto con él desde que estamos juntos.

—Me ha escrito alguna vez en verano, pero no le he contestado.

—¿Y ahora de buenas a primeras le dices que sigues queriéndole?

—Yo no le he dicho eso. Él me llamó y yo, bueno… —resoplé angustiada—. Carlos parecía estar mal y decidí contestar, pero te juro que no le quiero como te amo a ti.

Se frotó la cara con ambas manos y aproveché ese instante para abrazarle. Todos sus músculos se tensaron.

—¡Suéltame, Alexa!

—No, déjame que te explique.

—Suéltame, por favor. No quiero hacerte daño. —Me advirtió mientras luchaba para retirar mis brazos.

Me aparté de él con los ojos inundados de lágrimas.

—Es que yo te quiero. Te lo juro, pero…

—Pero ¿qué? Os he escuchado a través de la puerta, Alexa. Te he oído decirle que yo no era más que tu monitor de surf. Y no le has dicho que estás conmigo y que viviremos juntos o que él no significa nada para ti porque me quieres a mí. No le has olvidado, Alexa. Esa es la verdad. Yo solo he sido el repuesto, así que recónocelo de una puta vez. Y reconoce también que nunca has tenido intención de darnos una oportunidad ni la tendrás, porque soy poco hombre para ti.

Bajó la vista hacia la tabla y de una fuerte pisada la partió en dos. Fue en ese instante cuando reparé en el dibujo que decoraba la madera. Era una chica *pin-up* en bañador. Su pelo cobrizo caía liso y espeso sobre el nacimiento de sus pechos y su rostro quedaba encuadrado en un flequillo recto. Pómulos rosados, mirada pícara, sonrisa descarada y un lunar que resaltaba en su barbilla. Sobre el contorno de su cuerpo a la altura de las caderas había escrito en letras surferas: *«Waves girl»*... «Chica de las olas».

Rompí a llorar. Él había personalizado aquella tabla para regalármela a mí. Todas esas horas ausente...

Eché un último vistazo a la chica de las olas pintada sobre aquella madera partida en dos. «Qué ironía», pensé para mí... Porque me sentía así en aquel preciso instante. Partida por la mitad. Flotando a la deriva entre dos olas. Entre Carlos e Izan. Entre mi pasado y mi presente.

Aunque era incapaz de mirar a los ojos a Izan, me disculpé con él.

—Lo siento. De verdad que lo siento de corazón. Nunca quise herirte. —A continuación, salí corriendo de la cabaña al refugio de la única persona que me entendía.

Cuando Rebeca abrió la puerta, me abracé a ella llorando como una magdalena. No me apartó molesta por haber invadido su espacio personal ni se alteró por las horas en las que me presentaba. Tampoco me preguntó a qué se debía mi llanto. Me acarició vacilante la espalda y me llevó al interior de la cabaña.

Una vez en la cocina, me senté en un silla y me derrumbé sobre la mesa.

—Trata de calmarte un poco y tómate esto.

Levanté la vista hacia Rebeca. En una mano sujetaba un vaso de leche y en la otra una caja de Lorazepam.

—Ya no necesito pastillas. Estoy bien... —balbuceé entre sollozos.

—Tienes razón, se te ve espléndida. —Dejó el vaso y la caja a un palmo de mi cara y se sentó a mi lado—. ¿Y bien? ¿Qué te ha pasado con tu Loverboy?

«Mi Loverboy...», repetí en mi mente, y rompí a llorar.

Esta situación ya la habíamos vivido mucho antes, tras mi ruptura con Carlos, y sabía por experiencia que mi mejor amiga no pronunciaría ni una palabra más hasta que yo no me calmase. Además siempre le había incomodado ver llorar a la gente, casi tanto como llorar delante de los demás. Así que estaba en pleno desahogo lacrimógeno cuando Catrina salió de la habitación y entró en la cocina.

—¿Qué te sucede? —me preguntó la monitora, mientras se sentaba a la mesa con nosotras.

—Sospecho que lo mismo que le sucedió a su coche —murmuró Bec para sí.

—Muy buena comparación —felicité a mi amiga entre sollozos. Sin duda alguna, esa noche también me había cubierto de fango hasta las orejas. Una historia recurrente en mi vida desde que empecé a mantener relaciones con los hombres.

—¿Podéis hablar en algún idioma que no sea ese tan gilipollas que utilizáis una con la otra y contarme qué ha pasado? —replicó Cat también en su idioma… El de perra sarnosa.

—La ha debido de cagar con Nenuco Abracitos. Seguro que en un rato la Nenuca Llorona nos cuenta todo, solo espera a que se le pase.

Inspiré hondo, me limpié las lágrimas de la cara y, como a una muñeca a la que le habían dado cuerda, comencé a confesar mis pecados uno a uno. ¿El primero de ellos? Ocultar a Rebeca la razón principal por la que me dejó Carlos, que no era otra que mi mentira sobre tratar de ser madre. Por la cara que puso mi amiga, no le hizo ni pizca de gracia descubrir que a ella también la había engañado.

—Siento no haber sido totalmente honesta contigo. No tengo perdón —me disculpé avergonzada.

—No…, especialmente cuando me echaste en cara mi falta de sinceridad cuando descubriste lo mío con Cat.

—De verdad que lo siento.

—¿Sabes qué es lo peor de todo? —No contesté, pero eso no la detuvo para continuar dándome cera—. Que no eres capaz de darte cuenta de cómo repites el mismo patrón con los hombres. Pero con todos. Los seduces, los encoñas y, cuando ellos se enganchan a ti, bombardeas tú misma la relación. Luego te arrepientes, asumes la culpa y comienza tu proceso de flagelación. No sé si es tu manera de aliviar la conciencia o que disfrutas castigándote. Pensé que con Carlos habías aprendido la lección, pero sospecho que con Izan las cosas no han sido muy diferentes que con el resto de tus ex.

—Puede ser, pero… —Los ojos se me llenaron de lágrimas, y rompí a llorar por tercera vez.

Entre sollozos e hipidos logré relatarles todo lo sucedido en el viaje a Peniche: que él se presentó al campeonato por mí porque pensaba que le menospreciaba y que en parte estaba en lo cierto. Les hablé de nuestro viaje de regreso a Paraíso, de cómo las palabras se escaparon de mi boca para confesarle que yo también le quería, de su ofrecimiento para venirse a vivir conmigo a Madrid y mi cobardía para rechazar su propuesta categóricamente. Como broche final, compartí con ellas cada palabra de mi conversación con Carlos sin saber que Izan nos escuchaba al otro lado de la puerta.

Catrina fingió toser y Rebeca frunció los labios con gesto adusto.

—No sé cómo salir de esta, Bec. Dime qué hago.

—¡No lo sé!—bramó, y se puso en pie con tanta vehemencia que la mesa se sacudió a riesgo de tirar el vaso de leche.

—Pero no soporto haberle hecho daño —le confesé.

—Pues se lo has hecho, así que asúmelo cuanto antes. ¡Mira que te lo dije, Alexa! «Ten una aventura de verano y no te compliques la vida» y ¿qué haces tú? Cagarla.

—No la machaques, Rebeca —la reprendió su novia. Luego, la monitora se dirigió a mí—: ¿Tú realmente quieres a Izan?

Asentí.

—Pues la solución es sencilla. Quédate a vivir aquí con él.

—No es tan fácil…

—Entonces no le quieres lo suficiente. —Y no se me pasó por alto la mirada fugaz que dedicó a Rebeca.

—No es eso… Es que dudo que seamos felices. Además es muy joven y yo…

—Y tú quieres volver con Carlos, admítelo de una maldita vez —me interrumpió Rebeca.

—¡Que no, pesada!

—Sí quieres arreglar las cosas con él, Alexa, y ¿sabes por qué? Porque Carlos es esto para ti. —Señaló la caja de pastillas—. ¿O no es verdad? Júrame que mientras hablabas con él no has sentido alivio al saber que quería que volvieras con él. Júramelo.

Me callé.

—Está claro, le darás una segunda oportunidad. —Y tras dictar sentencia, se dirigió a su habitación y cerró la puerta para dejarme claro que nuestra conversación había llegado a su fin.

Catrina me dio unos golpecitos de consuelo en la espalda.

—¿Quieres que te acompañe a tu cabaña o que hable con Izan para tranquilizarle?

—No es necesario, gracias. —La miré atónita.

—Deja de mirarme con desconfianza, Alexa.

—Lo siento, pero no estoy acostumbrada a tanta amabilidad por tu parte.

Cat se echó a reír con suficiencia.

—Las tipas como tú no me caen bien, pero pocas personas lo hacen. No es personal.

—Ya, después de cinco meses creo que te voy conociendo —dije sarcástica.

—No me conoces, pero tampoco es que te haya dado la oportunidad. Anda, ponte en pie y ve a hablar con él. Izan es un tipo muy comprensivo y hará las paces contigo.

Cuando regresé a la cabaña de Izan, me encontré la puerta abierta de par en par. Evil, que parecía vigilar la entrada, se precipitó hacia mí moviendo el rabito de felicidad. Me abracé a ella y aprovechó la cercanía para darme un repaso por toda la cara con su lengua rasposa llena de babas.

—¿Dónde está Izan, pequeña?

Aulló.

Le acaricié el lomo y la sostuve del collar para que entrase en casa conmigo. Cuando cerré la puerta, estaba convencida de que le encontraría sentado en la cocina esperándome. Pero me equivocaba. Tampoco estaba encerrado en el baño o durmiendo en la cama. Izan se había marchado.

Mi primera hipótesis fue que se había refugiado en la playa de Bordeira para aclarar sus ideas y que a la mañana siguiente aparecería antes de ir al trabajo; que haríamos el amor, nos pediríamos perdón y entonces…

Entonces tendría que romperle el corazón y explicarle que no quería que se viniera a vivir conmigo porque no veía un futuro claro entre nosotros.

Para mi sorpresa, nada sucedió como yo pensaba.

31

El molino rojo

Karra (Portugal), 25 de septiembre

Izan no regresó esa mañana. Cuando se acercaba la hora de partir al trabajo, no me quedó más remedio que pedir a Catrina que me acercara a la escuela. Tampoco acudió a impartir sus clases. Así que decidí llamar a Elena para que cubriera su puesto y para asegurarme, también, de que no estaba con ella. Cuando su exnovia me preguntó si él estaba enfermo, respiré aliviada y recurrí a mis viejas costumbres.

—No, hoy se ha quedado en el campamento para ayudar al chico de mantenimiento. Una fuga en las cañerías, ya sabes.

Sí. Preferí mentir a darle la satisfacción de que supiera que Izan y yo nos habíamos peleado.

De regreso por la tarde al Surf Camp, tampoco vi a Lucy aparcada en el lugar de siempre. Eché un vistazo en su plaza de aparcamiento y no encontré marcas de rueda recientes. Por lo tanto, eso solo significaba una cosa: Izan no tenía intención de regresar a casa hasta que yo no desapareciera de Karra.

Traté de convencerme de que su actitud facilitaba las cosas para ambos y que así nos evitaríamos una despedida dolorosa. Sin embargo, mi corazón me decía que no podía marcharme de Portugal sin contemplar su rostro una vez más y llevarme de recuerdo su último beso. Pero, sobre todo, necesitaba convencerle de que él lo había sido todo para mí en cuestión de unos pocos meses y que jamás le había considerado el repuesto de nadie.

Así que hablé con Rebeca y Catrina para que antes de que cayera la noche me acompañaran a buscarle a nuestro segundo lugar sagrado en el mundo. Bordeira.

Para mi desconsuelo, tampoco encontré a Izan en aquella playa meditando bajo las estrellas. Desesperada, telefoneé a Rico y Marco preguntándoles si sabían algo de él. Ninguno le había visto durante todo el día. Convencí a las chicas para que rastreáramos el pueblo. Interrogué a monitores de otras escuelas, a los empleados de los comercios y restaurantes, al camarero del centro de jubilados, a los ancianos que solían pasar el día allí jugando al billar... Nadie había visto a Izan durante todo el día. Estaba tan preocupada por si le había sucedido algo que no me quedó más remedio también que acudir a Tiago y Marisa.

—¿Qué os ha pasado? —me preguntó la tía de Rebeca en tono inquisitivo.

Agaché la cabeza y asumí mi culpa.

—Él quería que siguiéramos juntos y me propuso mudarse a Madrid conmigo. Yo... —Tragué saliva y levanté la vista hacia ella abochornada—. Lo siento, Marisa, se me fue de las manos.

Mi jefa se apresuró a buscar su móvil y llamó a su marido. Hablaba en portugués tan rápido que me fue imposible entender nada de lo que decía. Cuando regresó al salón, pidió a Rebeca y Cat que nos dejaran a solas unos minutos.

—¿Crees que le ha podido suceder algo malo? —pregunté temerosa.

—Espero que no sea así y que solo esté evitándote —suspiró—. De todos modos, Tiago tiene amigos en la policía. Ellos le buscarán en los bares y playas de los pueblos de alrededor.

—Quizá debería marcharme a España cuanto antes para que se atreva a regresar.

Marisa se llevó las manos a la cara angustiada y negó con la cabeza.

—No sé qué decirte, Alexa. No soy su madre ni estoy dentro de él. Pero me aterra que vuelva a las andadas y entre de nuevo en ese estado de autodestrucción en el que se encontraba cuando llegó aquí.

—Él ama la vida, jamás...

—¿Estás segura? —me interrumpió—. Izan esconde más problemas de los que tú te puedas imaginar. Cuando le traje a vivir con nosotros, se pasaba los días drogado, cuando no borracho. ¿No te has preguntado por qué nunca bebe alcohol? ¿O por qué no sale de bares?

Me quedé lívida.

—¿Me estás diciendo que tuvo problemas con la bebida?

—Y con las drogas. También robaba coches, se escapaba del centro de menores y se metía en peleas. Incluso ya instalado en el campamento desaparecía de Karra durante días y la policía le encontraba inconsciente en la playa o durmiendo la mona en alguna esquina de la calle de a saber qué pueblo. Cuando regresaba al campamento, se pasaba otra semana encerrado en la buhardilla de esta casa sin dirigirnos la palabra. Hasta que mi marido se cansó y tuvo una charla muy seria con él. No sé qué le dijo, pero poco a poco Izan fue cambiando. Por eso, me opuse a vuestra relación. Pensé que con Elena echaría raíces en este pueblo, pero entonces llegaste tú: una mujer de ciudad, demasiado atractiva para los ojos de cualquier hombre, lo suficientemente encantadora para deslumbrar a un chico que busca un aliciente para seguir adelante en su vida y demasiado tonta para no ver la necesidad de aquel por ser amado y pertenecer a alguien. Así que, Alexa, no sé si Izan se habrá marchado para siempre o me llamará la policía para decirme que lo han encontrado a saber en qué condiciones. Pero si aparece antes de que te hayas ido y no tienes intención de seguir a su lado, haz tu maleta cuanto antes.

Marisa fue muy dura conmigo, pero no lo suficiente para que yo decidiese marcharme de Karra sin darme la oportunidad de aclarar las cosas con él. Minuto que pasaba, más segura estaba de que tanto Izan como yo nos merecíamos un bonito final. Posiblemente nuestra historia no iba a terminar como él esperaba, pero, al menos, no me odiaría de por vida.

Con ayuda de Bec y Cat rastreé las playas de los alrededores, así como hoteles y bares de carretera. Por desgracia, nadie había visto a un chico alto de cabello rubio por los hombros ni una Volkswagen *vintage* de cortinas floreadas. De vuelta al campamento, a cinco minutos de Karra, mi móvil empezó a sonar a todo volumen en mi bolsillo. Lo saqué con la única intención de colgar a Carlos. Después de nuestra conversación por Skype, me había llamado dos veces más que, por supuesto, yo había ignorado.

Sin embargo, en aquella ocasión era mi compañero Rico quien trataba de contactar conmigo.

—Por favor, dime que le has encontrado —le rogué nada más descolgar.

—¿Lo dudabas, Alexita?

Respiré aliviada.

—¿Y dónde está ahora?

—En el viejo molino. Lo han alquilado unos franceses y me enteré por casualidad de que tenían montada un buena fiesta, así que pensé que podía estar con ellos. Hace poco más de un cuarto de hora me pasé por allí y, efectivamente, nuestro amigo lleva todo el día de juerga con esa gente.

«Esa gente…».

—Muchas gracias, Rico. Ahora mismo voy a buscarle.

—Esto… Alexa —titubeó—. Si me permites un consejo, no vayas tú. Manda a tu amiga o espera a que vuelva al campamento.

—¿Por qué me dices eso?

—Porque no está de muy buen humor, y sospecho que no quiere verte. Joder, le mencioné que estabas preocupada por él y se puso a gritar como un loco.

—Me da igual si me quiere ver o no, iré a buscarle y le llevaré de vuelta a casa. Y muchas gracias por todo, Rico. —Me despedí de él y anuncié a mis compañeras de cuál iba a ser nuestro nuevo destino de rastreo.

Veinte minutos después, Catrina aparcaba a diez metros de un antiguo caserío pegado a un molino derruido en medio del monte. La música sonaba a todo volumen a través de sus gruesas paredes y decenas de personas bailaban y canturreaban en la puerta, mientras se pasaban de unos a otros un porrón con bebida.

Salimos del coche en silencio y nos encaminamos a la entrada del molino. Al igual que la puerta, la estancia estaba repleta de gente. La mayoría bailaban descontrolados por lo que parecía un gran salón. En una esquina, un grupo de chicos y chicas fumaban de una sandía a la que habían atravesado con docenas de porros; y, sobre un viejo sofá, varias parejas se besaban y manoseaban, a dos y tres bandas.

—¡Wow, qué fuerte! —Aparté la vista de la orgía cuando atisbé un pene campeando a sus anchas entre aquella maraña de bocas y manos.

Rebeca rompió a reír, aunque su cara de susto era la misma que la mía.

—Menudo par de pavas estamos hechas tú y yo, amiga —murmuró en mi oído—. Todo el verano en este pueblo soporífero y no sabíamos que la verdadera fiesta se encontraba en un apestoso molino en medio del monte.

—Un pueblo no es un pueblo si no tiene picadero —farfullé para mí, y, a continuación, le pedí que me esperara allí junto a Cat, mientras yo localizaba a Izan en alguna montaña de cuerpos del *Moulin Rouge*.

«Podría haber sido peor», me dije a mí misma cuando entré en una habitación contigua y encontré a Izan tirado en un colchón andrajoso en el suelo, compartiendo un porro con tres chicas a las que no había visto en mi vida. Él, cómo no, iba sin camiseta, y su abdomen duro y bronceado servía de cómoda almohada a sus amigas.

«Podría haberle pillado mientras se las follaba», me repetí de nuevo cuando una de ellas le besó dulcemente en los labios antes de dar una calada al canuto. Bajé la vista angustiada y me encontré con una cuarta chica que esnifaba coca sobre el cuerpo de un tío desnudo despanzurrado a mis pies.

Me di ánimos mentalmente y enfoqué de nuevo mi atención hacia Izan. Este seguía sin reparar en mí. Miraba al techo completamente relajado mientras daba caladas profundas al canuto. Parecía estar en el limbo o, dada su afición a meditar, yo diría que se encontraba de ruta turística en un viaje extracorporal. De pronto, la amiguita besucona se incorporó despacio para inclinarse sensualmente sobre él. Acercó los labios a los de Izan y este exhaló el humo en la boca de ella.

—¡Se acabó! —espeté molesta y, por fin, capté la atención de todos los que ocupaban aquella habitación.

Sin embargo, no logré de Izan más que una mirada de hastío e indiferencia que duró no más de un milisegundo para después centrarse en sus amigas.

—Izan, ¿por qué demonios te has escondido aquí? —le reprendí mientras sorteaba los cuerpos tirados en el suelo para llegar hasta él.

Sus amigas me miraron sorprendidas y se echaron a reír. El chico zen me ignoró.

—¿Podemos hablar un minuto a solas? —insistí.

Tampoco contestó a esta cuestión.

—Vale, pues esperaré lo que haga falta hasta que hables conmigo. —Flexioné las rodillas y me senté en el suelo al estilo indio. Si quería seguir drogándose o follarse a esas chicas, tendría que disponer de la suficiente desfachatez para hacerlo delante de mí, porque no pensaba moverme de allí.

Segundos después, Izan apartó a sus amigas de mala gana y se incorporó en el *puf*.

—Lárgate de aquí —me ordenó con sequedad, pero en su tono sosegado de siempre.

—No.

Antes de que yo pudiera reaccionar, Izan se había puesto en pie a un paso de mí en postura desafiante.

—No me pienso marchar de aquí sin ti, así que no trates de intimidarme —le advertí.

—Puedes unirte a nosotros entonces. —Hizo un gesto a sus amigas para que le siguieran y salió de la habitación con gesto ufano.

Sin perder un segundo, me levanté del suelo a toda prisa. Aparté a las escoltas a mi paso y me planté delante de él:

—Tenemos que hablar, Izan. No puedo marcharme de Karra sin que aclaremos las cosas entre nosotros. No sería justo para ti ni para mí.

—La vida no es justa, cariño. ¿O todavía no te has dado cuenta? Mis padres y tu madre son prueba de ello, ¿no crees? —Hizo una mueca burlona y me echó a un lado contra la pared para seguir con su camino.

Parpadeé con incredulidad. ¿Quién demonios era aquel chico?

—Por favor, no me lo pongas más difícil, Izan —le rogué.

—¿Yo te lo pongo difícil? Vuelve de una puta vez a tu vida, Alexa. —Y sin mirar hacia atrás, levantó la mano diciéndome adiós con chulería y desapareció por la puerta al final del pasillo.

Durante unos segundos me quedé en aquel pasillo quieta como una estatua. ¿Quién era aquel chico? ¿Dónde estaba el auténtico Izan? El comprensivo y sosegado, el que siempre miraba la vida con espíritu positivo. Parpadeé varias veces al detectar que mis ojos se llenaban de lágrimas. Entonces, reparé en las amigas de Izan. Estas me contemplaban en silencio y con auténtico gesto de lástima.

—¿Quieres una calada? —dijo una de ellas, y me acercó su canuto.

Negué con la cabeza, suspiré hondo y salí corriendo por enésima vez en busca de Izan. No estaba dispuesta a tirar la toalla.

Cuando la puerta se cerró a mi espalda, me encontraba en la parte trasera del molino, rodeada de maleza y en plena noche cerrada. Gracias al pequeño farolillo que colgaba de un poste pude vislumbrar la silueta de Izan a lo lejos. Obvié el repelús que me daba caminar por la noche en medio del campo y aceleré el paso.

—¡Izan, escúchame un segundo, por favor!

Como de costumbre, el muy testarudo se hizo el sordo.

—¡Oh, vamos! ¡Deja de comportarte como un niño y habla conmigo! —espeté irritada.

Para mi asombro, Izan frenó en seco, se dio media vuelta y comenzó a caminar con paso decidido en mi dirección. Cuando me tenía a un paso, se detuvo y clavó los ojos en mi rostro.

—Ese ha sido tu problema durante todo este tiempo, que nunca has dejado de verme como un crío, ¿verdad, Alexa?

Contuve la respiración y suspiré, pesarosa.

—Te equivocas. Al principio quizá sí lo pensé, pero después de conocerte mejor…

—¿Crees que me conoces? Porque te aseguro que no tienes ni la más mínima idea de quién soy, al igual que yo no sé quién cojones eres tú. Bueno, ahora ya me hago una idea de qué va tu rollo. —Acercó su rostro irritado al mío y continuó hablando—: Te justificas en tus mierdas y obsesiones, pero tu verdadero problema es otro. ¿Y sabes cuál es? —Tragué saliva y sacudí la cabeza—. Que eres una puta mentirosa y disfrutas jugando con la gente. Esa eres tú en realidad.

Acongojada, cerré los ojos en un intento vano de controlar mis lágrimas. Aquella situación se parecía demasiado a la que viví con Carlos cuando rompimos; con la diferencia de que las acusaciones de Izan dolían mucho más.

—Nunca te mentí respecto a mis sentimientos —le admití entre sollozos.

Él no respondió, pero eso no parecía ser suficiente para detenerme.

—He estado confundida durante todo este tiempo, Izan, pero ahora estoy segura de que te quiero. Posiblemente empecé a enamorarme de ti desde que te declaraste en la trastienda. Ahora lo sé y… —Tomé aire para insuflarme el valor suficiente y darle esa respuesta que Izan llevaba esperando desde hacía días—. Olvidémonos de esta semana y vente conmigo a España. Me gustaría intentarlo contigo…

—¿Y qué pasará cuando cambies de idea dentro de un mes? ¿Llamarás a tu cirujano corriendo y me echarás de tu casa de una patada? —Ahogó una risa irónica antes de añadir—: Lo siento, cariño, pero ya es tarde. Contigo no quiero compartir ni un segundo más de mi vida; y la pena es que no puedo recuperar el tiempo que he desaprovechado en hacerte feliz.

Me cubrí la cara con las manos y rompí a llorar. Cuando logré calmarme, Lucy pasaba a toda velocidad a mi lado para minutos después convertirse en un punto de luz en la oscuridad.

«Hasta siempre, Izan».

Luchaba con atar a mi maleta los dos pedazos de la tabla que Izan había pintado para mí cuando Cat apareció adormilada por la puerta.

—Dame un segundo. —Hice un doble nudo a la cuerda y eché un vistazo rápido a la cocina. Desde que había cerrado mi equipaje sabía que me dejaba algo en la cabaña, pero ¿el qué?

—No tenemos todo el día, Alexa. Recuerda que algunas trabajamos.

Ignoré las quejas de la monitora y me agaché a mis pies, donde dormía profundamente la pequeña Evil. En cuanto pasé la mano por su lomo, bostezó como un león y se sacudió el pelaje.

—Me tengo que ir, pero te prometo que te llevaré siempre en mi corazón, pequeña. —La besé entre las orejas y le hice entrega de mi regalo de despedida—. Cuídalo mucho, ¿me lo prometes? Y también cuida de tu dueño y muérdele en el culo si comete alguna locura.

Evil me besó con un lametazo y salió disparada hacia su cuna para disfrutar de mi inesperado regalo.

Después de mi discusión con Izan en el molino, llegué a la conclusión de que no tenía ningún sentido que permaneciera un día más en Karra. Convencí a Rebeca de que era lo mejor que podía hacer por el bien de ambos y, sobre todo, para que él decidiera regresar una vez supiese que yo me había marchado. Fue una sorpresa que Cat se ofreciera a llevarme en su coche a primera hora de la mañana hasta el pueblo de Faro, pero se lo agradecí enormemente… cuando salí de mi estupor. La mujer raspa resultó ser un pelín maja.

Me marché tal y como llegué a Karra. No me despedí de los jefes ni de mis compañeros de la escuela. Admito que fue una falta de elegancia por mi parte, pero no me veía con fuerzas para justificar con nadie el adelanto de mi marcha ni responder posibles preguntas curiosas sobre mis problemas con Izan.

Desde Faro viajé en autobús hasta Huelva para después subirme en el primer tren de regreso a Madrid. Según lo planeado, Rebeca se uniría a mí una semana después, un tiempo de soledad que me vendría muy bien para salir a flote o hundirme todavía más en mi miseria.

Gracias a la ayuda de mi vieja amiga la química, me pasé la mayor parte del viaje durmiendo y, no sé si por el efecto de las pastillas o debido a ese vínculo que creamos los humanos con los lugares donde hemos crecido, nada más poner un pie en Madrid me vi arropada por una extraña sensación de alivio y paz.

Una ilusión momentánea…, porque en cuanto entré por la puerta de mi casa mi estado de ánimo se vino abajo y no abandoné aquellas cuatro paredes durante una semana. Ni siquiera me molesté en acudir a una farmacia a comprar ese «algo» que sabía que olvidaba cuando hacía las maletas para regresar a Madrid: mis pastillas anticonceptivas. Solo me puse en contacto con el exterior para enviar un mensaje a Rebeca explicándole que me encontraba bien; y recibir al repartidor de los supermercados donde había hecho mi compra *online*.

Un día antes de la llegada de Rebeca a casa hice acopio de fuerzas y me obligué a abandonar la cama. Mi plan era sacar la ropa de mi maleta, una tarea que llevaba días posponiendo, poner una lavadora y limpiar la casa. Pero no cumplí ninguno de mis propósitos porque mi mejor amiga me llamó esa misma mañana para darme el segundo mazazo del verano.

—Me gusta la vida de aquí, y tampoco se puede decir que me esté esperando un trabajo maravilloso en Madrid —se justificó después de anunciarme que no pensaba abandonar Karra.

Si no hubiera sido por el tono triste y avergonzado que había utilizado en su argumentación, habría pensado que me estaba gastando una broma. Pero mi sexto sentido me decía que ni me estaba tomando el pelo ni cambiaría de decisión en pocos días.

—¿Es por Cat? ¿Quieres seguir con ella? —pregunté con voz temblorosa.

—Sí, pero tengo otros motivos.

—¿Y cuáles son?

Rebeca carraspeó incómoda antes de sincerarse conmigo.

—Creo que nos vendrá bien separarnos durante un tiempo, Álex. Cat tiene razón cuando dice que me comporto como una madre contigo y que hemos creado una dependencia poco saludable en torno a nuestra amistad. De todos modos, que llevemos caminos diferentes no significa que dejemos de ser amigas.

—Ya, es posible que Cat tenga razón —reconocí con amargura.

Ambas guardamos silencio unos segundos y, al final, le pregunté algo que necesitaba saber desde que había abandonado Karra.

—Y ¿cómo está él? ¿Ha regresado al campamento?

—Sí, apareció por allí el mismo día que te fuiste, pero a última hora de la tarde. Lo sé porque al no encontrarte en su cabaña vino a buscarte a la mía, y claro, le conté que te habías marchado.

—Y se puso a dar palmas de felicidad —ironicé.

—No, Alexa. De hecho, se lo tomó bastante mal. No es tan nenaza como yo pensaba… —dijo con voz reflexiva—. Demostró tener más malas pulgas que yo, si eso es posible.

—¿Discutisteis?

—Más bien él discutió conmigo. No te lo creerás, pero se puso a gritarnos a Cat y a mí como un loco y ella tuvo que arrearle un collejón para que se calmase. Después salió del campamento disparado y no supimos nada de él hasta dos días después, cuando la policía llamó a Tiago.

Cerré los ojos temiéndome lo peor.

—¿Qué hizo esta vez, Bec?

—Tuvo un accidente con la furgoneta, pero, Álex, no te agobies —se apresuró a decir—. No le pasó gran cosa. Sufrió una pequeña fractura de húmero y algunas contusiones, pero ya está mucho mejor. Después de dos días hospitalizado le mandaron para casa. Y por favor, no te sientas culpable. Tú no tuviste nada que ver con eso. Izan había bebido demasiado y se salió de una curva. Además, Tiago ha conseguido librarle de los cargos, así que…

—¿Crees que debería llamarle? —la interrumpí.

Después de unos segundos pensándoselo, contestó:

—No, creo que es mejor que lo dejes estar. Ella… me refiero a Elena, se presentó en el hospital en cuanto se enteró del accidente y desde entonces se pasa todos los días por el campamento para hacerle compañía. Ayer los vi paseando a Evil por los alrededores y le noté mucho más tranquilo, más como siempre ha sido. Así que me parece que poco a poco retomará su vida tal y como era antes de que os conocierais, y si te paras a pensar, es lo mejor para él.

—Sí, tienes razón. Debe continuar con su vida —murmuré con un hilo de voz.

Con el corazón encogido de dolor, me despedí de mi amiga, apagué el móvil y volví a esconderme bajo las sábanas.

Tres días después no me quedó más remedio que abandonar mi refugio y subir a casa de mi vecina del tercero, una señora de ochenta años muy amable, para pedirle analgésicos. Debido a la ansiedad me dolían las quijadas, el cuello y el oído derecho. Recuerdo que esa mañana, además de rabiar de dolor, no dejaba de tiritar de frío. Recuerdo también que me sentía tan sola como los meses posteriores a la muerte de mi madre y que no dejaba de preguntarme si ella también experimentaba esa sensación de abandono que yo sentía.

Cuando regresé de la farmacia encendí el móvil. Tenía varias llamadas de Carlos y tres mensajes de Rebeca. Al escuchar la voz de mi amiga preguntándome qué tal me iba todo —en un tono, a mi parecer, demasiado jovial, dado que me había dejado tirada como una colilla—, le escribí un breve *wasap* para explicarle que estaba bien, que le rogaba que fuera consecuente con su decisión de mantenernos alejadas y que no me molestara nunca más.

A continuación, llamé a mi exnovio y yo misma le propuse salir a cenar esa noche. De camino al restaurante estaba absolutamente convencida de que aceptaría volver con él si me sacaba el tema cara a cara. Y lo hizo, me rogó que le diera esa segunda oportunidad con la que yo había soñado cientos de veces. Pero no me lancé a sus brazos como yo creía. Esa noche, sentados los dos en el sofá de mi casa, rompí a llorar y le dije que no podía, que emocionalmente me encontraba muy baja, que vivía en un estado de ansiedad continuo y que…, en fin, que había conocido a otro hombre y que le echaba tanto de menos que me costaba pensar en él sin llorar. Así que no, lo nuestro no podía ser.

Se marchó de mi casa muy enfadado y no supe de él hasta dos días después, cuando se volvió a presentar en mi puerta. Apenas había amanecido, pero Carlos necesitaba charlar conmigo antes de marcharse a trabajar al hospital.

—Te esperaré lo que haga falta —me prometió mientras nos tomábamos un café en mi cocina—. La lógica me dice que no es comparable lo que vivimos juntos a lo que pudiste tener con un crío durante unos meses. Así que te daré el tiempo que necesitas si tú estás dispuesta a intentarlo. Pero pon de tu parte, Alexa. Aprende a tomar las riendas de tu vida y a resolver los problemas sin angustiarte. Tal vez sea hora de que pidas ayuda profesional.

Y eso hice. Acudí a la consulta de un *coach* emocional que Carlos me había recomendado. También me obligué a continuar con mi vida: a levantarme de la cama, pasear, ir de compras y visitar a mi padre.

Me reincorporé con una sonrisa más que estudiada al trabajo y cumplí con cada una de mis obligaciones: acudí puntual a las reuniones, estudié los nuevos productos incorporados en ortopedia y material quirúrgico y fui implacable a la hora de negociar nuevos acuerdos con los traumatólogos de mi zona asignada. Hasta que Barbie Malibú nos vio a Carlos y a mí comiendo en la cafetería del hospital, se montó su propia composición de los hechos y decidió vengarse de mí. Pidió una reunión con mi superior y le mostró las fotos de Instagram de mi verano en Karra (imbécil de mí por no haberla bloqueado desde el minuto uno que supe que estaba con él). A mi jefe, como era lógico, no le tembló la mano a la hora de firmar mi despido. Cuando compartimos nuestra vida en internet, nos preocupa que los desconocidos tengan acceso a nuestra intimidad sin ser conscientes de que es tanto o más peligroso que los falsos amigos dispongan de demasiada información sobre nosotros. En fin…, lección aprendida.

Me quedé sin trabajo y sin indemnización por despido procedente. Ese suceso me hizo caer de nuevo en picado. Mi malestar físico y emocional empeoró. Entonces, recibí el mensaje en Facebook de una extraña que decía ser amiga de Izan y horas después una llamada de mi médico para hacerme saber que estaba embarazada. Un estado que yo no había contemplado nunca por muchos motivos, pero el más importante era mi incapacidad para responsabilizarme de otro ser y ofrecerle una vida estable y feliz. De buenas a primeras también me encontré flotando en la voz de Izan y en su recuerdo; y siempre respirando bajo el miedo constante de convertirme en una mujer como mi madre. Una obsesión que me había acompañado desde posiblemente mi adolescencia, y que me había empeñado en ocultar al resto de mundo, porque estaba convencida de que si no lo pensaba o verbalizaba, ese miedo no se cumpliría jamás.

Parece incomprensible que los seres más racionales de este planeta seamos tan absurdamente irracionales respecto a nosotros mismos.

32

Fuerte

Madrid, 27 de noviembre

Presente

Jamás imaginé que escuchar el trote acelerado de un caballo pudiera hacerme sentir la mujer más feliz del mundo. Claro que no es un galope desbocado lo que suena a través de los altavoces, sino el cántico de guerra del corazón de mi bebé. Qué fuerte…

Después de hablar con el ginecólogo que me ha atendido en urgencias, he recuperado la esperanza y una buena dosis de energía. Según la ecografía y mis analíticas, mi pequeño duendecillo se encuentra en perfectas condiciones. El médico atribuye el pequeño sangrado que he sufrido a un cambio hormonal y a mis bajos niveles de hierro en sangre. Así que me ha prescrito un complejo vitamínico, buena alimentación, evitar relaciones sexuales y reposo absoluto durante una semana. Si el manchado continúa o se convierte en una hemorragia, debo acudir rápidamente al hospital. Pero no va a suceder porque mi pequeño es fuerte y valiente como Izan… O eso necesito creer.

Echo un vistazo a mi padre, que no ha separado la vista del monitor, desde que el médico me pidió que me desnudara de cintura para abajo para explorarme. Todavía no ha recuperado el color de la cara. Íbamos en su coche de camino al hospital y, bueno…, aunque parecía nervioso, pensé que sería mejor comunicárselo a solas y que no se enterara en la sala de urgencias cuando me viera obligada a explicar a la enfermera qué me sucedía.

—¡¿Cómo que estás embarazada?! ¿Desde cuándo…? ¿Y el padre? Carlos no…, porque… ¿O sí, hija? ¿Es de él?

El pobre hombre era incapaz de terminar una frase, y yo tampoco podía ofrecerle una explicación detallada, porque no paraba de llorar e hipar. En aquel momento, estaba completamente aterrorizada con la idea de perder al bebé. Además me odiaba profundamente por haber sido tan ciega y no darme cuenta de que él había llegado a este mundo dispuesto a salvarme de mi basura de vida. Para demostrarme que le quería mucho más de lo que yo era consciente. Qué curioso, ¿no? Tanto mi pequeño como su papá han logrado derribar mis muros y enamorarme contra mi voluntad.

Doce horas después de mi ingreso en urgencias regreso a casa, pero no sola como yo esperaba. Mi padre se ha empeñado en mudarse conmigo hasta mi próxima revisión médica y asegurarse de que el ginecólogo me da el alta. Por más que he intentado explicarle que puedo manejarme sin ayuda, no he logrado convencerle. No me lo ha dicho a las claras, pero sé que no me cree cuando juro y requetejuro que voy a cuidarme mucho por el bien del bebé.

—Solo puedes moverte para ir al baño y asearte, así que métete en la cama y yo me ocuparé de todo —me ordena muy serio desde la puerta de mi dormitorio.

Antes de que me deje a solas para que pueda ponerme el pijama, le invito a que se siente en la cama para charlar conmigo.

Se masajea la oreja, una manía de mi padre cuando se siente incómodo, y dice:

—No es necesario que hablemos ahora, Alexa. Si te parece, esperamos a que estés más tranquila. No tenemos prisa.

A diferencia de su hija, papá siempre ha sido un hombre tranquilo y paciente.

—Ya lo sé, pero yo siento en mi corazón que debo darte una explicación ahora. Eres mi padre, no un extraño…

Detecto que se le inundan los ojos de lágrimas y que pestañea rápidamente para disimular. Durante el primer mes tras la muerte de mi madre, el duro policía lloraba a todas horas. Pero un día, de pronto y de manera radical, no volvió a verter ni una sola lágrima. Una lástima, porque, al igual que yo, mi padre tampoco sabe manejar sus emociones, y el llanto, por muy molesto que sea, libera la pena del alma.

—Voy a preparar la comida y ahora charlamos. Tú céntrate en descansar —me ordena firmemente, y sale de mi habitación de nuevo frotándose la oreja.

En las dos horas que transcurren hasta que mi padre regresa a mi habitación no he logrado pegar ojo. Algo han tenido que ver los ruidos de cacharros y el subidón de adrenalina que todavía me dura después de saber que mi duendecillo está luchando por su vida. El expolicía, ataviado ahora con mi delantal de un tío en pelotas (regalo de Rebeca), me entrega una bandeja con un cuenco de lentejas, una ensalada, dos piezas de fruta y un vaso de leche.

—Te has excedido un pelín, pero gracias. —Sonrío y me siento en la cama.

Papá se quita el delantal con cara de asco y se acomoda a mi lado cumpliendo con su servicio de guarda. Estoy segura de que no se moverá de aquí hasta que la sospechosa se coma hasta la última cucharada. Le miro de refilón mientras inspecciono la comida con suspicacia. Aunque no parece nervioso ni se toca la oreja, su boca muestra un rictus extraño y preocupante; como si sufriera una parálisis facial o algo parecido.

—¿Te has tomado la tensión hoy? —le pregunto antes de engullir una cucharada de lentejas que (¡coño!) curiosamente saben a lentejas. De niña todos sus platos sabían a tomate frito enlatado.

—Mi tensión está perfecta, ¿y tú te sientes más tranquila?

Afirmo con la cabeza y me meto otra cucharada en la boca.

—El padre no es Carlos, papá —le confieso con la boca llena.

—Me lo imaginaba… —Suspira—. Si fuera el padre, siendo médico como es, no creo que me hubieras llamado a mí para acompañarte al hospital.

Asiento de nuevo y bebo un trago de leche.

—¿Y quién es él? —pregunta muy serio.

Reflexiono unos segundos. ¿Es necesario que comparta esa información con mi padre? No, pero parece que necesita saberlo. Como madre, yo no querría que mi duendecillo me guardase secretos. Que lo hará…

Y mientras picoteo la ensalada le pongo al corriente de mi verano. Le hablo de Izan y de todo lo que viví junto a él. Sonrojada, confieso que a pesar de que es muy joven y que me odia profundamente, sigo enamorada de él. Tan solo me guardo para mí esa mala costumbre del surfero por pisar el acelerador y, por supuesto, la discusión acalorada que mantuvimos en el molino. La peor parte de nuestra charla llega cuando le dejo caer que he estado planteándome abortar.

—¿Y por qué ibas a hacer eso, hija mía? —pregunta pálido como un fantasma.

—Pues imagínatelo, papá. Me aterroriza no ser una buena madre o terminar como mamá. Es un miedo que me persigue desde siempre —admito apenada.

Mi padre me mira desconcertado.

—No pongas esa cara de no saber de lo que hablo, papá. Me parezco muchísimo a ella. Seguro que tú también lo has pensado.

—Nunca, Alexa. Sois completamente diferentes. Tú eres fuerte, independiente y tienes un gran sentido del humor. En general siempre has sido una chica muy alegre, todo el vecindario lo decía.

—No siempre, papá —niego rotunda—. Al poco tiempo de regresar a Madrid, pedí ayuda a un *coach* especializado en terapias rápidas… o algo así. Él dice que mi mayor hipocondría es perder la cabeza como mamá, y que de ahí vienen mis ansiedades, miedos e inseguridades.

—Tu madre sufrió su primera depresión cuando estaba embarazada de ti y como consecuencia de la muerte de su madre. Después hubo más episodios hasta que, bueno…, hasta ese horrible día. Pero en su familia nadie sufrió un caso de enfermedad mental, así que olvídalo, pequeña. Tú eres mucho más fuerte psicológicamente de lo que fue ella. Lo demostraste cuando falleció y yo me vine abajo. Cuidaste de los dos, y solo eras una niña. Y ahora tienes que seguir luchando por ti y tu hijo. Alexandra, eres más valiente de lo que piensas. Siempre lo has sido. E inteligente, mucho más que yo. Aquel horrible día debí escucharte… Eso no me lo perdonaré jamás.

Ese día, el fatídico día, había advertido a mi padre de que mamá no se encontraba bien. ¿Cuántas veces se lo repetí? ¿Diez? ¿Cien? Pero él no quiso ver la realidad. Tampoco debió permitir que ella dejara la medicación meses antes, sobre todo cuando el psiquiatra le informó de sus ideas de suicidio. Mi padre consentía a su esposa de la misma manera que me consintió a mí desde que nací. O nunca entendió la gravedad de la enfermedad que sufría mi madre por pura ignorancia o falta de recursos para enfrentarse a ello. Sea cual sea el motivo, siempre nos quedará la duda de si mamá realmente se ahogó o se dejó ahogar.

—Papá, deberías dejar de culparte —dije al fin—. Yo te perdoné hace tiempo, aunque nunca he sabido cómo decírtelo…

Al escuchar mi confesión, flojea su autocontrol y se echa a llorar como un bebé. El día que mi madre murió me dije que debía ser fuerte, por ella. Cuidé de mí durante ese primer año sin queja alguna, porque mi padre estaba tan perdido y destrozado que no era capaz de acordarse de despertarme para ir al colegio o comprar leche. Mis exámenes eran brillantes por aquel entonces. Limpiaba nuestra casa con la misma obsesión enfermiza que mamá en las pocas temporadas que se encontraba bien de ánimo. Sin embargo, fue abrir las compuertas de la adolescencia y cambié por completo de actitud. Estaba enfadada conmigo, con mi padre y con la vida. Inconscientemente volqué mi ira contra él. Le castigué. Desobedecía cada una de las normas que trataba de imponer. Faltaba largas temporadas a clase y suspendía adrede. Una mañana me presenté borracha en su comisaría. En otra ocasión dejé un condón en la papelera del baño para que lo viera. Sin usar. Una broma pesada. Y cuando mi padre me dejó por imposible, algo cambió en mí. Me puse las pilas en los estudios, me matriculé en la facultad de Derecho de Salamanca y me largué de casa.

Aparto la bandeja de mi regazo y extiendo los brazos hacia él. Mi padre me abraza con un llanto ronco que me parte el corazón.

—Perdóname por todos estos años haciéndotelo pasar mal. Por no entender tu pena —susurro en su hombro.

—Eras una niña, Alexa. Necesitabas un culpable. Y, bueno…, eso ha quedado en el pasado. Ahora tenemos que preocuparnos por tu bebé, y que no te quepa duda de que cuentas con mi completa ayuda. —Papá se retira de mis brazos y se limpia las lágrimas—. ¿Piensas hablar con el padre de tu hijo?

Resoplo agobiada.

—¿Para qué? No quiero arruinarle la vida. Es muy joven, ya te lo he dicho. Tampoco tiene un trabajo bien remunerado ni vive en este país, así que… ¿por qué complicarlo todo?

—Porque tiene todo el derecho de saberlo y decidir si quiere ocuparse de su hijo. Yo en su lugar querría saberlo. Eso por no mencionar que estás arrebatando a tu hijo la posibilidad de tener un padre. —Se queda callado un segundo con gesto de reflexión. Después, añade—: Aunque no tengo muy claro si alguien tan joven puede asumir esa responsabilidad. Joder, Alexa, ¿veinticuatro? ¿En qué demonios estabas pensando?

—Los tiempos han cambiado, papá.

—Los tiempos cambian, pero lo esencial, no, y un hombre debe cumplir sus responsabilidades como padre, aunque sea un puñetero criajo. Y ahora me voy a dar una vuelta, porque no quiero meter la pata contigo, pero esa parte del surfista no me hace feliz. Nada feliz, Alexa. ¿¡Necesitas algo?! —ruge.

—No…, bueno, sí, compresas farmacológicas.

Se pone rojo como un tomate y sale de la habitación.

Sonrío. Mi padre se ha pillado un buen mosqueo conmigo.

Durante mi tiempo de reposo he reflexionado mucho. Después de ordenar mis emociones, me queda cerrar algunos asuntos pendientes. El primero es Carlos. Necesito hablar con él, pero me da miedo alterarme y sufrir alguna hemorragia. Al final, me decido por enviarle un correo para darle las gracias por su apoyo, aunque…

> *... no puedo compartir contigo la responsabilidad de criar al bebé si yo no puedo comprometerme a amarte. Y esa promesa no te la puedo hacer. Alguien me dijo que amar responde a la necesidad de ser amado, y yo sé perfectamente que jamás podré cubrir la tuya. Lo siento. No quiero condenarte a ser infeliz. Eso sí, puedes estar seguro de que nunca olvidaré lo importante que has sido para mí.*
> *Un beso.*
> *Alexa.*

Mi segundo asunto pendiente es Izan; digamos que mi GRAN ASUNTO, con letras mayúsculas. Hasta hoy no he tenido el valor de escuchar la última grabación. No estaba preparada para oír de su voz que yo fui un error y que había vuelto con su novia fiel. Tampoco me sentía lo suficientemente fuerte para decirle adiós definitivamente. Ahora sí lo estoy. Por desgracia he perdido al hombre que quiero, pero por suerte siempre llevaré una parte de su amor conmigo: nuestro hijo.

Abro la tapa de mi ordenador, me acomodo en la silla de mi escritorio y hago doble clic con el ratón sobre el último archivo. El definitivo…

«Unhappy girl.mp3».

33

CHICA INFELIZ

IZAN OLIVEIRA

Me desperté desorientado. La garganta me ardía. Mi boca, pastosa y seca, rezumaba alcohol y vómito. La cabeza me daba vueltas y un hormigueo me recorría desde las sienes hasta la nuca. Traté de llevarme la mano a la frente, pero un dolor agudo en mis costillas bloqueó mi respiración. Boqueé en busca de aire y fue entonces cuando eché en falta el aroma a flores silvestres y mandarina de su piel.

Abrí los ojos alarmado. Me encontraba solo en un fría habitación de paredes blancas. Del techo colgaba una televisión apagada con cables sueltos y, a mi derecha, había un gran ventanal donde la luz se colaba por las rendijas de una persiana. Un sillón roído. Unas cortinas de plástico descoloridas corridas. Mi brazo izquierdo en cabestrillo y su contrario anudado a una barra y conectado a un gotero.

Una rápida secuencia de imágenes y sensaciones se proyectaron en mi mente instantáneamente: yo insultaba a Alexa en la oscuridad de la noche..., ira; lloraba después en la parte de atrás en mi vieja Lucy..., dolor; metiéndome una raya con un tipo al que no recordaba haber visto nunca... Más alcohol y hierba para contrarrestar el subidón.

Recordé también que había decidido buscarla para pedirle perdón y que sentí una rabia enloquecedora cuando descubrí que no estaba en mi cabaña. Salí precipitadamente en busca de su amiga. Rebeca me obligó a sentarme en una silla y, cuando lo consiguió, me informó de que esa misma mañana Alexa se había marchado a España. De nuevo en carretera, paré en un bar para comprar más alcohol. Mientras ahogaba mi miseria en aquella mierda que me había vendido el camarero, conduje sin rumbo fijo durante horas.

«Tu chica se ha ido, ¿y ahora qué vas hacer?», me repetía una voz constante en mi cabeza.

«¿Por qué no ha sido capaz de romper sus propias barreras? ¿Por qué vive en una prisión inventada por ella?», le preguntaba yo.

Y cuantas más preguntas me formulaba, más me ahogaba en un pozo de agua negra y putrefacta.

Perdí la noción del tiempo mientras conducía sin destino alguno y por una carreterucha por la que no había circulado en mi vida. Solo recuerdo que de pronto escuché un chirrido de neumático, el ruido de cristales rotos y que un dolor seco y agudo me atravesaba el pecho. Fue en ese instante que me rompía por dentro cuando descubrí lo que había sucedido.

Me había dormido conduciendo.

Las primeras veinticuatro horas en el hospital recibí más visitas que mi madre durante la semana anterior a su muerte. Después de que mi padre falleciera, ella se había vuelto una mujer muy solitaria. Fingía ser amiga de todos, pero trataba de no intimar demasiado con nadie. No quería echar raíces. Durante mi adolescencia la bebida comenzó a ser un problema para ella, aunque solo se refugiaba en el alcohol por las noches, cuando pensaba que yo dormía y su vida se silenciaba para mostrarle todo lo que había perdido junto con su marido. Desde mi cama, podía escucharla revolcarse en la pena, el llanto y el alcohol, para horas después oír la explosión de su vómito contra el suelo.

A la mañana siguiente, siempre la encontraba durmiendo profundamente a medio vestir, tirada de cualquier manera sobre la cama. Yo cerraba su puerta y caminaba en silencio a la cocina. Recogía las botellas vacías, su vomitera y me largaba a deambular por las calles hasta que llegaba la hora de ir al colegio. Nunca hablamos de aquellos episodios.

Tampoco he hablado de esto con nadie… Ni siquiera se lo mencioné a Alexa. ¿Por qué? Por respeto a mi madre y porque sencillamente quiero recordarla como lo que era, una gran mujer. Lo sé, es otra mentira… La mía.

No me sorprendió ver a Elena en el hospital aquel día, ni que me visitara a diario en el campamento. Lo que sí me sorprendió fue que yo agradeciera sus mimos y cuidados, sus palabras de ánimo y sus repetidos «y aun así, Izan, todavía te quiero». Supongo que durante semanas me aferraba a ella porque me ayudaba a olvidarme de

Alexa. De alguna forma, continuar con Elena me hacía creer que el verano anterior no había existido. Sin embargo, cuando llegaba la noche y se despedía de mí, era más consciente que nunca de lo solo y perdido que me encontraba. En silencio, me sentaba en la cama y observaba a Evil, que dormía acurrucada en su cojín con el hocico apoyado en un zueco mordisqueado. La envidié. Al menos, ella tenía su juguete de transición para hacer más soportable la pérdida de Alexa. ¿Y yo? ¿Seguiría apoyándome en Elena para salir a flote?

Sí. Durante unas semanas me aferré a sus besos, aunque no los sintiera, y al consuelo de su cuerpo, aunque en mi mente era otra mujer la que se mecía sobre mis caderas.

Pero, como era de esperar, llegó el día en que la fantasía se resquebrajó tras soportar el peso demoledor de la realidad. Hasta entonces, Elena había sobrellevado sin queja alguna mis silencios tensos, mis besos condescendientes y mis caricias vacías, pero no pudo soportar que pronunciara el nombre de Alexa mientras hacíamos el amor. Esa noche se marchó de mi cabaña llorando y me juró no volver a pisarla nunca más.

Me sentí un auténtico cabrón; y no tanto por hacerle daño como por el alivio que me invadió cuando la escuché pronunciar aquellas palabras.

Pasaron los días y yo continuaba sumido en un estado de abatimiento y desorientación. Me sentía débil física y moralmente. Había perdido a mi chica de las olas, además de a mi vieja Lucy, y no estaba recuperado todavía para poder surfear. Y para colmo había ganado un segundo pitbull: Marisa, que no me quitaba la vista de encima ni me dejaba respirar con libertad.

Una noche escuché a Bec y Cat, que charlaban en el porche de su cabaña. La mejor amiga de Alexa comentaba preocupada que esta no le perdonaba haberse quedado en Karra y que, sin atisbo de duda, estaba segura de que volvería con el maldito cirujano.

—Y cometerá el peor error de su vida —aseguraba—. Su ex funciona más como un padre para ella que como una pareja. Si la vieras actuar cuando está al lado de Carlos, alucinarías. Necesita su aprobación para todo lo que dice o hace. Se vuelve todavía más insegura de lo que ya es… No la hará feliz, Catrina, pero ella no es capaz de verlo.

Cuando oí a Rebeca decir aquello, tuve que morderme la lengua para no preguntarle a gritos qué hombre en este condenado planeta era capaz de hacer feliz a Alexa. Yo me había dejado los cuernos para demostrarle que juntos la vida podía ser mucho más divertida y sencilla; que siempre la cuidaría; que sus miedos se resumían a los mismos que los míos, a quedarme solo…, ¿y para qué? Ella se negaba a serrar los barrotes de su propia prisión, la de su cabeza.

Cuando mi brazo soldó, necesité entrenar duro para poder volver al trabajo. Estaba desesperado por surfear. Fue deslizarme por la primera ola y sentir que salía del hoyo, que volvía a flotar. En ese momento tomé una decisión que había postergado durante siete años: largarme de Karra.

Mi primer destino será Marruecos. Allí buscaré trabajo como monitor, o de lo que sea; y, cuando ahorre suficiente dinero, probaré suerte en Madagascar, el Congo… En fin, lo iré decidiendo sobre la marcha.

Ya…, ya sé lo que estás pensando, amiga. Crees que busco la ola perfecta, ¿verdad? No…, para nada. Yo ya he encontrado mi ola, solo que la perdí. Ahora me conformo con sobrevivir el tiempo que me quede en este mundo, y, para ello, haré lo que siempre he hecho… Me refugiaré en el mar.

34

Final

Karra (Portugal), 7 de diciembre

—¡Que ya voooy, joder! Madre mía, ¿quién pelotas eres? ¿El lobo feroz?

Detengo mi puño antes de que toque la puerta y lo escondo rápidamente en el bolsillo de mi abrigo.

Cuando Rebeca abre la puerta, tomo aire y…

—Hola, soy el fantasma del verano pasado —digo con una sonrisilla.

—Ni que lo jures, estás blanca como la leche —murmura mi amiga con cara de susto. A continuación, abre la boca sorprendida y me deleita con uno de sus clásicos berridos—: ¡No estoy soñando, joder! ¡Eres tú! ¡Tú aquí, Alexa!

—Sí, todavía no me he clonado, más que nada por no joder a la humanidad con otra como yo —apostillo entre risas.

—Anda, dame un abrazo, pedazo de cenutria.

De repente, siento su cuerpo pequeñito pegado al mío y, alucinada por tanta muestra de afecto, la rodeo tímidamente con mis brazos.

—Te he echado mucho de menos, enana —susurro tímidamente.

—Yo también te he extrañado un montón, pero dudo que hayas recorrido mil kilómetros solo por nostalgia, jirafa. —Se aparta de la puerta y hace un gesto con la cabeza para que entre en la cabaña.

Mientras me despojo de mi abrigo, paseo los ojos por el que fue mi hogar durante mis primeras semanas en Karra. En mi ausencia, Rebeca le ha dado un toque más hogareño: ha colgado de las paredes láminas de Madrid, carátulas de vinilos y una foto de ambas sentadas en el mostrador de la escuela. Sobre el suelo de la cocina, ahora descansa una alfombra de piel de vaca rosa…

—¡Wow! —exclamo fascinada, y me agacho para acariciar el pelo sintético.

—¿A que mola, tía? —me pregunta mi amiga con tono orgulloso.

—¿Que si mola? Te juro que muero de amor por este pellejo. —Y no exagero. Después de Lucy, es lo más *kitsch* que he visto en mi vida.

—Sí, es chulísima y muy *Brokeback Mountain,* ¿no te parece?

Suelto una carcajada y aplaudo como una idiota. Ella no es consciente de lo mucho que he echado de menos su sentido del humor y sus berridos mañaneros.

Me ahueco el jersey de punto de la barriga y me siento en uno de los taburetes de la cocina.

—Lo siento, Bec. Perdóname por el mensaje que te envié —me disculpo avergonzada—. Nunca debí decirte que no quería saber nada más de ti, porque no es cierto. Cuando regresé a Madrid, me sentía muy sola..., desorientada. Y bueno, reconozco que lo pagué contigo, pero te juro que he cambiado. Estar separadas me ha venido bien, porque he logrado poner en orden mi cabeza y tomar decisiones por mí misma.

—Y la primera decisión ha sido venir a verme —dice con suspicacia.

—Sí y no —confieso, todavía más abochornada—. Por supuesto, tarde o temprano pensaba llamarte para arreglar nuestros problemas, pero tienes razón. Estoy aquí por otro motivo... Por cierto, no te lo vas a creer, pero mi padre ya se fía de mí y me ha prestado su coche para venir hasta aquí. Ha debido de olvidar aquella noche que nos lo dejó para salir de juerga y nos pasamos dos días buscándolo por todo Madrid, porque no recordábamos dónde lo habíamos aparcado.

—Menuda pateada que nos dimos —resopla—. Pero deja de hacerme requiebros mentales y dime la verdad. Es Izan, ¿no? Estás aquí por él.

—Más bien por mí —admito—. O tal vez por los dos. Mejor dicho, estoy en Karra por los tres.

Detecto cómo Rebeca reflexiona sobre mis palabras y frunce el ceño sin comprender.

—¿También has venido por Evil? Estás fatal, tía.

—No... —balbuceo, y luego señalo mi barriga—. Con tres me refiero a este, al marciano que llevo dentro.

Bec pierde el color y toda la expresividad de la cara.

—Cuando me marché de aquí ya lo estaba, pero no lo sabía —me apresuro a explicarle—. Y no te lo dije cuando hablamos por teléfono porque lo descubrí hace bien poco.

—Pero… pero… eso es imposible —titubea.

—Es real, Bec. Estoy hiperembarazada.

—No te ofendas, sé que esas cosas pasan, pero ¿cómo? Pensé que tomabas la píldora y usabas condones de titanio por esa obsesión tuya con los herpes y papilomas.

—Pues no siempre los utilicé, y la píldora, para mi sorpresa, no fue eficaz al cien por cien.

Reflexiona unos segundos y se lleva las manos a la cabeza.

—¡Joder, qué señora putada, Alexa!

—Eso pensaba yo también, pero… ya no. Ahora estoy segura de que es un regalo. Quiero a este bebé, y solo falta que el padre también lo quiera —suspiro.

Bec se rasca la frente pesarosa, pero mantiene la boca cerrada.

—Tienes dudas sobre su posible reacción. —Me lanzo a poner en palabras lo que probablemente está pensando.

—Si te soy sincera, dudo mucho que se lo vaya a tomar bien. Mira, Alexa, yo no le conozco tanto como tú, pero últimamente Nenuco Abracitos se ha vuelto un poco raro.

—¿Sigue desfasándose?

—No, yo diría que ha mutado en un hurón. Nunca sale de su agujero, y tampoco habla mucho. Así que no esperes demasiada expresividad cuando le des la noticia…, si es que no sale corriendo descalzo, porque no hace otra cosa últimamente.

—No estoy aquí para pedirle responsabilidades ni dinero, Bec. Solo quiero que lo sepa antes de que se marche de Karra.

—¿Izan se larga de aquí?

—Creo que sí. Por cierto, necesito que me localices a una persona y le entregues este *pendrive*. —Busco a Mini Lucy en mi bolso y se la doy en mano a mi amiga—. Pertenece a una mujer española que se ha alquilado una casa en el pueblo. Tiene el cabello largo y blanco excepto por un mechón azul.

—Te refieres a Lorena.

—¿La conoces? —pregunto sorprendida.

Bec tuerce el morro hacia un lado y asiente dubitativa.

—Me escribió al Facebook explicándome que era periodista y amiga de Izan. Luego me citó en un restaurante y me entregó este *pendrive*. Esto es importante, Bec: cuando se lo des, avísala de que he grabado mi parte de la historia.

—Espera, ¿de qué estás hablando?

Le cuento con detalle mi cita con aquella extraña mujer, que escribía en un blog y la sorpresa que guardaba el USB que me entregó.

—Entre tú y yo, creo que está loca —añado para finalizar mi relato.

—Lo está —asegura Rebeca, y carraspea nerviosa. Después, me mira con cara de circunstancia y dice—: Tengo que contarte algo, pero prométeme que no te vas a enfadar conmigo.

—Te lo prometo —afirmo sin dudarlo. No he venido hasta aquí para pelear otra vez con ella.

—Sucede que no es periodista, sino actriz; aunque hace años que se jubiló. También es una vieja amiga de Marisa. Por lo que sé, mi tía le presentó a Izan para que este le hiciera de guía. Ellos se hicieron muy amigos y él le contó todo sobre ti. Lo sé porque un día coincidí con esa mujer en casa de mi tía y nos lo dijo. Cuando Lorena se marchó, hablé con Marisa seriamente. Mi tía estaba, y está, muy preocupada por tu Nenuco; y también se siente culpable de que tú te marcharas sin despedirte de él. Piensa que por ese motivo él sufrió el accidente con la furgoneta.

»Por otra parte, yo estaba segura de que tú lo debías de estar pasando mal, y me agobiaba la idea de que volvieras con Carlos. Así que la convencí de que vosotros dos deberíais hablar y solucionar vuestras diferencias, porque en el fondo estoy convencida de que os queréis. Eso saltaba a la vista con veros juntos. Pero Izan no se hablaba con Marisa, así que no había manera de persuadirle para que te llamara; y yo no me atrevía a telefonearte porque sabía que me colgarías. Hasta que se me ocurrió una gran idea.

—¿Cuál? —pronuncio temerosa.

—Recuerda que has prometido no enfadarte. —Asiento dubitativa, cosa que anima a Bec para continuar con su explicación—. Una tarde, mi tía y yo nos reunimos con Lorena para pedirle que en uno de sus viajes a Madrid se pusiera en contacto contigo y te hablara de lo mal que lo estaba pasando Izan. Mi teoría era que si no habías vuelto con tu ex, le propondrías que se mudara contigo a España. El resto, lo del Facebook y la grabación, ha sido cosa del mensajero, te lo juro.

Hago un repaso mental de la historia que me acaba de contar y fijo la vista en el rostro de mi amiga. Me acaba de dejar sin palabras.

—Espero que no te haya molestado… —masculla preocupada.

—¡Esto es surrealista, Bec! —reacciono por fin—. ¿Lorena es tu celestina? ¡¿Pero de qué vais tu tía y tú?!

—Has dicho que no te enfadarías.

Levanto la palma de mi mano para que no siga hablando.

—A ti te parecerá muy divertido jugar a *Tengo una carta para ti*, ¡pero la vida no es un programa de televisión, Rebeca! Y como ya te he explicado antes, lo he pasado muy mal estas semanas. No sabía qué decidir respecto a mi embarazo, y, para colmo, vuestra amiga Lorena, por muy buenas intenciones que tuviera, me puso de los nervios. Además, es una mierda de actriz. No me creí nada de nada.

—Perdona si ella te incomodó; pero al final ha conseguido que regreses y con… noticias. No sé si buenas o malas para Izan, pero para mí son las mejores. ¡Qué fuerte, Alexa! Me mola la idea de ser tía de alguien. —Levanta los pulgares en señal de victoria.

Cierro los ojos e inspiro hondo para tranquilizarme.

—Esta situación no tiene gracia, Bec. Estoy acojonada —admito con un hilo de voz—. Asustada y borracha de hormonas. Por si nadie te lo ha dicho, esto del embarazo es un poco marciano.

Bec levanta su mano diminuta y me acaricia el pelo.

—Y tú también estás abducida por un extraterrestre, porque es la segunda vez que me tocas en veinte minutos —añado.

—Ay, amiga…, yo también he estado trabajando algunos aspectos de mi vida —suspira. A continuación, recoge mi abrigo de la silla y me lo entrega—. No te rindas con Nenuco, porque en el fondo es un buen tío. Y cuando regreses de hablar con él, avísame para ayudarte con las maletas. Le diré a Cat que esta noche duerma en su casa.

—Gracias, pero estoy alojada en ese hotel rural al otro lado del valle. Se llama Casa Fajira o algo parecido. —Cuando detecto que pone mala cara, me apresuro a explicarle—: Piensa que si las cosas no salen bien entre Izan y yo, es mejor que me enfrente sola a ello. Forma parte de mi reconstrucción, ¿comprendes?

—Lo entiendo —asiente comprensiva—, pero mañana iré a visitarte cuando salga del trabajo.

Tras darle un beso rápido en la mejilla, abandono su cabaña dispuesta a luchar mi segunda batalla del día.

Cuando Izan se encuentra cara a cara conmigo en su porche, se queda congelado, pestañea dos veces, abre la boca para decir algo, luego se arrepiente, y antes de que yo pueda pronunciar un triste «Hola, ¿cómo te va?», me cierra la puerta en las narices.

—Por favor, Izan, ábreme. Necesito hablar contigo de un tema importante. Esto es muy serio, por favor…

Escucho a Evil responderme con un ladrido. El tozudo de su dueño, sin embargo, hace caso omiso a mis ruegos.

Vuelvo a aporrear la puerta.

—No me hagas esto, Izan, y ábreme. Hasta que no charlemos no tengo intención de moverme de aquí; y sabes perfectamente que cumplo mis amenazas.

Esta vez oigo el lloriqueo de Evil mientras araña desesperada la madera y grito enfurecida.

—¡Eres un insensible y un tirano, Izan Oliveira! ¡No es justo que impidas a Evil verme! ¡Eso es mezquino!

Un segundo después estoy enfrente del hombre que más quiero en esta miserable vida. Inevitablemente, mis ojos se relamen de gusto con su rostro. Sus ojos azules brillan intensamente, aunque muestren enfado. Sus labios son dulces, por mucho que se tuerzan en una mueca triste. Y su pelo… ¡Oh, no! Levanto la vista y compruebo que ahora lo lleva dos dedos por debajo de las orejas. ¿Por qué se lo ha cortado? También parece más delgado, aunque, por raro que parezca, va vestido de pies a cabeza. Vaqueros negros, zapatillas Converse rojas y sudadera de color indescifrable debido a múltiples lavados. Y como no podría ser de otra manera, suspiro por lo guapo que es.

—¿Qué haces aquí? —me pregunta con tono seco.

—Yo… —No puedo responder a su pregunta, porque un proyectil peludo viene corriendo hacia mí. Evil se me abraza a la cintura con sus robustas patas y me echo a reír—. ¡Ja, ja, ja! ¿Todavía te acuerdas de mí, diablillo? Yo tampoco te he olvidado.

Observo que su dueño se abalanza hacia ella para tirar de su collar y apartarla de mi paso.

—Déjale que me salude, está contenta de verme, ¿o no lo ves? —Me siento en cuclillas y la abrazo mientras ella me come a lametazos—. Diablillo, estás preciosísima. Y mírate qué fuerte te has puesto. —Acaricio suavemente su lomo—. Seguro que tienes novio ya. ¿A que sí?

—Espero que no —farfulla Izan, y se encamina hacia la cocina.

Me pongo en pie y, escoltada por una Evil juguetona, sigo al aguafiestas de su dueño.

—¿Quieres tomar algo? —me pregunta comprobando su nevera.

—Mmm… Una infusión de tus hierbas para la gastroenteritis me vendría de fábula.

Izan gira su rostro brevemente y me dedica la mirada más larga desde que he aparecido en su puerta. Eso sí, no se le ha borrado del gesto esa pronunciada arruga entre sus cejas. Debo asumirlo… No le hace feliz tenerme aquí de nuevo.

Al igual que en la cabaña de Rebeca, estudio cada rincón de la cabaña. A simple vista, todo sigue igual, salvo las cajas donde Izan guardaba los recuerdos de sus padres.

—¿Qué has hecho con las cajas? —pregunto en un falso tono casual, y me siento a la mesa.

—Eso no es asunto tuyo, Alexa. —Enciende la cocina de gas y coloca un cazo con agua al fuego. A continuación, se gira hacia mí, me observa detenidamente por segunda vez y suspira molesto—. Las he donado a una parroquia. Ahora dime, ¿qué es eso tan importante que tienes que hablar conmigo?

Trago saliva nerviosa.

—No sé si debería esperar a que te recuperes de verme o decírtelo ya y acabar cuanto antes con esto —le comento con franqueza.

—Prefiero lo segundo, si no te importa.

Señalo el cazo al fuego para avisarle de que el agua está hirviendo y… porque necesito un poco de tiempo para ordenar mis pensamientos. No tengo ni pajolera idea de por dónde empezar. Quizá por una disculpa sincera.

—Allá voy. —Me doy ánimos a mí misma antes de remar contra la marea—. Izan, lo primero que quiero es pedirte perdón. Soy consciente de que actué como una estúpida nuestra última semana juntos. En el fondo, tú tenías razón: nunca tuve intención de plantearme nada serio contigo. Al menos hasta que discutimos en el molino. Esa noche sentí que te perdía para siempre, que me odiabas, y fue entonces cuando supe con una claridad absoluta que estaba enamorada de ti. —Levanta un ceja incrédulo—. Estoy siendo sincera contigo, te lo juro. Y si piensas que volví con Carlos cuando regresé a Madrid, te equivocas por completo. Durante nuestro verano no le olvidé, ni creo que lo haga nunca; pero sí lograste que dejara de quererle. Y eso fue lo que iba a explicarle a él cuando nos pillaste hablando por videoconferencia.

Izan me deja de piedra cuando retira la vista de mí con desdén y se centra en servir las malditas infusiones. Sin embargo, su falta de sensibilidad no me detiene. No he recorrido mil kilómetros para actuar de nuevo como una cobarde.

—Estoy segura de que me aborreces, y me lo merezco, pero una parte de mí también está muy molesta contigo por llamarme puta mentirosa. Sobre todo cuando tú, Izan Oliveira, tampoco has sido sincero conmigo este tiempo atrás.

—No sé de qué hablas —replica ofendido. Al menos, me digo, mi acusación le ha traído de vuelta a la conversación.

—A tus problemas con el alcohol y las drogas de años atrás y al de tu madre con la bebida.

—¿Y tú cómo sabes eso?

«Porque se lo contaste a una extraña para la que trabajabas de guía turístico en lugar de compartir tu dolor conmigo, pedazo de traidor».

—Cómo me haya enterado es lo de menos —contesto—. Lo preocupante es que me hayas ocultado algo así.

Mueve la infusión con la cucharilla y dice con la vista puesta en su taza:

—Te conté episodios de mi adolescencia y lo mal que lo pasé cuando llegué aquí… Solo tenías que haberte parado a reflexionar y atar cabos.

—Me contaste una verdad a medias, y eso es igual que mentir, Izan.

—¿Y qué hubiera cambiado entre nosotros? —Me mira de reojo.

—Nada en absoluto, pero no me habría sentido tan culpable cuando Rebeca me informó de que habías tenido un accidente.

—Ya, tú y tu sentido de la culpabilidad, Alexa —me reprocha con amargura.

Me indigno.

—Siento mucho si te molesta esta faceta mía, pero más me jode a mí sentirme así continuamente. Por desgracia, cuando perdí a mi madre me quedé atrapada en la culpa, y no he sabido manejarla desde entonces. Y por desgracia me aterra hacer daño a los demás o a mí misma. Pero tú también me hiciste daño la maldita noche del molino y, tan comprensivo y empático que eres, no has reparado ni un segundo en ello. Lo mires por donde lo mires, no somos unos santos ninguno de los dos.

—Yo nunca dije que lo fuera.

—Y yo tampoco te he vendido la moto de que soy perfecta. De hecho, siempre te dejé claro que era complicada, y tampoco te engañé con el tipo de relación que mantenía contigo. Y si alguna vez te hice pensar que estaba enamorada de ti es porque realmente lo estaba, aunque no fuera consciente. Quizá no lo vi porque me he criado con una madre enferma, deprimida e incapaz de demostrarme que me quería. Amar también se aprende, Izan. Y yo he pensado durante toda mi vida que ella no me amaba.

—Piensas demasiado, Alexa —me acusa con petulancia.

—No en este caso. Mi madre, Izan, murió ahogada, pero sufría un trastorno depresivo, así que fácilmente pudo quitarse la vida. El caso es que jamás lo sabré, aunque prefiero pensar que fue un accidente; porque asumir que no me quiso lo suficiente para lidiar con la vida me ha estado envenenando lentamente. Pero eso va a cambiar. Estoy cansada de vivir con esta tortura continuamente, y no quiero ser como ella. Así que estoy tratando de actuar lo mejor posible, por mí y por… —Un repentino mareo me impide seguir hablando. Y por si fuera poco, detecto una ola de náuseas ascender hasta mi garganta. Cuando la cocina comienza a dar vueltas, inspiro por segunda vez y frunzo los labios para contener el exceso de saliva en mi boca.

«Oh, no, duende…, ahora no es el momento».

—Álex, ¿estás enferma? No tienes buena cara — dice Izan con gesto preocupado.

—¿Enferma? —Sonrío con cinismo—. Lo que estoy es embarazada, ¡joder! —Me llevo una mano a la boca para contener la primera arcada. Tomo aire por la nariz y, cuando creo que mi estómago se relaja, le advierto muy seria—: Antes de que digas nada, te confirmo que estoy de tres meses y que solo puede ser tuyo. —Siento un segundo mareo y doy otra arcada—. Y que sepas que el bebé no es nada relajado como tú. Todo apunta a que se parecerá a mí. Ahora, si me permites…

Me levanto de la silla y salgo corriendo al baño. Abro la tapa del inodoro y vomito una vida entera.

—¿Te encuentras mejor?

Parpadeo varias veces y observo a un Izan borroso que sostiene mis piernas en alto. Llevo quince minutos tumbada en su cama y los mareos no remiten.

—Dame un minuto. O mejor, dame algo que asiente mi estómago. Un trozo de pan o una manzana, si tienes.

Observo con los ojos entreabiertos cómo coloca varios almohadones en una montaña, apoya mis pies sobre ellos y sale de la habitación en dirección a la cocina. Un par de minutos después, me entrega un sándwich de jamón y queso. Retiro las lonchas de embutido, las dejo en el plato y me obligo a comer el pan poco a poco.

—¿Al menos te sientes bien para hablar? —pregunta con voz apocada.

Asiento y reenfoco la vista en su rostro. Izan parece desencajado, y, por el color amarillento de su rostro, sospecho que está a punto de sufrir una lipotimia como yo.

—Relájate, Izan. No he venido a reprocharte nada ni a pedirte una manutención. Solo pensé que querrías saber que vas a ser padre. Ya está. No es más que eso.

—¿Padre? ¿No es más que eso? Por el nombre del tuyo, no menciones esa palabra ahora mismo. —Se mesa el cabello con tanto ímpetu que va a arrancárselo—. Pero no puede ser —farfulla después—. Tú dijiste que tomabas anticonceptivos. Yo me encontré una caja que olvidaste en la alacena de la cocina.

—Pero algo falló. Posiblemente en aquella gastroenteritis que sufrí en verano la vomité, la cagué…, o a saber. El alcohol también pudo interferir, y bebí demasiado en las fiestas de este verano. Pero si no me crees y necesitas pruebas de paternidad, me las haré sin problema.

Niega con la cabeza, pero no dice nada.

—Estarías en tu derecho de pedírmelo, Izan. Es normal que tengas dudas después de dos meses separados.

—No soy el mejor partido para una mujer, así que debe de ser mío. El problema es que no… Por más que lo pienso, yo no…

—No te ves como padre. Era de suponer… —Resoplo agobiada—. Escucha, Izan, soy consciente de que esto te puede quedar grande. A mí me queda diez tallas de más, créeme. Pero vamos a seguir tu *modus operandi.* —Muy despacio, me incorporo en la cama y me abanico la cara con la mano—. Te dejo solo y meditas el tiempo que necesites. Cuando decidas si quieres o no formar parte de la vida del bebé, ponte en contacto conmigo y me cuentas tu decisión. Me puedes encontrar en Casa Fajira.

Me levanto de su cama y me pongo el abrigo, dispuesta a marcharme cuanto antes.

—Lo siento… —se disculpa—. No sé qué decir. Esto no entraba en mis planes.

«Y en los míos sí, no te jode…».

Disimulo mi descontento con él y simulo una media sonrisa.

—Tómatelo con calma y piénsalo bien, Izan. Un hijo es para toda la vida.

Me despido de Evil y justo cuando estoy en la puerta, el ahora amable surfero se ofrece a llevarme al hotel.

—No hace falta, he venido en coche —le informo, desesperada por escapar de él.

—Pero no puedes conducir en este estado.

—No te preocupes, en cuanto me dé el aire del campo me espabilaré.

—He dicho que te llevo, y no intentes persuadirme, porque no lo vas a conseguir, ya me conoces. —Y antes de que pueda rebatirle, me quita el bolso y se guarda las llaves de mi coche en su sudadera—. Mañana a primera hora te lo devolveré en la puerta del hotel, ahora vámonos antes de que se haga más tarde.

Sale de la cabaña sin darme la oportunidad de replicar y sin darse cuenta de que lleva mi bolso colgado del hombro. Toda esta situación empieza a ser un poco ridícula.

Izan y yo caminamos en silencio hasta el aparcamiento guardando las distancias. Cuando le indico que mi coche es el que ocupa el primer estacionamiento junto al *jeep* de Tiago, me percato de que no veo a Lucy por ninguna parte. En la plaza de estacionamiento de Izan ahora se encuentra aparcado un escarabajo *retro* de color naranja.

—¿Y Lucy? —le pregunto extrañada mientras observo que se encamina hacia el viejo coche.

Aunque no me responde, detecto por la tensión de su cuerpo que mi pregunta le ha incomodado.

Me armo de paciencia e insisto de nuevo.

—Izan, deja de hacerme desplantes y dime dónde está tu furgoneta.

Por fin, se detiene y gira su rostro hacia mí. Su expresión ha pasado de susto por la noticia de su paternidad a puro enfado.

—Lucy ya no está, Alexa —me dice apretando las mandíbulas—. La perdí cuando tuve el accidente, ¿ya estás contenta?

Me llevo las manos a la boca angustiada. Él amaba su furgoneta. Ella formaba parte de su historia, sus recuerdos, su identidad…

—Lo siento muchísimo, Izan. Ha debido de ser un palo muy fuerte para ti.

—Sí, lo ha sido, pero nada es eterno en esta vida, Alexa. Nos guste o no, todo tiene un final. —Se da media vuelta y sigue caminando.

Siento un nudo en el pecho tan fuerte que temo echarme a llorar. Me duele que hayamos perdido a Lucy, pero, sobre todo, me duele todavía más el desalentador mensaje que esconden sus palabras.

Sin fallar a su promesa, Izan estaciona mi coche en el aparcamiento del hotel a primera hora de la mañana. Entrega las llaves a la recepcionista y le pide expresamente que no me dé el aviso hasta que él se haya marchado. Me convenzo a mí misma de que su comportamiento es lógico y normal; y que debo cumplir mi palabra y ser muy paciente con él.

Las únicas que sí acuden a visitarme a Casa Fajira son Rebeca y Cat. Las invito a comer conmigo en el pequeño comedor del hotel junto a la chimenea. Mientras ellas hablan y yo devoro mi plato de pasta, observo en silencio la complicidad que denotan cuando se miran o se gastan bromas. Me recuerdan tanto a Izan y a mí durante el verano pasado que no puedo evitar sentir un poco de envidia. Mis amigas también me dan una buena noticia: por fin han hecho pública su relación. Cuando les pregunto cómo se lo han tomado los jefes, me responden que Tiago no reaccionó tan mal como ellas esperaban. Salió del despacho dando un portazo, llegó a su casa y discutió a berridos con Marisa. Una hora después, se presentó en la cabaña de Rebeca para pedir disculpas e invitarlas a ella y a Cat a cenar con él y su esposa en el mejor restaurante de Karra. Durante la velada, el bandido de mi exjefe se mostró exageradamente comprensivo, aunque, según Bec, apretaba las mandíbulas y le temblaba la voz cada vez que pronunciaba palabra.

Me despido de mis invitadas en la recepción y me subo directamente a mi habitación a meterme en la cama. Ni siquiera me planteo mantenerme despierta, con la esperanza de que Izan haga acto de presencia. Durante estas últimas semanas de embarazo, he asumido que mi cuerpo ya no me pertenece: ahora el que maneja los mandos es el duendecillo canalla que anida en mi vientre; y si a él se le mete entre ceja y ceja que me eche «una cabezadita» de tres largas horas, por mucho que me niegue, caeré como un tronco en el instante que cierre los párpados.

Eso sí, después de la siesta me obligo a dar una vuelta por las inmediaciones del hotel y limpiar mis pulmones de la contaminación de la gran ciudad. A la vuelta de mi paseo, más o menos a la hora en que calculo que Izan ha salido de la escuela, pregunto a la recepcionista si alguien ha acudido al hotel o ha llamado preguntando por mí:

—Lo siento, no ha aparecido nadie por aquí durante toda la tarde, y tampoco tengo anotada ninguna llamada —dice aquella, sin despegar la cara de su ordenador.

La miro desilusionada y siento que una lágrima se desliza por mi mejilla izquierda. Esa es otra… Desde que estoy embarazada lloro por todo. Tanto es así que no soy capaz de ver las noticias en el telediario sin agotar un paquete de pañuelos. Avergonzada, me despido de la recepcionista y subo a mi habitación en pleno ataque lacrimógeno.

En cuanto abro la puerta, me dejo caer en la cama, deprimida. Mi cabeza no deja de repetirme que he cometido un error al viajar hasta aquí y que Izan no va a trastocar sus planes de viajar por el mundo por cambiar pañales; y mucho menos cuando yo no le exijo ninguna responsabilidad con el bebé. Decido ahogar las penas en chocolatinas y me levanto de la cama para asaltar el minibar. Reparo entonces en un folleto turístico que descansa en la mesilla. Lo alcanzo y observo la imagen de una playa de dunas de arena blanca.

«Bordeira», digo entre susurros, y sonrío esperanzada.

Entre una docena de surfistas, localizo a un vikingo cabalgar las olas sobre su tabla. Sonrío como una boba. Da igual cuántas veces contemple a Izan surfear, porque siempre despertará en mí la misma fascinación que el primer día que le espié a través de unos prismáticos desde el mostrador de la escuela.

De pronto, se me ocurre una idea. A toda prisa, saco mi móvil del abrigo, enciendo la cámara de vídeo y le enfoco. ¿Cómo no se me ocurrió nunca grabarle mientras surfeaba? Solo hay una respuesta: miedo. Ese miedo atroz que sentía meses atrás a enamorarme del adorable Babysurf y obsesionarme con él como me sucedió con Carlos.

Quince minutos después, mientras edito mi grabación, percibo por el rabillo del ojo que Izan regresa a la orilla. Clava su tabla en la arena, se desabrocha la parte de arriba de su neopreno y se envuelve en una especie de manta con corte de capa. No sé si me ha visto, pero raro sería, porque hace tanto frío que apenas hay gente en la playa. Preocupada por que huya de mí, me descalzo y camino hacia él a toda prisa.

—Hola —le saludo en voz baja—. ¿Puedo sentarme un rato contigo mientras te secas?

Y, fiel a su persona, no me responde.

—¿Me estás castigando porque me he quedado embarazada o por marcharme de Karra? —pregunto sin rodeos.

—No te estoy castigando, Alexa, pero no sé esconder mis sentimientos tan bien como tú. El daño que me hiciste hace meses no se borra de un plumazo, ¿comprendes?

Comprendo.

Me siento a su lado, aunque no me haya dado permiso, y me digo que lo mejor es acabar con esta tortura, cuanto antes, mejor.

—Escúchame bien, Izan: ya me he disculpado contigo, y no tengo intención de hacerlo más. Solo quiero saber qué has decidido respecto al bebé.

Con la mirada puesta en el océano, rodea sus rodillas y esconde los pies en la arena. Segundos después, me da su respuesta:

—Puedes estar tranquila, porque asumiré mi responsabilidad. Le daré mi apellido, te ayudaré económicamente y, por supuesto, cumpliré con mis funciones de padre.

—Si así lo deseas, me parece bien —respiro aliviada.

—Me refiero a que quiero ser su padre de verdad, a tiempo completo —comenta con tono severo, y enfoca su mirada en mí.

—¿Qué quieres decir?

—Que no me voy a conformar con verlo solo en vacaciones o cuando tú decidas venir a Karra. Así que me mudaré a Madrid, buscaré un piso compartido y un trabajo.

Me muerdo los labios antes de que se me escape una sonrisa. ¡Cómo he podido dudar de él en el último momento! Él sigue siendo una buena persona y yo una cretina por desconfiar de él.

Me armo de valor y apoyo mi mano sobre su antebrazo, antes de compartir con él la decisión que tomé hace días.

—Te agradezco de corazón el sacrificio, pero no es necesario que renuncies a tu vida por nosotros. Lo he pensado mucho, y creo que lo mejor es que yo me mude a Karra. Todavía no sé cómo sobreviviré aquí, pero estoy segura de que saldré adelante.

Observo cómo sus ojos me estudian, y también detecto que no son capaces de creer ni una sola palabra que he pronunciado.

—Ya sé que ahora mismo piensas que voy de farol —me adelanto a decir—, pero está más que decidido, Izan. No te lo dije anoche porque necesitaba asegurarme de que querías al bebé, pero después de mucho recapacitar he llegado a la conclusión de que será muy bueno para él crecer en Karra y mucho más si es a tu lado.

—No vamos a volver a estar juntos, Alexa —me advierte, presumiendo algo que yo no he mencionado, por mucho que lo desee.

—Lo sé —admito con un nudo en la garganta.

—Entonces, ¿por qué ese cambio de actitud? Tú misma me dijiste que no serías feliz en este pueblo.

—Al menos lo intentaré —respondo con firmeza.

Izan se rasca la barbita, nervioso, y dice:

—¿Estás segura de que lo has meditado bien o estás jugando conmigo?

—No juego a nada, te lo juro. Solo quiero que mi hijo se críe en un lugar tranquilo y cerca de su padre. Me gustaría que aprendiera tu filosofía de vida, excepto tu afición a ponerte en peligro, Izan. Esa faceta te ruego desde hoy mismo que la mantengas alejada de mi hijo —le advierto, severa—. Además te va a necesitar cuando yo me sienta perdida o me raye con mis paranoias. Y te repito que no necesito tu dinero. Tengo algunos ahorros del verano pasado, y hablaré con Tiago para que me dé un empleo. Y si decides largarte a Marruecos o al Congo, o donde tengas planeado, puedes estar seguro también de que te seguiremos los dos, siempre que tú quieras compartir tu vida con el bebé.

—Eres desconcertante… —susurra poco convencido.

—Lo sé, pero hablo de corazón. Ya no tengo que buscar mi lugar favorito en el mundo ni tú tampoco, Izan, porque nuestro hogar ahora está aquí con él. —Entrelazo mi mano con la suya y la llevo a mi vientre.

Mira nuestras manos unidas sobre mi abdomen y asiente.

—De acuerdo, pero te lo vuelvo a repetir, Álex, no puedo estar contigo. Dios sabe que me gustaría que fuera así, pero no puedo.

Ignoro el dolor de mi corazón y repito las palabras que él me dijo en una de las tantas ocasiones en que rechacé sus sentimientos.

—Tranquilo, no me voy a romper.

35

Dos olas

Tres meses después

Alexa Vera

Nunca pensé que mi adorable Babysurf pudiera hacerme sufrir tanto como aquellos primeros meses de vuelta en Karra. Y no estoy hablando de que atentase por enésima vez contra mi integridad física pisando el acelerador por un camino de cabras, ni de que me obligara a saltar desde un desfiladero para zambullirme en aguas glaciales.

Fue peor que eso.

Dos días después de nuestra conversación en Bordeira, nos reunimos con Tiago y Marisa para informarles de que estábamos embarazados y que me mudaría definitivamente a Karra para que él pudiera formar parte de la vida del pequeño. La tía de Rebeca, para mi asombro, gritó de júbilo y se ofreció a ayudarnos en todo lo que necesitáramos. Al instante de decir aquello, Izan le hizo un gesto extraño con los ojos que solo ella comprendió y la mujer, algo atorada, cerró la boca para no volver a pronunciar palabra.

A Tiago le costó un poco más procesar la noticia. Trataba de disimular su consternación formulándome una pregunta tras otra sobre facturas y albaranes que yo había dejado sin revisar antes de marcharme de Karra. Pero lo más incómodo de la situación era que, en lugar de mirarme a la cara mientras me hablaba, sus ojos se mantenían fijos en mi diminuta barriga. Llegué a sospechar que aquel bruto dudaba de mi embarazo o de mi honestidad respecto a la paternidad de Izan. En fin, tampoco podía reprocharle que desconfiase de mí.

Cuando Izan le preguntó si yo podía reincorporarme a mi antiguo puesto dentro de la escuela, muy amablemente se disculpó conmigo por no poder considerarlo, dado que a mi sustituta no le expiraba su contrato hasta principios de la temporada de verano. Le di las gracias en el mismo tono formal que él había utilizado conmigo y me marché a mi hotel más desesperanzada de lo que ya me había dejado Izan en la playa de Bordeira.

Veinticuatro horas después, un nuevo Tiago, menos correcto y más auténtico, me llamaba al móvil para darme buenas noticias. Al parecer, después de charlar largo y tendido con su mujer, se había reunido con Joaõ, el encargado del centro de jubilados, y le había convencido de que últimamente su servicio dejaba mucho que desear y que necesitaba urgentemente una camarera con conocimientos en cocina. Y esa persona no podía ser otra que yo: «Risueña, encantadora y de confianza». Obviamente, mi exjefe no estaba al tanto de mi máster en abrir latas de comida precocinada.

Antes de comenzar mi nuevo empleo como camarera, cocinera y limpiadora de baños (qué casualidad que al liante de Tiago se le hubiera pasado comentarme la que sería una de mis grandes labores en el centro social), regresé a España junto con Izan para devolver el coche a mi padre y empaquetar todas las pertenencias que guardaba en *Ambiciones*.

Durante ese par de días de convivencia conjunta en mi cuchitril de Madrid, Babysurf se instaló en la habitación de Rebeca. Creo que solo pisó la mía durante un minuto exacto para preguntarme dónde podía encontrar más mantas para la cama. Le pasé la que yo guardaba en mi canapé y nada más entregársela salió de mi cuarto como el Correcaminos. Jamás un hombre me había hecho sentir como el Coyote, caí en la cuenta en aquel momento.

El futuro padre de mi bebé también tuvo ocasión de confraternizar con otro casi recién estrenado padre... El mío. Este último se pasó por casa a recoger su viejo Seat León la tarde que yo dormía una de esas siesta de orinal y pijama por orden expresa de mi duendecillo. Cuando me desperté y entré en el salón en busca de Izan, el surfista melenudo y el expolicía conservador charlaban uno enfrente del otro; y, por la cara que ponían, doy fe de que no estaban compartiendo recetas de cocina. De hecho, en cuanto me vieron aparecer por la puerta, cortaron la conversación abruptamente y me sonrieron como dos auténticos memos. A continuación, mi padre abandonó el sillón para darme dos besos de esos que te empapan de babas las mejillas y, tras preguntarme cien veces si me alimentaba correctamente y si me había tomado mis vitaminas, se despidió de nosotros con la excusa de que había quedado con sus excompañeros de la comisaría. Una vez a solas en el descansillo, decidió ejercer su rol de padre y me preguntó muy serio si estaba segura de querer mudarme «al quinto cojón».

—Claro que quiero, papá. Además seremos muy felices allí. Tú confía en mi instinto, que para algo soy hija de un gran policía —bromeé.

—Pues el mío me dice que deberías quedarte en Madrid junto a tu padre.

—Oh, vamos. Recuerda lo que te conté sobre cómo me sentía al lado de Izan. Si dejo pasar mi gran ola, me arrepentiré de por vida. Necesito intentarlo, papá, y espero que lo comprendas.

Mi padre asintió dubitativo y me rodeó con sus brazos. Después de repetirme otras cien veces que me cuidara y que viajaría hasta Karra para acompañarme en el parto, mi viejo padre se despidió de mí con otro par de besos de abuelo. Debía de estar practicando, digo yo.

De vuelta en Portugal y dispuesta a emprender una nueva vida, me instalé temporalmente con Rebeca, aunque mi intención era alquilarme una casa barata en el pueblo sin demorarme. En ese par de semanas de convivencia y para no perder los viejos hábitos, Bec y yo discutimos en más de una ocasión. Ella se empeñaba en que debíamos vivir juntas como siempre y compartir mi maternidad, pero yo me negaba rotundamente a reproducir antiguos patrones; y mucho menos ser la vecina examante de Izan. Él y yo no manteníamos ningún tipo de relación sentimental, y me aterrorizaba pasar las noches en vela jugando a las cartas con Rebeca porque el incansable surfero había invitado a alguna chica a su cabaña. Cuando te quedas colgada por tu ex, siempre es mejor no ver y no oír nada acerca de él.

Gracias al apoyo de Cat, que comprendía perfectamente mis reticencias a compartir cabaña con Rebeca, logramos convencerla para que me otorgara la independencia a cambio de ser la madrina de mi niña; porque, según Bec, yo daría a luz a un ser extraordinario e inteligentísimo, y esas dos características solo «pueden confluir en nuestro género». También se implicó en la búsqueda de un nuevo hogar para mí y para el bebé. Días después estábamos al borde del «desquicie». Jamás nos imaginamos lo complicado que sería localizar una vivienda decente y económica en aquel pueblo de no más de seiscientos habitantes. La mayoría de las casas, especialmente las reformadas, pertenecían a turistas alemanes e ingleses y, como era de esperar, pedían alquileres a precios exorbitados. Así que no me quedó más opción que aceptar la última propuesta de Rebeca y compartir casa con una turista española de avanzada edad, con pintas de loca, que escribía un blog para jubilados.

Exacto. Me fui a vivir con Lorena Sanz.

Contra todo pronóstico, la «estiloca» del restaurante poco a poco se convirtió en mi compañera de batallitas. Al principio me costó adaptarme a sus extrañas rutinas. Además de histriónica, Lorena no atendía horarios. Comía a las cinco de la tarde, dormía por el día, escribía en su ordenador por la noche y se bañaba todos los días en el mar a las siete de la mañana, justo antes de acostarse. Sin embargo, semanas después de instalarme, descubrí que sus biorritmos inversos resultaban la mar de ventajosos para nuestra convivencia. Apenas nos veíamos, y los pocos momentos que compartíamos desde la cena hasta que yo me acostaba disfrutaba charlando con ella. Gracias a su vida como actriz de segunda y las giras teatrales de bajo presupuesto en las que había participado, Lorena disponía de un millar de anécdotas que contar. Además sabía escuchar, me ofrecía sabios consejos y tejía unos pololos de bebé para el Día del Orgullo Gay preciosos. Ella fue también la que me animó a compartir mis aventuras y desventuras en su blog a modo de terapia.

—El dolor pesa menos cuando repartes sus pedazos con otros —no se cansaba de repetirme un día sí y otro también.

Al final terminé por seguir su recomendación y, de vez en cuando, me sentaba frente a su ordenador para relatar a sus fieles seguidores algunos retazos de mi historia con Izan, lo desdichada y frustrada que me sentía ahora por haberle perdido y los cambios marcianos que experimentaba mi cuerpo debido al embarazo.

Admito que escribir tuvo un efecto casi medicinal conmigo, aunque no diera la cara y me escondiera bajo un seudónimo. Descubrí que después de abrir mi corazón al mundo me sentía mucho más… limpia. Como si hubiera «aspirado» las montañas de pelusas que habitaban en cada rincón de mi conciencia. Las palabras de ánimo de sus suscriptores me alentaban para que no me viniese abajo. Unos se empeñaban en que luchara por Izan mientras que otros me aconsejaban que lo mandase a freír espárragos y me centrara en mi bebé. También recibí varios comentarios desagradables por parte de un grupo de lectores: «te mereces pagar por lo mal que se lo has hecho pasar al chaval», «las tías atormentadas que vais de víctimas sois vomitivas y un auténtico coñazo» y (mi preferido) «si el surfero cañón no quiere saber nada de ti, dile que llame a mi puerta; soy mayor, pero no estoy muerta». Como decía: me respondían con comentarios desagradables y destructivos pero que, según Lorena, solo mostraban el éxito de mis *posts* en la red.

—En los tiempos que corren, si no tienes *haters* no eres nadie, bonita. —He aquí otra de sus grandes citas.

Para ser sincera, me la bufaba bastante que una pandilla de ociosos me odiara. Lo que me dolía, escocía y casi quemaba era comprobar a diario que yo no significaba nada para el padre de mi bebé.

Izan y yo habíamos vuelto a ser amigos. Incluso me atrevo a decir que nos llevábamos mejor que nunca, pero nuestra amistad era completamente diferente a la que me tenía acostumbrada. No flirteaba conmigo, no bromeaba, no compartía confidencias ni conversaciones profundas y, cuando yo intentaba recuperar ese tipo de complicidad con él, rápidamente cortaba nuestra charla con cualquier excusa. Y, por supuesto, tampoco me estrechaba entre sus brazos para despedirse de mí. Se limitaba a darme unos golpecitos suaves en la nariz con el dedo, me acariciaba la cabeza y… «*ciao, pescao,* mañana nos vemos». En resumen: me trataba con el mismo cariño que a su perrita.

Y hablando de Evil, al menos el «misericordioso» de su dueño me daba total libertad para visitarla, aunque se aseguraba de no estar presente cuando yo ponía un pie en el campamento. Eso sí; Izan acudía al centro de jubilados cada mañana para desayunar y, después de servirle su café con tostadas, me invitaba a sentarme con él. En esos breves minutos que compartíamos, me preguntaba qué tal había pasado la noche, acariciaba mi vientre y pegaba sus labios sobre él para dedicar al bebé palabras dulces y promesas de amor…, las mismas que me había susurrado miles de veces al oído en nuestro verano eterno.

Si su falta de interés hacia mí como mujer me rompía el corazón, nada que ver con el harakiri mental al que yo sola me sometía cuando se pasaba a cenar por el centro de jubilados acompañado de alguna chica. En dos meses tuvo cuatro citas (hasta lo que yo sabía). Todas eran turistas, jóvenes, guapas y, para mayor recochineo, lucían cinturita de avispa. Igualitas que yo, que parecía un barril de cerveza recalentada.

Y hablando de recalentamientos… Más o menos en el quinto mes de embarazo, mi travieso duendecillo descubrió el interruptor X, ese que conectaba directamente mis partes nobles con un apetito sexual casi salvaje. Algunas mañanas me preguntaba si al condenado no se le había quedado el dedito pegado sobre el puñetero botón, porque me era casi imposible observar a Izan desayunar sin imaginarme un montón de películas cochinas protagonizadas por Sir Piercing Brosnan.

Si sumábamos mi necesidad de amor, la intensidad de mis celos y mi libido calcinándome por dentro, era fácil prever lo que sucedería tarde o temprano…

Llegó el cumpleaños de Izan. A través de una tienda *online* le había comprado una reproducción exacta de Lucy de tamaño grande que un fabricante alemán había pintado artesanalmente siguiendo el modelo que yo le había enviado por *e-mail*. Mi intención era entregárselo durante el desayuno, pero «Ascosurf» no se presentó por el centro de jubilados en todo el día. De vuelta a casa, avanzada la noche, no me molesté en meterme en la cama y tratar de dormir. Me tomé la cena que Lorena me había preparado y me senté junto a ella al ordenador para echar sapos y culebras en el blog para jubilados.

A los cinco minutos de compartir mi *post* con mis *lovers* y *haters* recibí un curioso comentario de un nuevo usuario:

De Polimalote:
Mi querida Surfergirl, sigo tu historia desde hace semanas, y siento decirte que estoy de acuerdo con los comentarios que te brindan tus enemigos en este blog. ¿Por qué no dejas de comportarte como una llorica y le dices a ese surfero lo que sientes por él? Con esa cara tan bonita que tienes y esa sonrisa capaz de derretir el Polo Norte, no creo que pueda resistirse a ti. Pero tienes que arriesgar, pequeña, por eso estás allí. Y si es tan estúpido para rechazar a una mujer como tú, avísame. Estaré encantado de soltarle un soplamocos al melenas ese para que abra los ojos de una maldita vez. Firmado: Tu padre, muy cabreado.

Estallé en carcajadas. ¿Se podía ser más gañán y dulce que mi padre? Si de niña le quería, había conseguido en los últimos meses que le amara profundamente. Cuando se me pasó el ataque de risa, me dije que podía seguir el consejo de papá... por una vez en la vida.

Me alisé el cabello, me maquillé a conciencia y elegí un vestido negro de licra largo muy sexi (al menos para aquellas que gozaban una silueta reloj de arena, que no era mi caso). Después de darme un *«semilike»* mental frente al espejo, convencí a Lorena para que rompiera su rutina nocturna y me acercara a Paraíso Surf Camp en su coche. Cargué la reproducción de Lucy entre mis brazos, me calcé mis zuecos rojos de tacón alto y salí de mi casa dispuesta a seducir de una vez por todas a ya-no-tan-adorable Babysurf.

Fiel a mi amor por los *rankings*, debo añadir que presentarme en casa de Izan a medianoche entró directamente en el primer puesto de «Las diez peores cagadas de mi vida».

Desde el porche pude escuchar perfectamente el ruido procedente del interior de su cabaña, pero pensé (inocente de mí) que aquellas voces procedían de su pequeño televisor de tubo. Por eso, en lugar de darme media vuelta, aporreé la puerta cerca de cinco veces hasta que Evil comenzó a ladrar y rasgar la madera. Segundos después, me encontraba enfrente del rostro descompuesto de Izan más una decena de chicos y chicas que ocupaban su cocina. En la encimera descansaba una tarta gigante de fresa con nata...

Me derrumbé allí mismo. Dejé caer mi regalo contra el suelo y me abracé a Evil llorando a moco tendido. ¿Cómo había sido tan insensible y traidor de no invitarme a su fiesta cumpleañera? Yo podía tener muchos defectos, pero jamás le habría hecho aquel feo. Claro que yo jamás celebraba mis cumpleaños, pero esa es otra historia...

—Ey, Alexa, ¿qué te sucede? ¿Le pasa algo al bebé?

Abrazada a Evil, levanté la vista hacia Ascosurf y negué con la cabeza sollozando.

—¿Quieres pasar? —preguntó entonces.

Mi respuesta no fue otra que una nueva explosión de llantos.

—Ok, entonces te acompaño a tu casa.

Se dirigió con su habitual calma hacia Rico y Marco, les cuchicheó algo al oído, cogió las llaves de su coche y regresó al porche. A continuación, noté que separaba a Evil de mis brazos y me sostenía por los hombros para obligarme a andar en dirección al aparcamiento.

No paré de llorar durante todo el trayecto desde el campamento al pueblo. Izan, mientras tanto, se limitaba a conducir con gesto serio. Cuando aparcó frente a mi puerta, me quité los zuecos y, sin despedirme, salí corriendo hasta mi casa. Una vez en mi habitación, los estrellé contra la pared, furiosa, y me metí bajo las sábanas, y sin molestarme siquiera en desmaquillarme y ponerme el pijama.

Pocos minutos después, Izan aparecía en mi habitación y se sentaba a mi lado en la cama.

—Creo que es hora de que hablemos —susurró, y pasó su mano dulcemente por mi cabello.

—No me pillas en buen momento —pronuncié entre hipidos contra la almohada.

—Alexa, vamos..., cuéntame qué te sucede. Si el problema es que quieres marcharte de Karra, yo...

Al escuchar su insinuación, sentí que se me abrían las entrañas de pura rabia. Me incorporé en la cama, me limpié las lágrimas y le planté cara.

—Escúchame tú. No tengo ninguna intención de huir otra vez, si es eso lo que estás insinuando. Pero admito que más de una vez y de diez se me ha pasado por la cabeza hacer mis maletas y desaparecer de tu vida para siempre. Pero no lo haré, porque os lo prometí al bebé y a ti. ¿Y sabes otra cosa, Izan? —Le apunté con mi dedo índice, amenazante—. Te he vuelto a mentir. No me he instalado en este pueblo simplemente para que mi hijo crezca a tu lado. También lo he hecho con la esperanza de que tú y yo volviéramos a estar juntos. Te necesito más que nunca a mi lado. Miento. Te necesitaba mucho antes de que supiera que estaba embarazada. Así que… —Carraspeé acongojada—. Está siendo muy duro descubrir que a cada día que pasa te quiero un poco más; mientras que tú, a cada día que pasa también, me dejas más claro que no tengo ninguna oportunidad contigo. Por eso he llorado en la puerta de tu cabaña. Porque me he dado cuenta, ¡por fin!, de que debo olvidarte y tratar de ser feliz; que en unos meses daré a luz y que, con el paso del tiempo, tendré que plantearme incluso conocer a otros hombres. Rebeca me lo dice muchas veces y yo no le hago caso, pero tiene razón: por muy mal que me haya portado contigo, tampoco me merezco guardarte luto el resto de mis días.

Izan no pronunció comentario alguno ni salió huyendo como siempre hacía cuando nuestra conversación adquiría cierto grado de intimidad. Se limitó a guardar silencio mientras sus ojos me estudiaban con pena. ¿Y yo me había prometido a mí misma no victimizarme delante de nadie nunca más?

«Malditos viejos hábitos».

—Márchate, por favor —le ordené, a punto de llorar otra vez.

—Me gustaría pasar la noche contigo —susurró.

Abrí los ojos de par en par tan sorprendida como indignada.

—Lo siento, pero, por más que lo desee, no estoy tan desesperada para aceptar sexo misericordioso de ti ni de ningún hombre.

—¿Las embarazadas pensáis en sexo? —preguntó realmente asombrado.

Bufé.

—No, jamás. Solo comemos, lloramos y hacemos pipí como los muñecos. ¡Pues claro, Izan! Debajo de esta barriga y estas dos sandías todavía sobrevive una mujer. Ahora, por favor, déjame sola. Me siento muy triste, y, si no duermo, mañana pasaré un día horrible en el trabajo.

—Me parece bien, duerme entonces. —Se puso en pie y, después de sacarse las zapatillas de los pies, se quitó la camiseta.

—¡¿Acaso has escuchado una palabra de lo que te acabo de decir?! —le reprendí irritada—. Te repito que no pienso echar un polvo contigo. Así que ¡fuera! ¡Lárgate!

Me ignoró de nuevo y, con los vaqueros puestos, serpenteó por la cama hasta tumbarse a mi lado. Le miré espantada y salí de la cama como si él apestara.

—Sal de mi cama.

Con una sonrisa divertida, añadió:

—Chica de las olas, no voy a tocarte. Solo quiero asegurarme de que estás bien. Te prometo que dormiremos y nada más.

Al decir aquello, recordé nuestra primera noche juntos, lo dulce que fue después de confesarle cómo perdí a mi madre; y, por enésima vez, volví a echarme a llorar. Mi duendecillo había retomado su afición por presionar el botón de la ñoñez.

Tal y como prometió, Izan no me tocó ni un pelo. Aunque yo sí toqué el suyo cuando me desperté de madrugada para hacer pis y le escuché dormir profundamente.

A la mañana siguiente, me desperté sobresaltada al escuchar el ruido de mi puerta. Abrí los ojos con la certeza de que me había quedado dormida para acudir al trabajo y me encontré con Izan de pie observándome. En sus manos sostenía una bandeja de desayuno.

—Te lo suplico, no sigas jugando conmigo y deja de ser tan adorable unos días y tan frío el resto del tiempo, por favor.

—No estoy jugando a nada, malpensada; simplemente quiero cuidarte como he hecho siempre.

—Yo no necesito que me cuides. No soy tu madre, Izan —repliqué.

—No sé de dónde has sacado esa idea tan disparatada de que te trato como a mi madre. Bueno, sí… De tu disparatada cabeza. —Con gesto molesto, apoyó la bandeja sobre mi regazo y se sentó a mi lado. A continuación, añadió —: Y te lo creas o no, te cuido porque te quiero y porque me sale del corazón.

—Ya he pillado que soy tu nueva mascota —murmuré; y me preparé para devorar una gran tostada de pan recién hecho.

Antes de que pudiera hincarle el diente, me arrebató mi presa de la mano y retiró la bandeja de mi regazo.

—¿Y ahora por qué me quitas mi desayuno? —le recriminé molesta.

—Necesito hablar contigo seriamente y sin que refunfuñes todo el rato. —Apoyó la bandeja en el suelo y se sentó de nuevo en la cama a mi lado—: Llevo semanas dando vueltas a un asunto.

—Cuidado con pensar demasiado, yo soy un claro ejemplo de que no es saludable. —Sonreí amargamente.

—Deja los chistes y escúchame, porque quiero proponerte algo importante.

—¿El qué?

—Que nos casemos.

—¿¡QUÉ!? —Sí, chillé. Y bien alto.

—Lo que has oído.

—Espera, espera... —Sacudí las manos espantada—. Me huyes como de la peste, pero me pides matrimonio. Suena muy, pero que muy sensato, Izan —ironicé.

—No te huyo, cariño. Me protejo de ti, aunque me muera por dentro cada vez que me alejo.

—Pues no lo parece.

—Pues lo creas o no, te quiero con la misma intensidad que el día en que te cruzaste en mi camino, pero solo volveré contigo si aceptas casarte conmigo. Y esto no es negociable, Álex.

Me lancé a besarle, pero me sujetó por las muñecas justo antes de rozar siquiera sus labios.

—Tengo que escuchar primero el «sí, quiero» —afirmó.

—Pero eso es absurdo, Izan. Casarse es un mero formalismo —dije sonriendo—. Cuando dos personas se aman de verdad no necesitan firmar un contrato. De hecho, si lo miras desde un punto objetivo, es muy poco romántico.

—Me da igual lo que opines. Sé que casarte es un sacrificio para ti, y por eso mismo te lo estoy pidiendo. Así que necesito tu firma bien clarita en ese contrato, y, conociendo lo venática que eres, con mayor razón, Alexa.

Resoplé molesta y, como respuesta, él me imitó de forma burlona y añadió:

—Cariño, reconoce que el verdadero problema es que el «hasta que la muerte nos separe» te pone los pelos de punta. Principalmente, porque confías tan poco en ti misma que no crees que puedas cumplirlo. ¿O me equivoco?

Ejem, ejem…

—¿Has hablado con mi *coach*? —ironicé de mala gana.

—¿Con tu qué?

—Olvídalo… —Respiré profundamente y, antes de caer en ese pozo sin fondo que era mi mente, respondí sin pensar—: Trato hecho. Me caso contigo, pero con una condición.

Chascó la lengua divertido.

—Si no pones un pero, no serías tú.

—Muy gracioso, Izan, pero este pero es condición irrevocable.

—Adelante, suéltalo.

—No me pidas que esperemos a consumar el matrimonio hasta la noche de bodas, te lo ruego. Estoy fatal de lo mío, Izan. Y en gran medida, la culpa es tuya.

Estalló en carcajadas y me estrechó entre sus brazos.

—Chica de las olas, como te siga queriendo más y más, un día de estos voy a explotar. —Rozó mis labios con los suyos suavemente—. No sabes lo mal que lo he pasado cada vez que me mirabas cuando desayunábamos juntos. Me tenía que controlar para no llevarte a mi cabaña y encerrarme allí contigo una semana.

Me aparté de su boca y le miré suspicaz.

—Ya, por eso te citabas con todas esas chicas delante de mis narices.

—Ellas no eran más que el anzuelo, cariño. Ya sabes que antes de lanzarme al oleaje, prefiero estudiar la marea. Ahora déjame que te cuide como solo yo sé hacerlo.

Y entre risas, besos y caricias nos dejamos arrastrar por esa gran ola que es el deseo.

Dos años después

Izan Oliveira

El día que nació Adelita sentí muy fuerte que formaba parte de este mundo... Como si aquella niña fuera mi pequeña aportación a la humanidad. «Flipado de la vida» me llama Rebeca cuando me oye decir estas cosas; y probablemente tiene razón, pero lo cierto es que ese sentimiento me persigue desde entonces. Y en gran medida todo se lo debo a ella, a mi chica de las olas.

Fui yo quien ayudó a Adelita a poner un pie en este planeta. Un momento mágico que despertó un amor incondicional y primitivo hacia las dos mujeres que más amo y amaré en esta vida y en todas las que vengan después.

La matrona que nos atendió en el paritorio, una chica más o menos de mi edad, bajó la intensidad de los focos, encendió música relajante de un equipo incrustado en una pared y colocó un espejo de cuerpo entero enfrente del potro de tortura. Después se acomodó en un taburete próximo a nosotros y me recomendó que me sentara al lado de Alexa para que le sostuviera la espalda cada vez que ella empujase. «Vais a parir vosotros solos», nos dijo; y vaya si fue así. La chica se limitó a darnos indicaciones cada vez que llegaba o finalizaba una contracción como si fuera un controlador aéreo y nosotros los pilotos. Yo alucinaba por completo. Siempre había pensado que los partos eran como mostraban la pelis: veinte enfermeros sudando la gota gorda en plena matanza de Texas y la madre desgañitándose. Pero ¡qué va! Álex no sentía dolor alguno gracias a la anestesia, y, aunque estaba un poco pálida debido a los nervios, se podía hablar con ella sin riesgo a que te lanzase un zarpazo. No como yo, que era incapaz de pensar mientras contemplaba la que se estaba liando allá abajo... Ya sabes, en mi lugar favorito del cuerpo de mi chica. Solo desperté de mi estupor cuando la matrona me ordenó que incorporara a Alexa para que ella misma pudiera sacar a nuestro bebé con sus propias manos.

Entonces, mi chica de las olas, con una serenidad inusual, decidió hacerme el mejor regalo que una mujer puede ofrecer a un hombre:

—Gracias —contestó a la matrona—, pero prefiero que sea Izan quien traiga al mundo a nuestro bebé. Quiero que la primera sonrisa que mi niña vea sea la de su padre.

¿Entiendes ahora por qué amaré a esta mujer eternamente?

Cuando estudié el rostro de mi hija, nariz con nariz, se me cortó la respiración. Era y es tan hermosa como su madre. Una belleza salvaje, oceánica, exótica… El *Pipeline* de Hawái.

Tres meses después de que naciera mi olita, su madre y yo contrajimos matrimonio. Algo más tarde de lo que yo tenía planeado, pero la muy cabezota se empeñó en que debía recuperar antes la figura. Una estupidez; porque si el cuerpo de Alexa era un paraíso para cualquier hombre, embarazada irradiaba toneladas de amor y sensualidad.

Al menos no puso pega en celebrar la ceremonia en la playa de Bordeira rodeados de nuestros amigos, su padre y prácticamente de todo el pueblo. Por cierto, ese día Alexa y yo descubrimos que mi suegro chateaba desde hacía meses con Lorena. Sospechoso, ¿no crees?

Tal y como yo imaginaba, el día de nuestra unión la chica de las olas estaba más guapa que nunca. Llevaba una corona de orquídeas blancas sobre su cabello cobrizo, un vestido blanco de encaje con un escote que le llegaba hasta el ombligo y de su cuello colgaba el *Ankh* egipcio que mi padre le regaló a mi madre. Parecía una diosa del mar.

En cuanto a mis jefes, estos se portaron como unos verdaderos padres con nosotros. Nos cedieron el campamento para celebrar el convite y como regalo de nupcias nos entregaron su casa para que su «primor» (así llamaba Tiago a Adelita) tuviera un lugar decente donde vivir. Según nos comentó, Marisa y él habían decidido mudarse definitivamente a una casa a las afueras del pueblo que habían comprado recientemente.

Los primeros meses de convivencia con Alexa y la tarea de cuidar a un bebé que no paraba de llorar a todas horas no fue tan maravillosa como yo había imaginado. Aunque nuestra primera discusión fuerte sucedió un par de semanas antes de casarnos, cuando a mi suegro se le escapó en una conversación que Alexa estuvo a punto de interrumpir su embarazo. Me enfadé con ella al mismo nivel de aquella noche que la pillé hablando con su exnovio; y no tanto porque hubiera sopesado la opción del aborto —podía entender que sintiera miedo ante la idea de ser madre o que no quisiera serlo—, sino porque me parecía una deslealtad que me hubiera ocultado aquel episodio de su vida. Sin darle tiempo a defenderse, me largué de la cabaña con la intención de cancelar nuestra boda y alejarme de Alexa para siempre. Pero fue sentarme en la arena de Bordeira, contemplar el océano y tenerla abrazada a mi espalda susurrándome mil perdones y lo mucho que me quería... y claudiqué. «No más de lo que yo te amo a ti», tuve que admitir también; porque si de algo estoy seguro es de que daría mi vida por ella.

Bec resultó de gran ayuda en el cuidado y crianza de la pequeña. Desde que logró dormirla a base de canturrearle canciones espeluznantes de un tal Marilyn Manson en pleno cólico del lactante, supimos que habíamos encontrado a la niñera perfecta para Adela. Porque Alexa no se equivocó cuando dijo que la niña había heredado ese carácter voluble e indómito suyo. Tan pronto la pequeña eructaba y se partía de risa como un segundo después lloraba como si el colchón de su cuna escondiera millones de agujas.

Su madre también estaba en lo cierto cuando decía que ser padres era la cosa más marciana que un humano podía experimentar. A mí, por ejemplo, la llegada de Adelita me removió por dentro. Sentí repentinamente que debía hacer algo especial e importante en la vida con el único objetivo de que mi hija recordara a su padre con orgullo. Muy loco todo, ¿no? Así que después de darle algunas vueltas de tuerca al asunto, decidí seguir el consejo que un día me sugirió la propia Alexa. Retomé mi afición por fabricar y pintar *surfboards* personalizadas para venderlas después por Internet. Ella se implicó tanto como yo en el negocio. Se encargó de localizar distribuidores del material, de pelearse con el programador y el diseñador de la web de venta *online,* fotografiar mis creaciones, hacerme publicidad en las redes sociales y un millón de tareas más de las que yo no entendía absolutamente nada. Meses después descubrimos que nuestro proyecto no había resultado tan exitoso ni rentable como pensábamos, pero ahí seguimos... intentándolo.

La maternidad también recompensó a Alexa con kilos de paciencia, una mente preclara para los cuidados de su hija y bastante calma a su desasosiego vital. Rebeca y yo, después de mucho hablar sobre este asombroso cambio, llegamos a la conclusión de que a la anestesista se le fue la mano con la epidural durante el parto y que desde entonces vive en un globo eterno. ¡Je, je, je!

Bromas aparte, mi chica seguía obsesionada con sus posibles carencias como madre, pero lo compensaba con una dedicación absoluta hacia nuestra pequeña. Y bromeaba y reía a diario; salvo esas mañanas en los que amanecía sentada en el porche con Adelita entre sus brazos porque la niña no había parado de llorar durante toda la noche. Aquellos terroríficos días, Evil, la pequeña y yo hacíamos el petate y huíamos a Bordeira como tres cobardes.

También mi *pequeña Gigante* despertó la vena creativa de su madre. En sus escasos ratos libres, durante mis clases de surf con Adelita o cuando esta se quedaba a pasar el día con Tiago y Marisa, Alexa escribía y escribía en su ordenador a toda velocidad y, yo diría, que de forma un poco compulsiva. Meses después, abrí por casualidad una caja escondida bajo la cama y encontré un taco de folios encuadernado en canutillo titulado *Loverboy*. Cuando le pregunté desternillado si había escrito la biografía de un actor porno, se echó a reír sonrojada.

—En esas páginas se encuentra nuestra historia de amor, Izan.

—¿Y tienes intención de publicarla? —pregunté mientras leía por encima algunos párrafos.

—Ni en broma. Me niego a compartirte con el resto de las mujeres del planeta. —Me robó el manuscrito de las manos y salió pitando hacia la habitación para guardarlo en su sitio.

Después de aquel ensayo, biografía o lo que fuera que había escrito, se apuntó a un taller *online* de poesía. Psst, psst..., esto que voy a decir no ha salido de mi boca, ¿entendido? Pero es bastante nula con las rimas, así que la humanidad está a salvo de una de las peores raperas de la historia. Sin embargo, me temo que es demasiado tarde para mí... Desde hace unos meses se ha empeñado en que incluya sus versos de amor sobre las tablas de surf que diseño. Eso sí, solo hay uno que amo tanto como a ella y que tampoco tengo intención de compartirlo con cualquier surfero del planeta:

«Aunque la tierra se convierta en un desierto de amor
y los océanos se sequen de pena,
seguiremos bailando juntos
sobre las olas de este verano eterno».

Es la promesa que me hizo cuando nos casamos aquel atardecer en Bordeira.

Ahora lo lleva grabado en la tabla de surf que he diseñado en exclusiva para mi chica. Ríete si quieres; pero es mi manera de recordarle a la propia Alexa que debe continuar remando con fuerza. Remar sin apartar la vista del horizonte… Por ella, por mí y por un eterno NOSOTROS.

NOTA DE LA AUTORA

Querida lectora:

Como ya sabes, los capítulos relatados por Izan corresponden a las grabaciones que contenía el misterioso *pendrive* que Lorena entregó a Alexa. Pues bien, me he tomado la libertad de titular cada uno de estos capítulos con las canciones favoritas del surfista, todas ellas (por supuesto) de los míticos The Doors.

En el caso de que quieras escucharlas, estos son los títulos originales y por orden de aparición: *Hello, I love you; You make me real, Woman is a devil, Love her madly, My wild love* y *Unhappy girl.*

La lista con el resto de las canciones que me han acompañado mientras escribía *Alexa entre las olas* están publicadas en www.anacantarero.com y en la *playlist* de Spotify *Alexa entre las olas.* Te advierto que soy tan nostálgica como Izan, y, antes de que te des cuenta, te verás con maxigafas cuadradas y un par de pantalones de campana viajando musicalmente por los 60 y 70.

Además, para que puedas empaparte por completo de esta historia, iré compartiendo en mis redes sociales todas aquellas localizaciones (reales) que fotografié durante el proceso de documentación.

Por último, quiero darte mis más sinceras gracias por surfear entre estas páginas.

Aloha!

Ana Cantarero

www.anacantarero.com

AGRADECIMIENTOS

Empezaré por «los Carlos»…

A Carlos Alonso y a su equipo de Ediciones Pàmies, por acompañarme en este fabuloso viaje.

A Carlos Pedrero, por desvelarme los entresijos de la Traumatología e invitarme a visitar una espeluznante operación de huesos.

A Carlos Pacheco (fisioterapeuta, profesor de yoga y surfista), por acercarme a la filosofía oriental, explicarme las claves de la meditación y los beneficios de correr descalzo.

Y seguimos con «mis chicas»:

Un millón de aplausos a mi hermana Cristina por su apoyo incondicional, sus críticas feroces y revisiones a altas horas de la madrugada.

Otro millón de gracias a Laura García Bermejo por llevar las cuentas del embarazo de Alexa como si fuera una de sus pacientes reales.

Gracias a Rute Godinho (revista *Cuore*) por corregir mi desastroso portugués.

Y a ti, Patricia Núñez, ¿qué te puedo decir? Pues eso… Que no eres una simple lectora cero. Eres *TOP ONE*.

Por supuesto, no puedo olvidarme de mi gran familia portuguesa. Gracias y requetegracias a Amado Surf Camp por alojarme entre vosotros como una más y contestar mis miles de dudas. Os llevaré siempre en el corazón junto al recuerdo de esa primera ola inolvidable.

Y para terminar, dedico esta novela a mi paciente marido. Gracias, cariño, por remar siempre a mi lado. *TQ*.